机电技术应用专业骨干教师培训教程

刘建华　王才峰　张静之　主　编

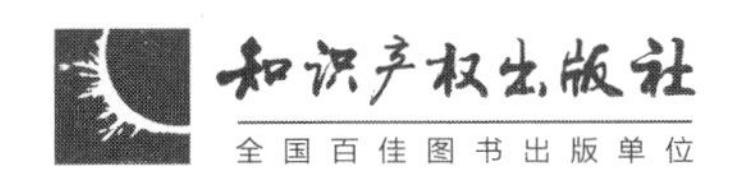

图书在版编目（CIP）数据

机电技术应用专业骨干教师培训教程/刘建华，王才峄，张静之主编. —北京：知识产权出版社，2019.1

ISBN 978-7-5130-5889-6

Ⅰ.①机… Ⅱ.①刘…②王…③张… Ⅲ.①机电工程—师资培养—教材 Ⅳ.①TM

中国版本图书馆 CIP 数据核字（2018）第 228278 号

内容简介

本书为职业教育骨干教师培训教材，包含气电控制技术、工业机械手和机器人应用技术、工业自动化过程控制技术、变频器应用技术、自动化生产线的安装调试、数控装调与维修技术、机械系统的拆装与测量、工业控制网络等多方面知识与技能，并针对各项技术的实践操作应用进行了详细讲解，引入生产中的实例，重点说明应用的原理与具体操作方法。本书既可作为职业教育骨干教师培训教材，又可作为机电、电气、自动化等工程技术人员的参考书籍，还可供本科及职业院校相关专业师生参考。

责任编辑：张雪梅　　**责任校对**：谷　洋

封面设计：睿思视界　　**责任印制**：刘译文

机电技术应用专业骨干教师培训教程

刘建华　王才峄　张静之　主编

出版发行：知识产权出版社有限责任公司　　**网　　址**：http：//www.ipph.cn

电　　话：010—82004826　　http：//www.laichushu.com

社　　址：北京市海淀区气象路 50 号院　　**邮　　编**：100081

责编电话：010 - 82000860 转 8171　　**责编邮箱**：410746564@qq.com

发行电话：010 - 82000860 转 8101/8102　　**发行传真**：010 - 82000893/82005070/82000270

印　　刷：三河市国英印务有限公司　　**经　　销**：各大网上书店、新华书店及相关专业书店

开　　本：787mm×1092mm　1/16　　**印　　张**：14.75

版　　次：2019 年 1 月第 1 版　　**印　　次**：2019 年 1 月第 1 次印刷

字　　数：320 千字　　**定　　价**：69.00 元

ISBN 978-7-5130-5889-6

前　言

近年来，随着机电技术行业的快速发展，职业院校师资队伍建设一直是困扰职业院校发展的瓶颈。上海市师资培训基地自2009年成立以来，先后在技能及教学方法上对骨干教师进行培训，经过近十年的培训，积累了大量培训教学案例资源和丰富的经验，经过精心组织，整理出版了本书。

本书从实际应用出发，兼顾教学需求与教法需求，将两者进行有机的整合，并做到前后呼应；采用理论与实践相结合的形式，引入大量工程中的应用实例，突出技术应用，通俗易懂，并引入新技术的相关拓展知识与技能。

本书共分为八章。第1章介绍气电控制技术，以传统的气动控制配合继电接触器控制线路的安装、调试为主要内容；第2章介绍目前智能制造系统中广泛应用的工业机械手、机器人应用技术；第3章工业自动化过程控制技术，针对PLC模拟量模块FX-2AD、FX-2DA的应用进行介绍；第4章变频器应用技术，针对西门子MM420变频器、松下VF0变频器的应用进行了分析讲解；第5章介绍自动化生产线的安装调试，结合工程实例说明PLC在自动化生产线中编程与应用的方法；第6章以典型的FANUC 0i mate-TD经济型数控车床系统为例，说明数控设备的安装接线与系统设置方法；第7章机械系统的拆装与测量，以数控车床主轴部件的拆装、进给传动系统的安装与调试以及数控车床几何精度与床身导轨精度的测量与调整为主要内容进行分析讲解；第8章以三菱FX2N系列PLC并联链接功能网络控制应用、N∶N联网控制应用编程、PLC与变频器网络通信设置方法为主要内容，介绍工业控制网络的基本应用。

全书由上海市高级技工学校刘建华、上海工程技术大学高职学院王才峄、上海工程技术大学工程实训中心张静之主编。其中，第1章、第2章由王才峄编写，第3章、第8章由刘建华编写，第4章、第5章由张静之编写，第6章由上海工程技术大学高职学院茹秋生编写，第7章由上海市高级技工学校严龙伟编写。全书由刘建华统稿。在本书编写过程中参考了一些文献并引用了一些资料，难以一一列举，在此一并表示衷心的感谢。

由于编者水平有限，编写经验不足，加之时间仓促，书中不足之处在所难免，恳请读者提出宝贵的意见。

目　录

第 1 章　气电控制技术

1.1　货仓卸料装置气路设计

课题分析

货仓卸料装置工作示意图如图 1-1 所示。

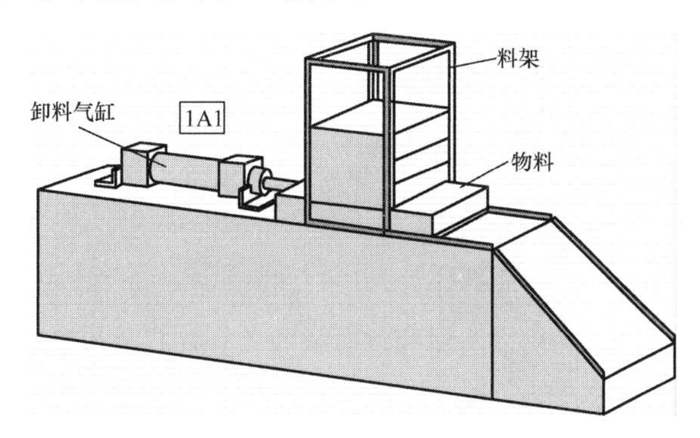

图 1-1　货仓卸料装置工作示意图

工作要求：在两个位置都有卸料起动开关，当操作员起动任意一个开关时都可使卸料气缸工作。气缸活塞推出至气缸末端后，活塞自动复位。需要在气缸末端安装行程开关，感应活塞的位置。

课题目的

1. 掌握气动压力控制元件的结构和工作原理。
2. 熟练使用各类压力控制元件。
3. 熟悉典型的气动控制回路。
4. 掌握部分气动元件的工作原理及职能符号。

课题重点

1. 熟悉典型的气动控制元件，掌握简单的气动控制回路。
2. 能根据需求设计简单的气动回路。

课题难点

1. 典型的气动控制元件的结构及工作原理。
2. 典型的气动回路设计方法。
3. 系统的仿真调试。

1.1.1　气压传动理论基础

1. 气压传动系统的组成

气压传动系统由四部分组成：气源装置，控制元件，执行元件，辅助元件。

2. 气压传动系统的图形符号

图 1-2 所示的气压传动系统图是一种半结构式的工作原理图，称为结构原理图。为了简化原理图的绘制，系统中各元件可用符号表示。这些图形符号脱离元件的具体结构，只表示元件的职能（即功能）、控制方式及外部接口，不表示元件的具体结构、参数及连接口的实际位置和元件的安装位置。我国 1993 年制订的液压气动图形符号标准 GB/T 786.1—1993 中的符号就属于职能符号。各类元件的职能符号在后面介绍元件时再作介绍。图 1-3 即为用图形符号绘制的图 1-2 所示的气压传动系统。

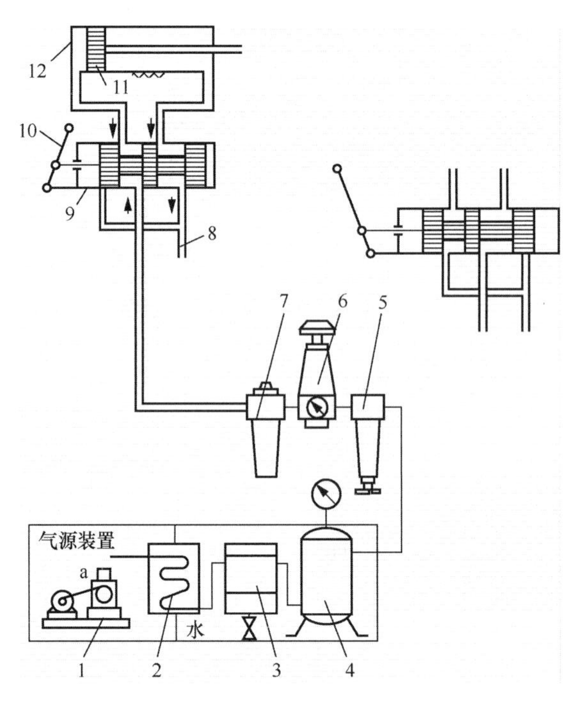

图 1-2　简单的气压传动回路系统图

1—空气压缩机；2—后冷却器；3—油水分离器；4—储气罐；5—分水滤气器；6—减压阀；7—油雾器；8—排气口；9—换向阀；10—换向手柄；11—活塞；12—气缸

我国制定的气动系统图形符号标准 GB/T 786.1—1993 中对于这些图形符号有以下几条基本规定：

1）符号只表示元件的职能，连接系统的通路，不表示元件的具体结构和参数，也不表示元件在机器中的实际安装位置。

2）元件符号内的气体流动方向用箭头表示，线段两端都有箭头的表示流动方向可逆。

3）符号均以元件的静止位置或中间零位置表示，当系统的动作另有说明时可作例外。

4）若有些气动元件无法用图形符号表示，仍允许采用半结构原理图表示。

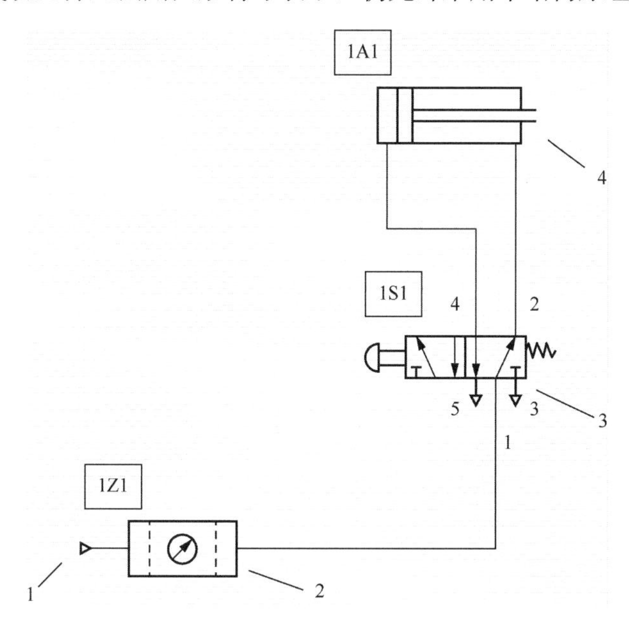

图 1-3　简单的气压传动回路系统图（用图形符号绘制）

1—气源装置；2—气动三联件；3—换向阀；4—气缸

3. 压力的表示方法及单位

气动系统中的压力指的就是压强，气动压力通常有绝对压力、相对压力（表压力）、真空度三种表示方法。绝对压力、相对压力（表压力）和真空度的关系如图 1-4 所示。

由于作用于物体上的大气压力一般是自成平衡的，在进行各种力的分析时往往只考虑外力而不再考虑大气压力。因此，绝大多数的压力表测得的压力均为高于大气压的那部分压力，即相对压力，又称表压力。

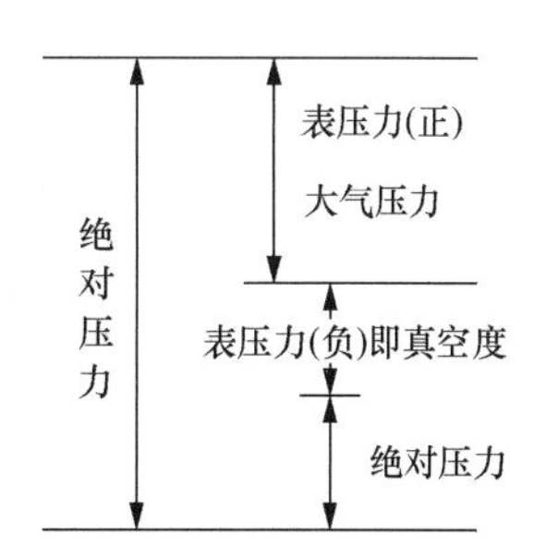

图 1-4　绝对压力、相对压力和真空度

压力的计量单位换算：

$1Pa=1N/m^2$

$1bar=1\times10^5N/m^2=1\times10^5Pa$

1at（工程大气压）$=1kgf/cm^2=9.8\times10^4N/m^2$

$1mH_2O$（米水柱）$=9.8\times10^3N/m^2$

1mmHg（毫米汞柱）$=1.33\times10^2N/m^2$

4. 气压传动的优缺点

气压传动具有以下优点：使用方便、系统组装方便、快速性好，安全可靠、储存方便，可远距离传输，能过载保护，清洁。

气压传动也存在如下缺点：速度稳定性差，需要净化和润滑，输出动力小，噪声大。

气压传动和其他传动与控制方式的比较如表 1-1 所示。

表 1-1　气动和其他传动与控制方式的比较

控制方式	机械方式	电气方式	电子方式	液压方式	气动方式
驱动力	不太大	不太大	小	大(可达数百千牛以上)	稍大（可达数十千牛）
驱动速度	小	大	大	小	大
响应速度	中	大	大	大	稍大
特性受载荷的影响	几乎没有	几乎没有	几乎没有	较小	大
构造	普通	稍复杂	复杂	稍复杂	简单
配线、配管	无	较简单	复杂	复杂	稍复杂
温度影响	普通	大	大	小于 70℃，普通	小于 100℃，普通
防潮性	普通	差	差	普通	注意排放冷凝水
防腐蚀性	普通	差	差	普通	普通
防振性	普通	差	特差	普通	普通
定位精度	良好	良好	良好	稍良好	稍差
维护	简单	有技术要求	技术要求高	简单	简单
危险性	没有特别问题	注意漏电	没有特别问题	注意防火	几乎没有问题
信号转换	难	易	易	难	较难
远程操作	难	易	易	较易	易
动力源出现故障时	不动作	不动作	不动作	若有蓄能器，能短时间应付	有一定应付能力
安装自由度	小	有	有	有	有
无级变速	稍困难	稍困难	良好	良好	稍良好
速度调整	稍困难	容易	容易	容易	稍困难
价格	普通	稍高	高	稍高	普通
备注	由凸轮、螺钉、杠杆、连杆、齿轮、棘轮、棘爪和传动轴等机件组成的驱动系统，主要动力源为电动机	驱动系统作为动力源和其他的电磁离合器、制动器等机械方式并用，控制系统由限位开关、继电器、延时器等组成	由半导体元件等组成的控制方式	驱动系统由液压缸等组成，控制系统由各种液压控制阀等组成	驱动系统由气缸等组成，控制系统由各种气动控制阀等组成

1.1.2　气压传动元件介绍

1. 气源装置

气压传动系统中的气源装置为气动系统提供满足一定质量要求的压缩空气，它是气压传动系统的重要组成部分。

(1) 对压缩空气的要求

要求压缩空气具有一定的压力和足够的流量，有一定的清洁度和干燥度。

(2) 气源装置的组成

气源装置一般由四部分组成：空气压缩机，净化、储存压缩空气的装置和设备，气动三大件，传输压缩空气的管道系统，如图 1-5 所示。

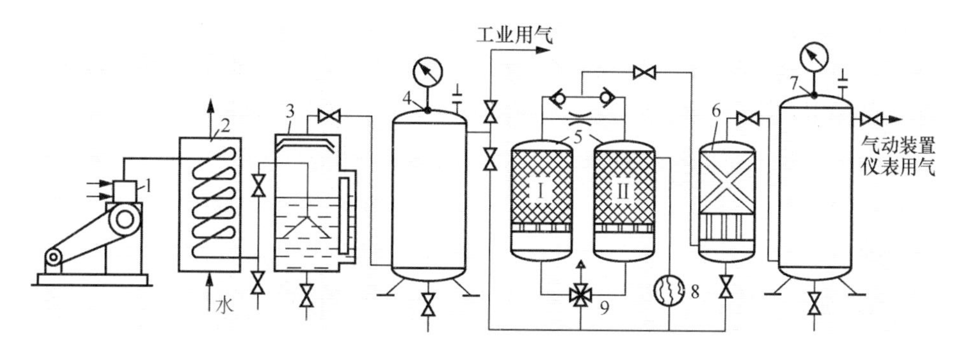

图 1-5　气源系统组成示意图

1—空气压缩机；2—后冷却器；3—油水分离器；4、7—储气罐；5—干燥器；6—过滤器；8—流量计；9—多通选择开关

2. 空气压缩机的分类及选用原则

(1) 分类

空气压缩机是一种气压发生装置，是将机械能转化成气体压力能的能量转换装置。其种类很多，分类形式也有数种，如按工作原理可分为容积型压缩机和速度型压缩机。

(2) 空气压缩机的选用原则

首先按空压机的特性要求选择空压机的类型，再根据气动系统所需要的工作压力和流量两个参数确定空压机的输出压力和吸入流量，最终选取空压机的型号。

空气压缩机铭牌上的流量是自由空气流量。

(3) 空气压缩机的工作原理

气压传动系统中最常用的空气压缩机是往复活塞式，其工作原理如图 1-6 所示。

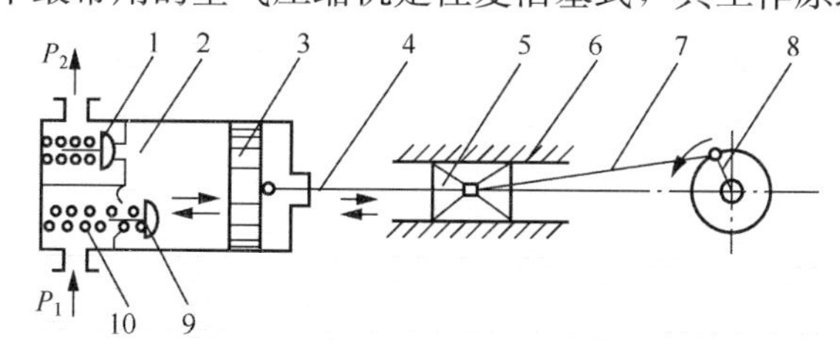

图 1-6　往复活塞式空气压缩机的工作原理

1—排气阀；2—气缸；3—活塞；4—活塞杆；5、6—十字头与滑道；7—连杆；8—曲柄；9—吸气阀；10—弹簧

3. 气动辅助元件

气动辅助元件分为气源净化装置和其他辅助元件两大类。

(1) 压缩空气的净化设备

压缩空气的净化设备一般包括后冷却器、油水分离器、储气罐和干燥器。

后冷却器有风冷式和水冷式两种。水冷式后冷却器的工作原理如图 1-7 所示。

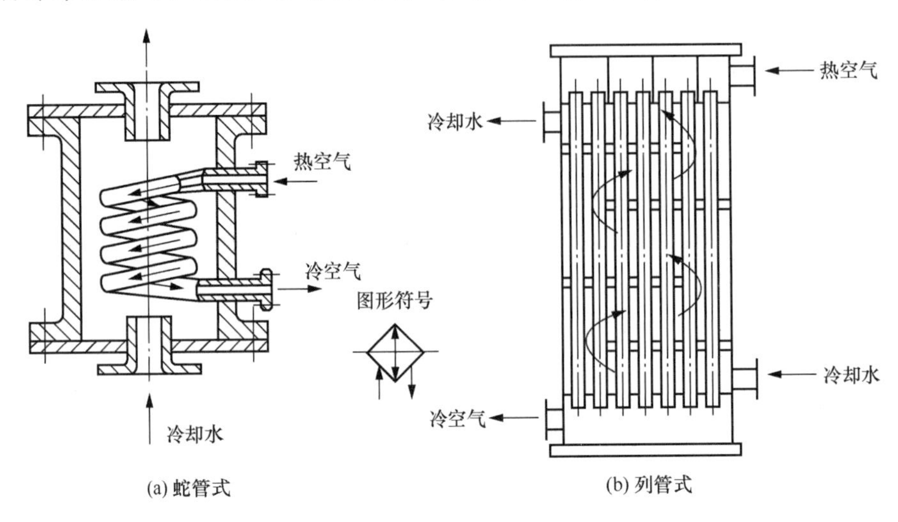

图 1-7　水冷式后冷却器的工作原理

油水分离器的结构形式有环形回转式、撞击挡板式、离心旋转式、水浴式等。撞击挡板式油水分离器的结构如图 1-8 所示。

储气罐的结构如图 1-9 所示。

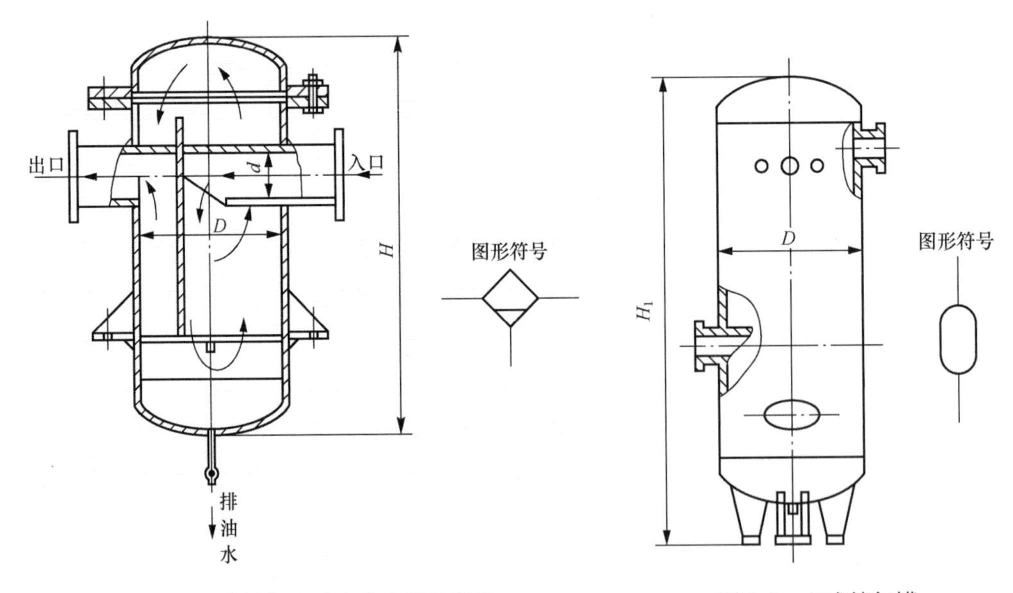

图 1-8　撞击挡板式油水分离器的结构　　图 1-9　立式储气罐

干燥器的作用是进一步除去压缩空气中的水、油和灰尘，方法主要有吸附法和冷冻法。图 1-10 所示为吸附式干燥器的结构。

（2）气动三大件

分水滤气器、减压阀和油雾器一起称为气动三大件。三大件依次无管化连接而成的组件称为三联件，是多数气动设备中必不可少的气源装置。大多数情况下，三大件组合使用，其安装次序依进气方向为分水过滤器、减压阀、油雾器。其组成及规格须由气动系统具体的用气要求确定，可以少于三联件，只用一件或两件，也可以多于三件。

分水滤气器的作用是滤去空气中的灰尘、杂质，并将空气中的水分分离出来，如图 1-11 所示。

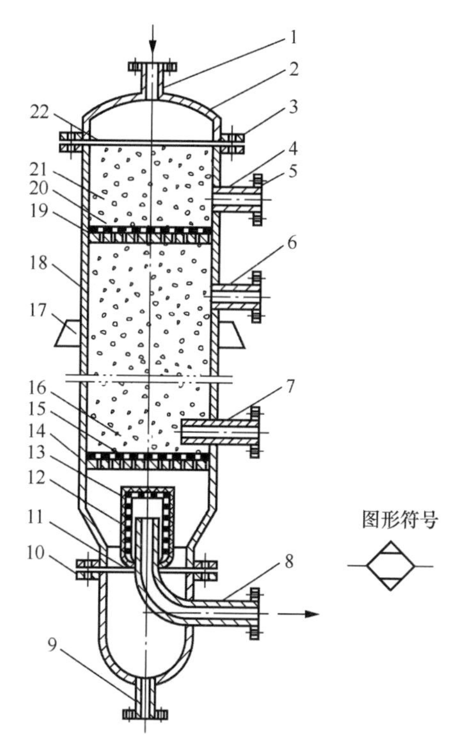

图 1-10　吸附式干燥器的结构

1—湿空气进气管；2—顶盖；3、5、10—法兰；4、6—再生空气排气管；7—再生空气进气管；8—干燥空气输出管；9—排水管；11、22—密封座；12、15、20—钢丝过滤网；13—毛毡；14—下栅板；16、21—吸附剂层；17—支撑板；18—筒体；19—上栅板

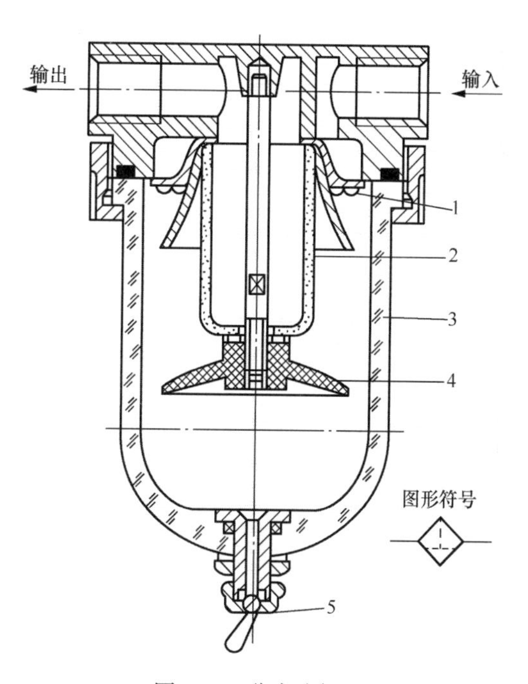

图 1-11　分水滤气器

1—旋风叶子；2—滤芯；3—存水杯；4—挡水板；5—排水阀

油雾器是一种特殊的注油装置。当压缩空气流过时，它将润滑油喷射成雾状，随压缩空气一起流进需要润滑的部件，达到润滑的目的。图 1-12 所示为油雾器的结构原理。这种油雾器可以在不停气的情况下加油，实现不停气加油的关键零件是特殊单向阀 15。

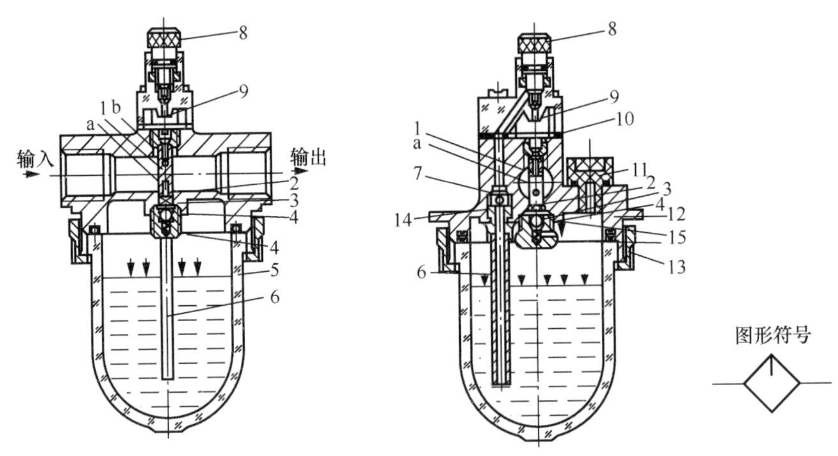

图 1-12　油雾器

1—喷嘴；2—钢球；3—弹簧；4—阀座；5—储油杯；6—吸油管；7—钢球；8—节流阀；9—视油器；10—密封垫；11—油塞；12—密封圈；13—螺母；14—单向阀；15—截止阀；a—储油杯进气口；b—滴油口

油雾器一般应安装在分水滤气器、减压阀之后，尽量靠近换向阀。应避免把油雾器安装在换向阀与气缸之间，以免造成浪费。

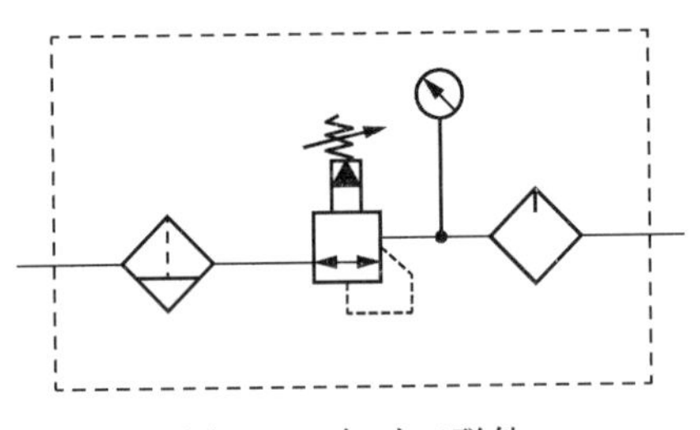
图 1-13　气动三联件

气动三大件中所用的减压阀起减压和稳压作用，其工作原理与液压系统的减压阀相同。

气动三联件如图 1-13 所示。

(3) 气动辅助元件

气动控制系统中许多辅助元件往往是不可缺少的，如消声器、管道、接头等。

气动回路没有回气管道，压缩空气使用后直接排入大气，因排气速度较高，会产生强烈的排气噪声。为降低噪声，一般在换向阀的排气口安装消声器。常用的消声器有吸收型消声器、膨胀干涉型消声器和膨胀干涉吸收型消声器，如图 1-14 和图 1-15 所示。

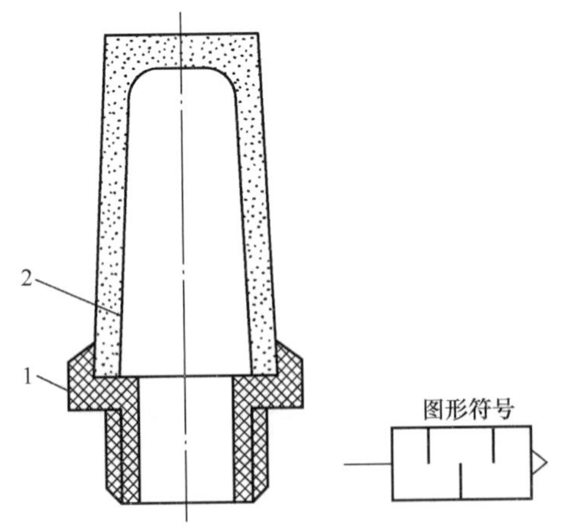

图 1-14　吸收型消声器结构简图

1—连接螺丝；2—消声罩

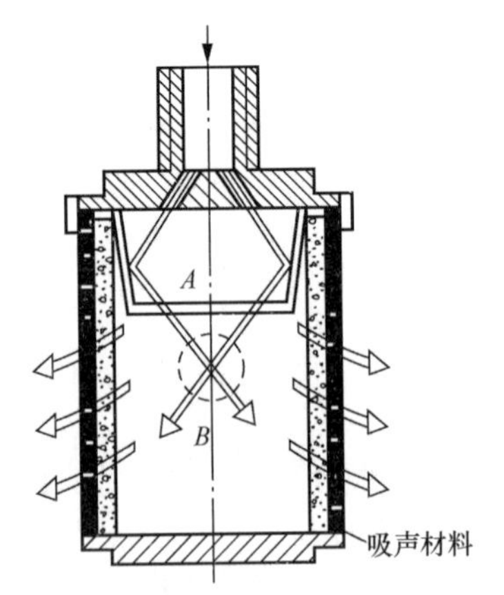

图 1-15　膨胀干涉吸收型消声器

管子可分为硬管及软管两种。硬管有铁管、钢管、黄铜管、紫铜管和硬塑料管等，软管有塑料管、尼龙管、橡胶管、金属编织塑料管及挠性金属管等。气动系统中常用的管道是紫铜管和尼龙管。

气动系统中使用的管接头的结构及工作原理与液压管接头基本相似，分为卡套式、扩口纹式、卡箍式、插入快换式等。

4. 气缸

气动执行元件是将压缩空气的压力能转换为机械能的装置。气动执行元件分为气缸和气动马达。气缸可实现直线往复运动或摆动，输出为力或转矩；气动马达可实现连续的回转运动，输出为转矩。

（1）气缸的分类

气缸是气动系统中使用最多的一种执行元件，根据不同的功能用途和使用条件，其结构、形状、安装方式也有多种，常用的分类方法主要有以下几种：

按压缩空气对活塞端面作用力的方向可分为单作用气缸和双作用气缸。单作用气缸只有一个方向的运动是气压传动，活塞的复位靠弹簧力或重力实现。双作用气缸活塞的往复运动是靠压缩空气来完成的。

按气缸的结构特点可分为活塞式、柱塞式、膜片式、叶片摆动式及气液阻尼气缸等。

按气缸的功能可分为普通气缸和特殊气缸。普通气缸用于一般无特殊要求的场合。特殊气缸常用于有某种特殊要求的场合，如缓冲气缸、步进气缸、冲击式气缸、增压气缸、数字气缸、回转气缸、气液阻尼气缸、摆动气缸、开关气缸、制动气缸、坐标气缸等。

按气缸的安装方式可分为固定式气缸、轴销式气缸、回转式气缸、嵌入式气缸等。固定式气缸的缸体安装在机架上不动，其连接方式又有耳座式、凸缘式和法兰式。轴销式气缸的缸体绕一固定轴，缸体可作一定角度的摆动。回转式气缸的缸体可随机床主轴作高速旋转运动，常见的有数控机床上的气动卡盘等。

（2）常用气缸的工作原理及用途

图 1-16 所示为单杆单作用气缸的结构原理。

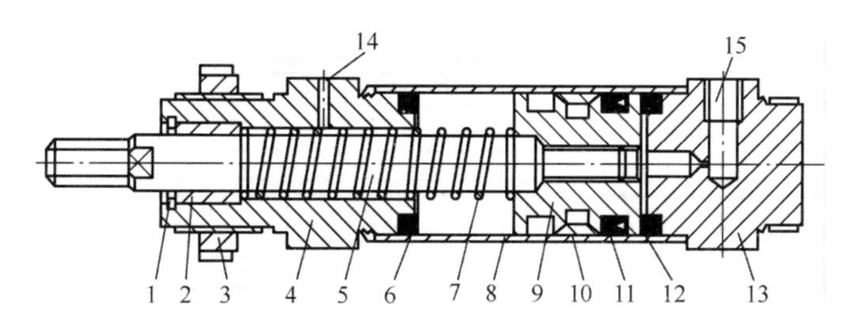

图 1-16　普通型单活塞杆单作用气缸

1—卡环；2—导向套；3—螺母；4—前缸盖；5—活塞杆；6、12—弹性垫；7—弹簧；8—缸筒；9—活塞；10—导向环；11—密封圈；13—后缸盖；14—呼吸孔；15—进气口单杆双作用气缸是应用最为广泛的一种普通气缸，图 1-17 所示为其结构原理图。

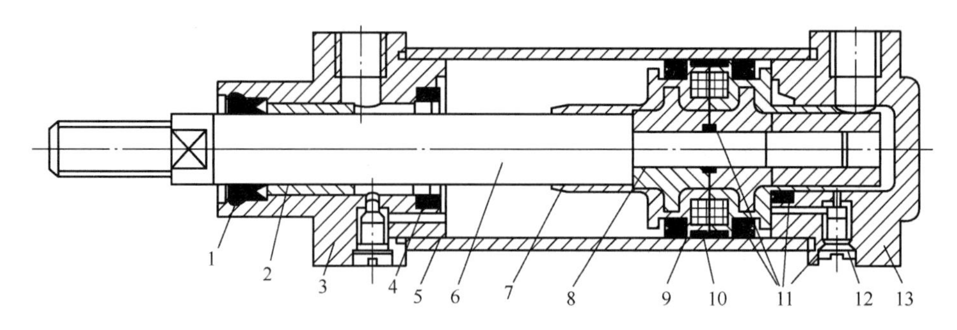

图 1-17 普通型单活塞杆双作用气缸

1—防尘组合密封圈；2—导向套；3—前缸盖；4—缓冲密封圈；5— 缸筒；6—活塞环；7—缓冲柱塞；8—活塞；9—磁性环；10—导向环；11—密封圈；12—缓冲节流阀；13—后缸盖

摆动式气缸可将压缩空气的压力转变成气缸输出轴的有限回转的机械能，多安装在位置受限或转动角度小于 360°的回转工作部件上。其转子可做成单叶片式，也可做成双叶片式。图 1-18 所示为单叶片式摆动气缸的工作原理。

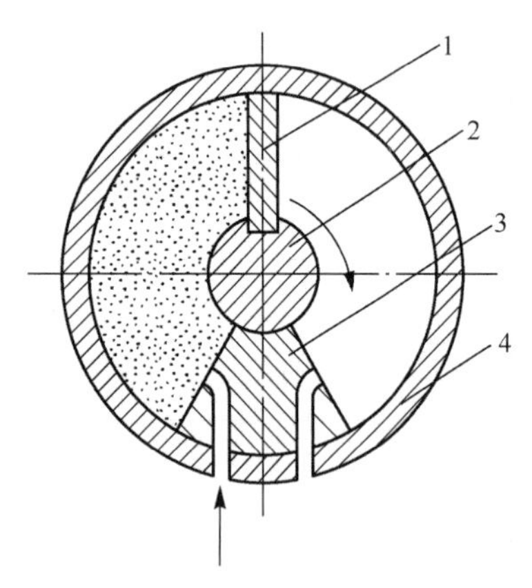

图 1-18 单叶片式摆动气缸

1—叶片；2—输出轴；3—封油隔板；4—壳体

5. 气动马达

气动马达是将压缩空气的压力转换成机械能量的转换装置，其作用相当于电动机或液压马达。它输出转矩，驱动执行机构作旋转运动。常用的有叶片式和活塞式气动马达。

(1) 气动马达的分类及工作原理

图 1-19 所示是叶片式气动马达的工作原理。

图 1-20 所示是径向活塞式气动马达的工作原理。

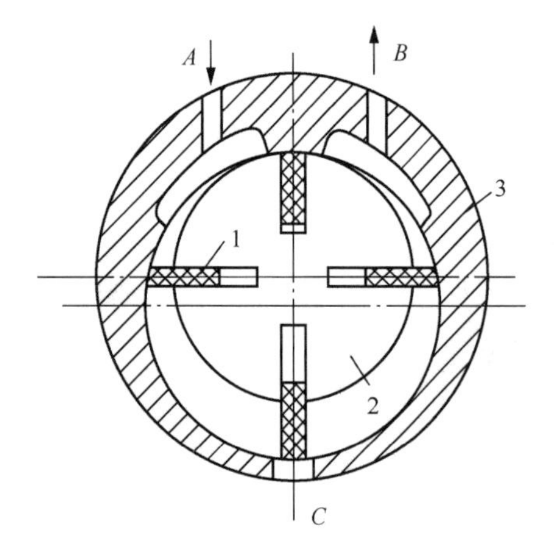

图 1-19 叶片式气动马达

1—叶片；2—转子；3—定子

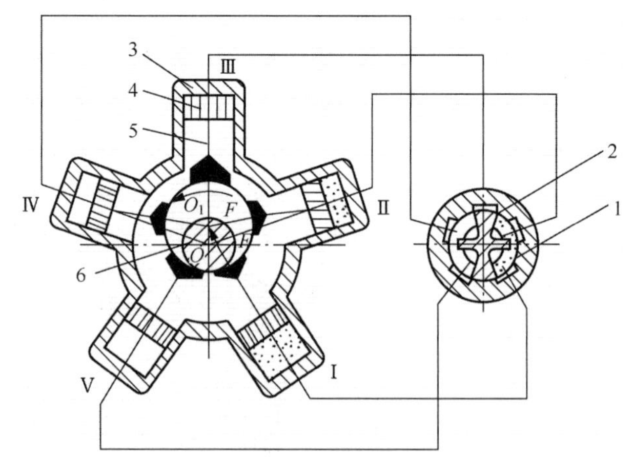

图 1-20 径向活塞式气动马达

1—分配阀套；2—分配阀芯；3—气缸体；4—活塞；5—连杆；6—曲轴

（2）气动马达的特点

气动马达具有以下特点：

1）工作安全，具有防爆性能，适用于恶劣的环境，在易燃、易爆、高温、振动、潮湿、粉尘等条件下均能正常工作。

2）有过载保护作用。过载时马达只降低转速或停止，当过载解除后可立即重新正常运转，并不产生故障。

3）可以无级调速。只要控制进气流量，就能调节马达的功率和转速。

4）比相同功率的电动机轻1/10～1/3，输出功率惯性比较小。

5）可长期满载工作，而温升较小。

6）功率范围及转速范围均较宽，功率小至几百瓦，大至几万瓦，转速可从每分钟几转到上万转。

7）具有较高的起动转矩，可以直接带负载起动，起动、停止迅速。

8）结构简单，操纵方便，可正反转，容易维修，成本低。

9）速度稳定性差。输出功率小，效率低，耗气量大。噪声大，容易产生振动。

1.1.3 气压传动方向控制阀及典型回路

1. 方向控制阀

方向控制阀是气压传动系统中通过改变压缩空气的流动方向和气流的通断来控制执行元件起动、停止及改变运动方向的气动元件，可根据方向控制阀的功能、控制方式、结构形式、阀内气流的方向及密封形式等进行分类（表1-2）。

表1-2 方向控制阀的分类和特点

类别	名称	符号	特点
方向型控制阀	单向阀	P_2 P_1	气流只能向一个方向流动而不能反向流动，且压降较小
	或门型梭阀	A P_2 P_1	两单向阀的组合，其作用相当于“或门”，常用作信号处理元件
	与门型梭阀	A P_2 P_1	两个单向阀的组合，其作用相当于“与门”，主要用于互锁控制、安全控制、检查功能或者逻辑操作
	快速排气阀	A P T	快速排气阀可使气缸活塞运动速度加快，特别是在单作用气缸情况下可以避免其回程时间过长

续表

类别		名称	符号	特点
换向型控制阀	气压控制换向阀	单气控加压式换向阀	A K P T	利用空气的压力与弹簧力相平衡的原理进行控制，操作安全可靠，适用于易燃、易爆、潮湿和多粉尘等场合
		双气控加压式换向阀	B A K_1 K_2 T_2 P T_1	具有记忆功能，气控信号消失后阀仍能保持在有信号时的工作状态
	电磁控制换向阀	直动式电磁换向阀	(a)单电控直动式换向阀 (b)双电控直动式换向阀	直动式电磁阀由一个或两个电磁铁直接推动阀芯移动，其结构简单、紧凑，换向频率高
		先导式电磁换向阀	(c)单电控先导式换向阀 (d)双电控先导式换向阀	先导式电磁阀由小型直动式电磁阀和大型气控换向阀构成，其体积小、动作可靠、换向灵敏
	人力控制换向阀	人控换向阀	O_1 A P B O_2	可按人的意志进行操作，使用频率较低，动作较慢，操作力不大，通径较小，操作灵活
	机械控制换向阀	机控阀（行程阀）		可用于湿度大、粉尘多、油分多、不宜使用电气行程开关的场合，但不宜用于复杂的控制装置中
	时间控制换向阀	延时阀		使气流通过气阻节流后到气容中，当气容内建立起一定的压力后使阀芯换向，适用于易燃、易爆、粉尘多的场合
		脉冲阀		靠气流经过气阻、气容的延时作用使输入的长信号变成脉冲信号输出

2. 换向回路

（1）单作用气缸换向回路

图 1-21 所示为单作用气缸换向回路。

（2）双作用气缸换向回路

图 1-22 所示为各种双作用气缸的换向回路。其中，图 1-22（a）是比较简单的换向回路；图 1-22（f）还有中停位置，但中停定位精度不高；图 1-22（d）～（f）的两端控制电磁铁线圈或按钮不能同时操作，否则将出现误动作，其回路相当于双稳的逻辑功能。在图 1-22（b）的回路中，当 A 有压缩空气时气缸推出，反之气缸退回。

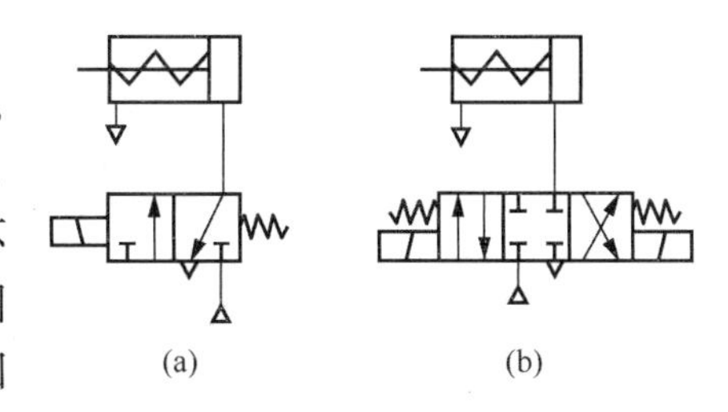

(a)　　(b)

图 1-21　单作用气缸换向回路

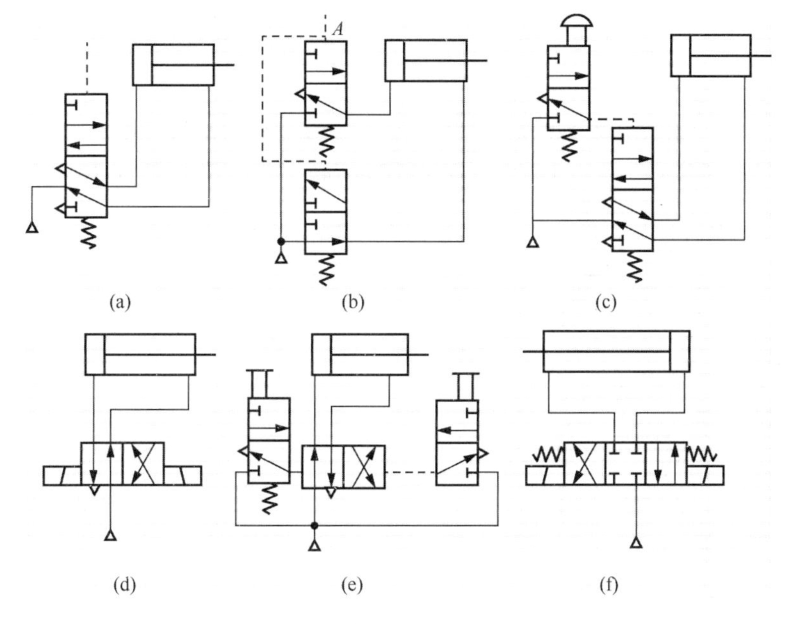

图 1-22　双作用气缸换向回路

1.1.4　系统设计

1）根据任务要求设计相应的气动回路。参考气动回路如图 1-23 所示。

2）利用 FESTO 软件对该气动回路进行仿真模拟。

FluidSIM 气动仿真软件的使用简单介绍如下。

① 简介。FluidSIM 仿真软件可以分为两个软件，其中 FluidSIM-H 用于液压传动技术，而 FluidSIM-P 用于气压传动技术教学。该软件具有绘图功能、仿真功能和综合演示功能。

② 软件界面。软件界面见图 1-24，窗口左边显示出 FluidSIM 软件的整个元件库 1，其中包括新建回路图所需的气动元件和电气元件。窗口顶部的菜单栏 2 列出了仿真

和创建回路图所需的功能，工具栏 3 给出了常用菜单功能，窗口右边为绘图区 4。

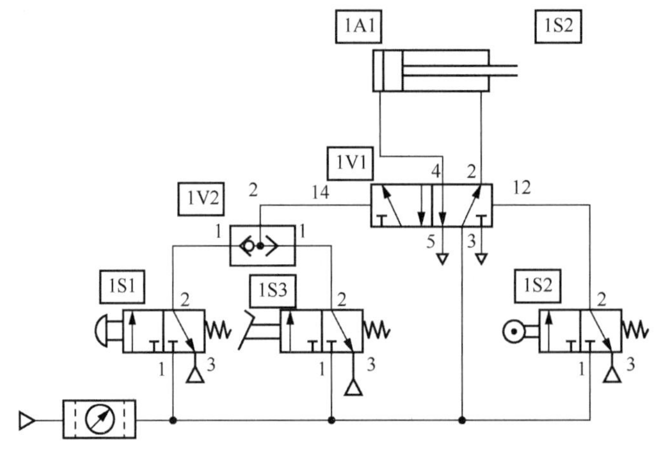

图 1-23　货仓卸料装置参考气动回路

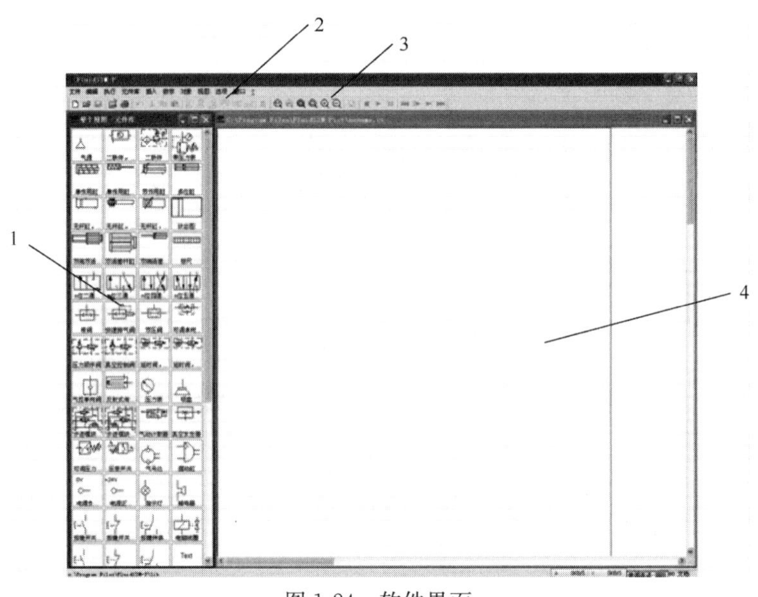

图 1-24　软件界面

1—元件库；2—菜单栏；3—工具栏；4—绘图区

③ 元件库。在 FluidSIM 软件中，元件库中的每个元件都对应一个物理模型，基于这些模型，FluidSIM 软件首先创建整个系统模型，然后在仿真期间对其进行处理。如果元件具有可调参数，则应给出其范围，括号中数字（可调参数范围）是可调参数的缺省设置。FluidSIM-P 软件中的元件库包括气动元件、电气元件以及元件关联、电磁线圈、标尺、状态指示器、凸轮驱动、文本、状态图、元件列表、矩形、椭圆等其他辅助类型。

④ 菜单栏。菜单栏含有 FluidSIM 软件的所有菜单，可作为快速参考指南使用。“当前回路图”是指当前所选定的回路图窗口，该窗口总是位于最上层，且其标题栏也高亮显示。

⑤ 工具栏。工具栏给出了常用菜单功能，各个图标的功能如表 1-3 所示。

表 1-3　工具栏的功能

图标										
功能	新建	浏览	打开	保存	打印	撤销	网格	复制	粘贴	网格	缩放回路图、元件图片和其他窗口
图标											
功能	回路检查		仿真回路图，控制动画播放（基本功能）			仿真回路图，控制动画播放（辅助功能）				对齐与排列元件	

3）按照气动回路图挑选出相应的气动元件。

4）根据气动回路图在 FESTO 气液电综合实训台上搭建气动回路。

5）进行气动回路操作，了解气动回路的基本工作原理和组成。

1.2　往复运动送料机构气路设计

课题分析

通过气缸实现的往复运动送料机构如图 1-25 所示。

工作要求：一旦操作员起动开关，气缸就开始一次送料动作，气缸的往复运动速度可调；当气缸停止在前端位置时需逗留一段时间而后返回，同时只有当气缸返回到初始位置时操作员才能起动下一次送料动作。

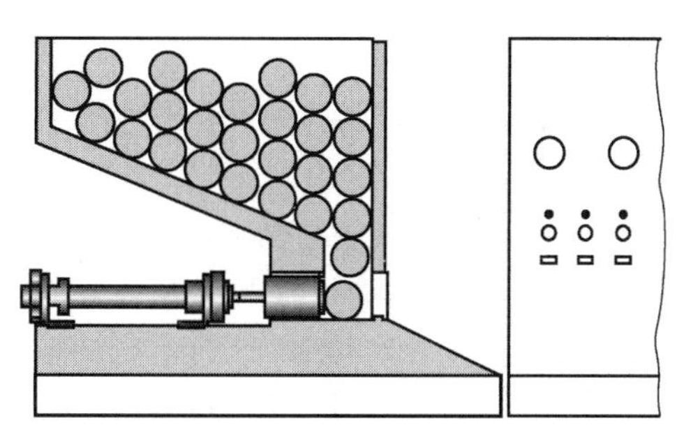

图 1-25　通过气缸实现的往复运动送料机构

课题目的

1. 掌握延时阀的工作原理及应用。
2. 熟悉典型的气动控制回路。
3. 掌握典型气动控制回路设计的方法。
4. 掌握部分气动元件的工作原理及职能符号。

课题重点

1. 掌握延时阀等特殊气动控制元件的工作原理及应用场合。
2. 能够根据工作要求设计简单的气动工作回路。

课题难点

1. 延时阀等特殊气动控制元件的工作原理及应用。
2. 简单气动回路的设计。
3. 气动回路的装调。

1.2.1　压力控制阀及典型回路

1. 压力控制阀

（1）压力控制阀的分类和特点

调节和控制压力大小的气动元件称为压力控制阀，包括减压阀（调压阀）、溢流阀（安全阀）、顺序阀等（表1-4）。

表1-4　压力控制阀的分类和特点

名称	符号	特点
减压阀		调节或控制气体压力的变化，并保持压力值稳定在需要的数值上，确保系统压力稳定的阀，称为减压阀
溢流阀		保证气动系统或储气罐的安全，当压力超过调定值时实现自动向外排气，使压力回到调定值范围内，也称安全阀
顺序阀		在两个以上的分支回路中，能够依据气压的高低控制执行元件，使其按规定的程序进行顺序动作的控制阀

这三类阀的共同特点是利用作用于阀芯上压缩空气的压力和弹簧力相平衡的原理进行工作。

（2）压力控制阀的结构和原理

1）减压阀。气动设备的气源一般都来自于压缩空气站。气源提供的压缩空气的压力通常都高于每台设备所需的工作压力。减压阀的作用是将较高的输入压力调整到系统需要的、低于输入压力的调定压力后再输出，并能保持输出压力稳定，以确保气动系统工作压力的稳定，使气动系统不受输出空气流量变化和气源压力波动的影响。

减压阀的调压方式有直动式和先导式两种，直动式减压阀应用最广泛。图1-26所示为QTY型直动式减压阀的结构原理。

安装减压阀时，要按气流的方向和减压阀上所标示的箭头方向，依照分水滤气器、减压阀、油雾器的安装顺序安装。调压时应由低向高调至规定的压力值。减压阀不工作时应及时把旋钮松开，以免膜片变形。

2）溢流阀。当回路中气压上升到规定的调定压力以上时，气流需要经排气口排出，以保持输入压力不超过设定值，此时应当采用溢流阀。

溢流阀的工作原理如图1-27所示。

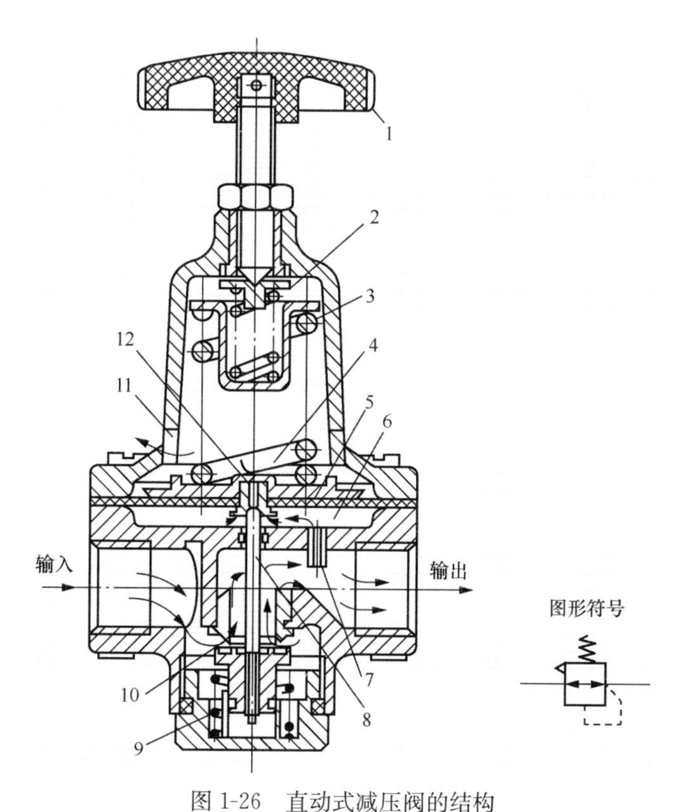

图 1-26　直动式减压阀的结构

1—旋钮；2、3—弹簧；4—溢流阀座；5—膜片；6—膜片气室；7—阻尼管；8—阀芯；9—复位弹簧；10—进气阀口；11—排气孔；12—溢流孔

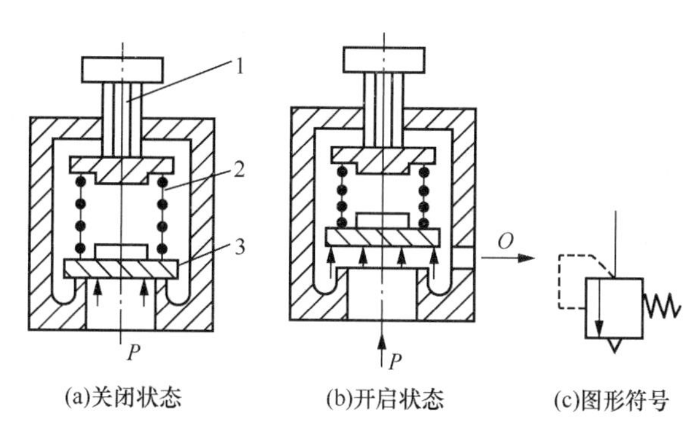

图 1-27　溢流阀的工作原理

1—旋钮；2—弹簧；3—活塞

3）顺序阀。顺序阀是依靠气压系统中压力的变化来控制气动回路中各执行元件，使其按顺序动作的压力阀。其工作原理与液压顺序阀基本相同，常与单向阀组合成单向顺序阀。图 1-28 所示为单向顺序阀的工作原理。

2. 压力控制回路

压力控制回路用于调节和控制系统压力，使之保持在某一规定的范围内。

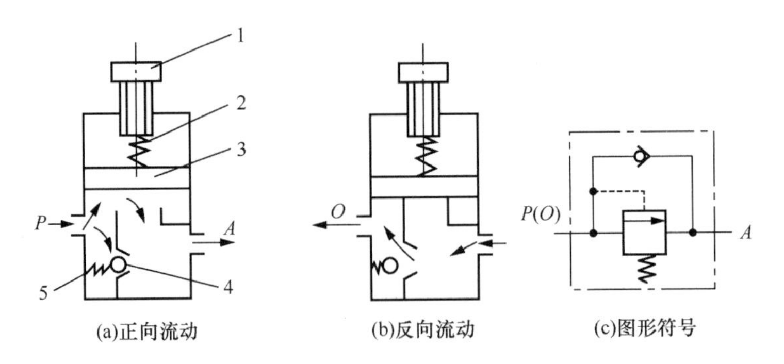

图 1-28　单向顺序阀的工作原理

1—手柄；2—压缩弹簧；3—活塞；4—单向阀；5—小弹簧

（1）简单压力控制回路

图 1-29 所示是常用的一种压力控制回路，用来对气源压力进行控制。

（2）高低压控制回路

高低压控制回路由多个减压阀控制，实现多个压力同时输出。图 1-30 中的回路可同时输出高低两个压力 P_1 和 P_2。

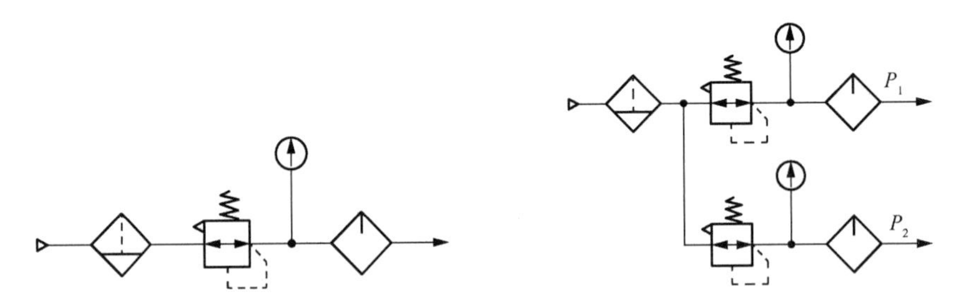

图 1-29　简单压力控制回路　　　图 1-30　由减压阀控制输出高低压转换回路

（3）高低压切换回路

图 1-31 所示是利用换向阀和减压阀实现高低压切换输出的回路。

（4）过载保护回路

图 1-32 所示为过载保护回路。

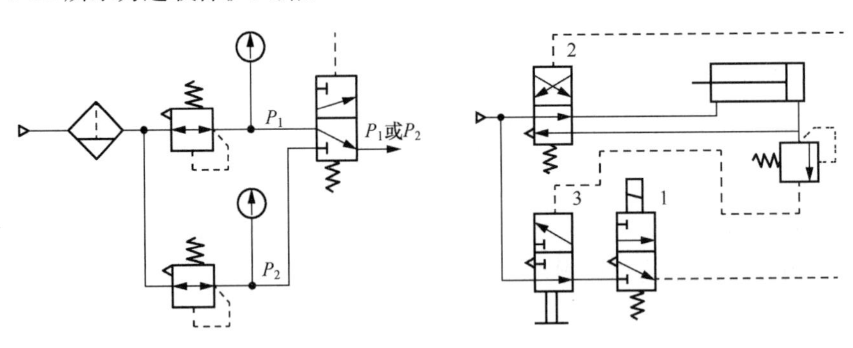

图 1-31　高低压切换回路　　　图 1-32　过载保护回路

1.2.2　流量控制阀及典型回路

1. 流量控制阀

（1）流量控制阀的分类和特点

流量控制阀是通过改变阀的通流面积来调节压缩空气的流量，进而控制气缸的运动速度、换向阀的切换时间和气动信号的传递速度的气动控制元件。流量控制阀包括节流阀、单向节流阀、排气节流阀等（表 1-5）。

表 1-5　流量控制阀的分类和特点

名称	符号	特点
节流阀		通过改变节流口的流通面积来实现气流调节
单向节流阀		由单向阀和节流阀组成，只对一个方向的气流有节流作用，对另一个方向的空气流动不节流
排气节流阀		在排气口装有消声器的节流阀，常装在主控阀的排气口上，用于控制执行元件的速度并降低排气噪声

（2）流量控制阀的结构和原理

1）节流阀。图 1-33 所示为圆柱斜切型节流阀的结构。

2）单向节流阀。单向节流阀是由单向阀和节流阀并联而成的组合式流量控制阀，常用于控制气缸的运动速度，又称为速度控制阀。图 1-34 所示为单向节流阀的工作原理。

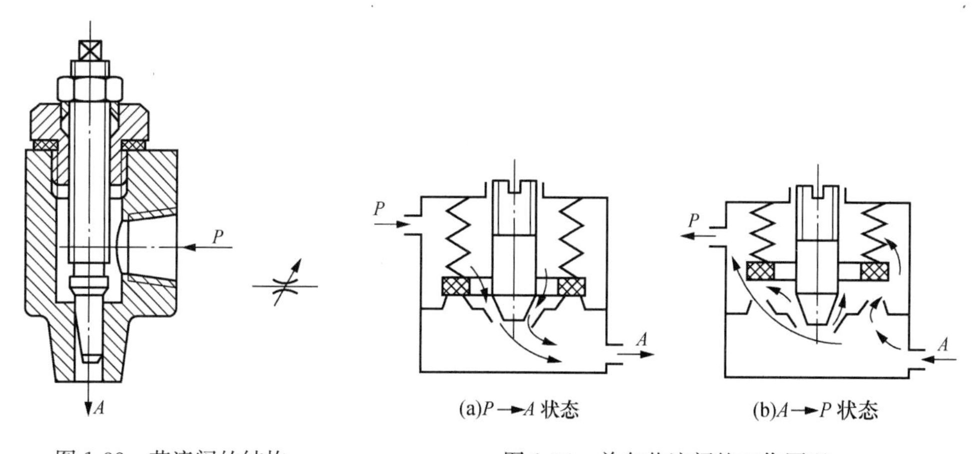

图 1-33　节流阀的结构　　　　图 1-34　单向节流阀的工作原理

3）排气节流阀。排气节流阀是装在执行元件的排气口处，用于调节排入大气的流量，并改变执行元件的运动速度的一种控制阀。它常带有消声器件，以此降低排气时的噪声，并能防止不清洁的环境气体通过排气口污染气动系统的元件。图 1-35 所示是排气节流阀的工作原理。

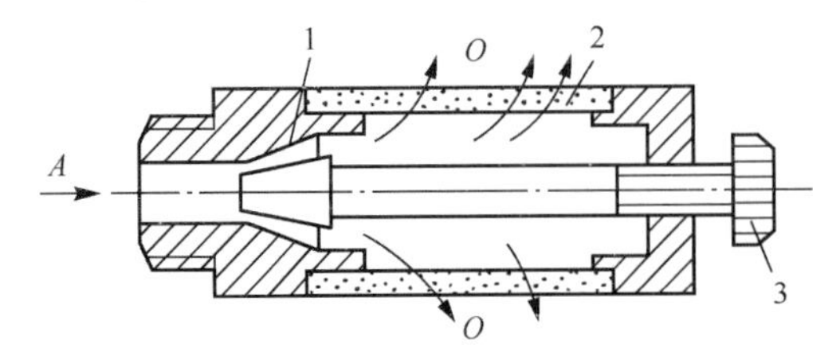

图 1-35　排气节流阀的工作原理

1—节流口；2—消声套；3—调节杆

在气压传动系统中，用流量控制的方式来调节气缸的运动速度是比较困难的，尤其是在超低速控制中，要按照预定行程来控制速度，单气动很难实现。在外部负载变化很大时，仅用气动流量阀也不会得到满意的效果。但注意以下几点，可使气动控制速度达到比较好的效果：①严格控制管道中的气体泄漏；②确保气缸内表面的加工精度和质量；③保持气缸内的正常润滑状态；④作用在气缸活塞杆上的荷载必须稳定；⑤流量控制阀尽量安装在气缸附近。

2. 速度控制回路

速度控制回路的作用在于调节或改变执行元件的工作速度。

(1) 单作用气缸速度控制回路

图 1-36 所示为单作用气缸速度控制回路。

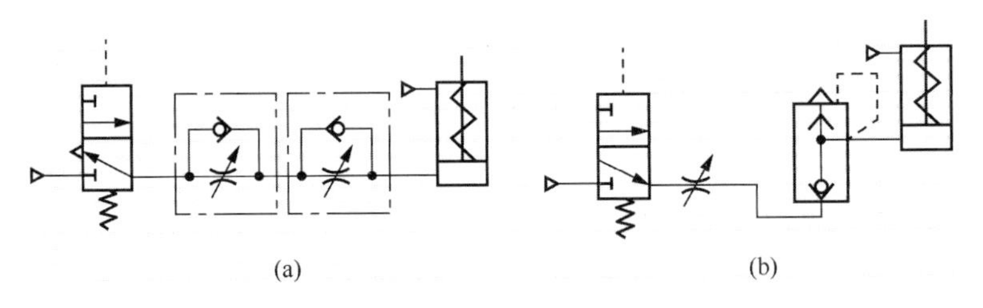

图 1-36　单作用气缸速度控制回路

(2) 双作用气缸速度控制回路

1) 单向调速回路。双作用气缸有节流供气和节流排气两种调速方式。图 1-37 (a) 所示为节流供气调速回路，多用于垂直安装的气缸的供气回路中，在水平安装的气缸的供气回路中一般采用如图 1-37 (b) 所示的节流排气回路。

2) 双向调速回路。在气缸的进、排气口装设节流阀，就组成了双向调速回路。在图 1-38 所示的双向节流调速回路中，图 1-38 (a) 所示为采用单向节流阀的双向节流调速回路，图 1-38 (b) 所示为采用排气节流阀的双向节流调速回路。

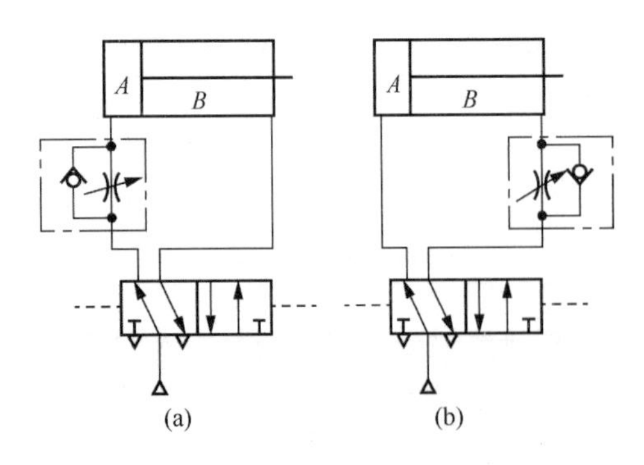

图 1-37　双作用气缸单向调速回路

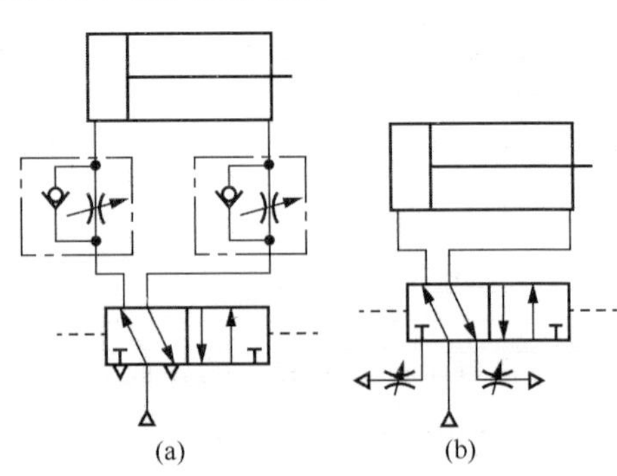

图 1-38　双向调速回路

3）快速往复运动回路。图 1-39 中将两只单向节流阀换成快速排气阀就构成了快速往复回路。若要实现气缸单向快速运动，可只采用一只快速排气阀。

4）速度换接回路。如图 1-40 所示的速度换接回路是利用两个二位二通阀与单向节流阀并联。

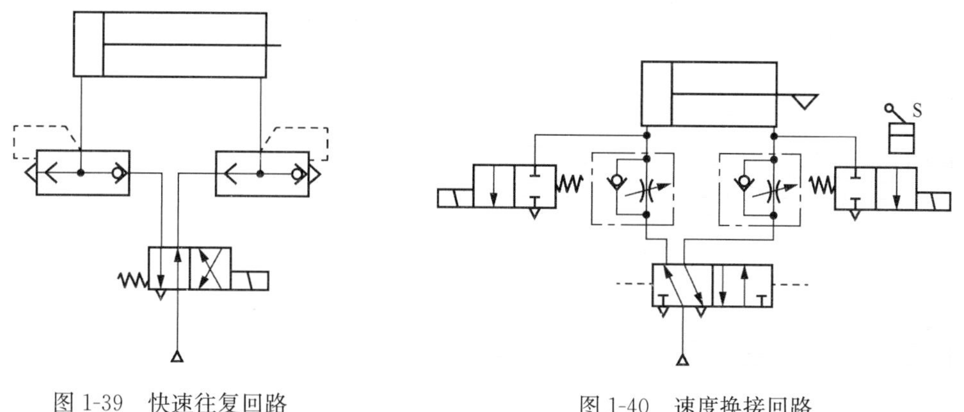

图 1-39 快速往复回路　　　　图 1-40 速度换接回路

5）缓冲回路。要获得气缸行程末端的缓冲，除采用带缓冲的气缸外，特别在行程长、速度快、惯性大的情况下，往往需要采用缓冲回路来满足气缸运动速度的要求，常用的方法如图 1-41 所示。

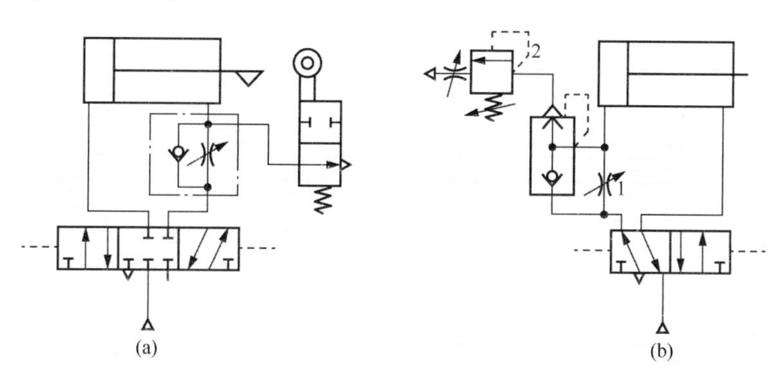

图 1-41 缓冲回路

图 1-41 所示的回路都只能实现一个运动方向上的缓冲，若两侧均安装此回路，可达到双向缓冲的目的。

1.2.3 其他典型回路

1. 位置控制回路

位置控制回路的功能在于控制执行元件在预定或任意位置停留。

图 1-42（a）所示为用缓冲挡铁的位置控制回路，图 1-42（b）所示为用二位阀和多位缸的位置控制回路，图 1-42（c）所示为用气液转换器的位置控制回路。

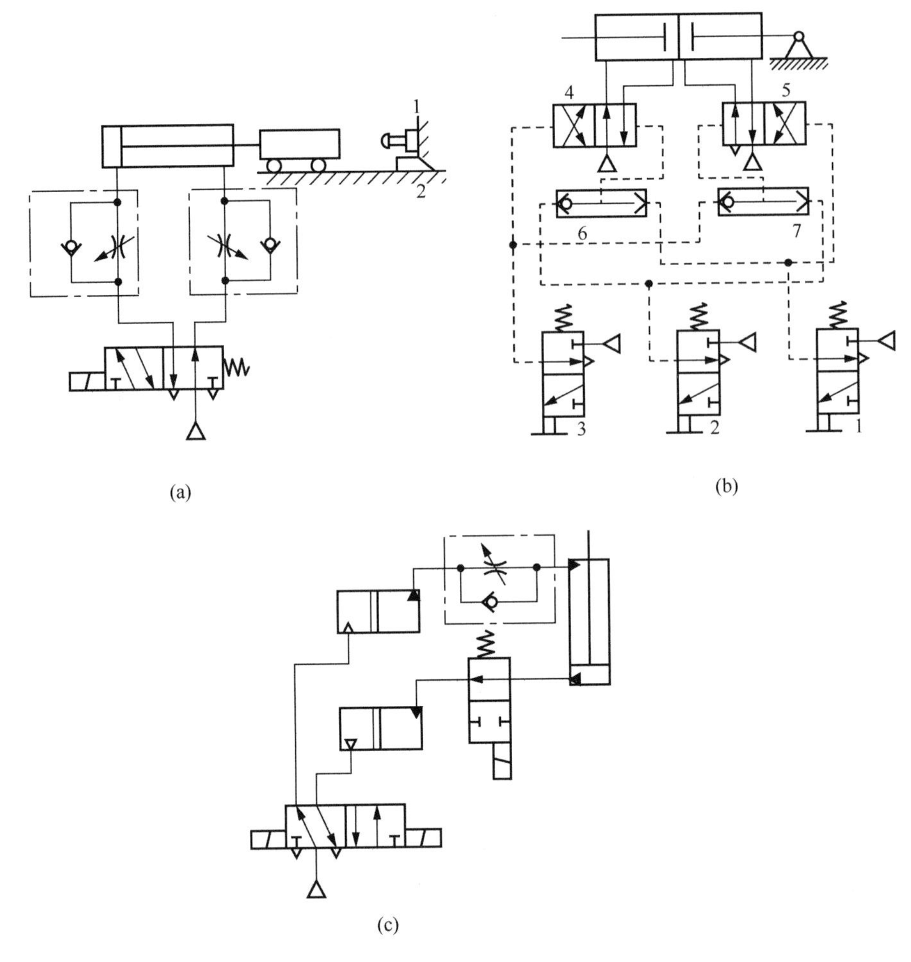

图 1-42　位置控制回路

2. 顺序动作回路

顺序动作是指在气动回路中各个气缸按一定程序完成各自的动作，如单缸有单往复动作、二次往复动作、连续往复动作等，双缸及多缸有单往复及多往复顺序动作等。

单缸往复动作回路可分为单缸单往复和单缸连续往复动作回路。图 1-43 所示为三种单往复回路，其中图 1-43（a）为行程阀控制的单往复回路，图 1-43（b）为压力控制的单往复回路，图 1-43（c）是利用阻容回路形成的时间控制单往复回路。

如图 1-44 所示的回路是一连续往复动作回路，能完成连续的动作循环。

3. 延时回路

图 1-45（a）为延时接通是门回路。延时元件在主阀先导信号输入侧形成进气节流。输入先导信号 A 后须延迟一定时间，待气容中的压力达到一定值时主阀才能换向，

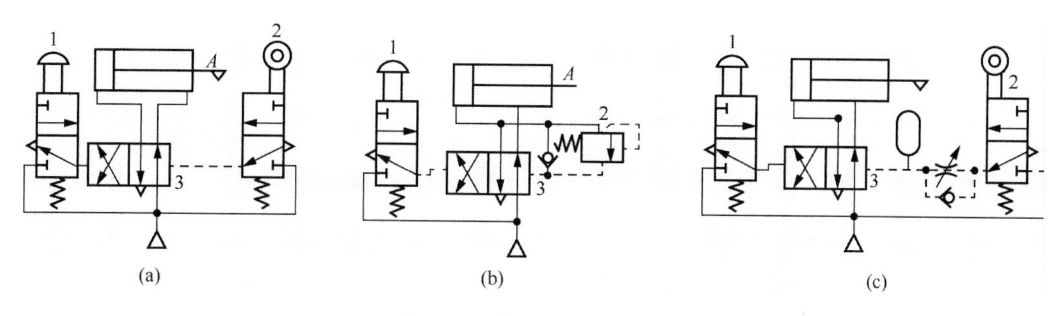

图 1-43　单缸往复动作回路

使 F 有输出。延时时间由节流阀调节。

图 1-45（b）为延时切断是门回路。延时元件组成排气节流回路，输入信号 A 后，单向阀被推开，主阀迅速换向，立即有信号 F 输出。但当信号 A 切断后，气容内尚有一定的压力，须延迟一定时间后输出 F 才能被切断。延时时间由节流阀调节。

图 1-45（c）为延时通 - 断是门回路，调节两个单向节流阀可分别调节通和断开的延时时间。

图 1-45（d）是延时动作非门回路，延时动作时间由单向节流阀调节。

图 1-45（e）是延时复位非门回路，延时复位时间由单向节流阀调节。

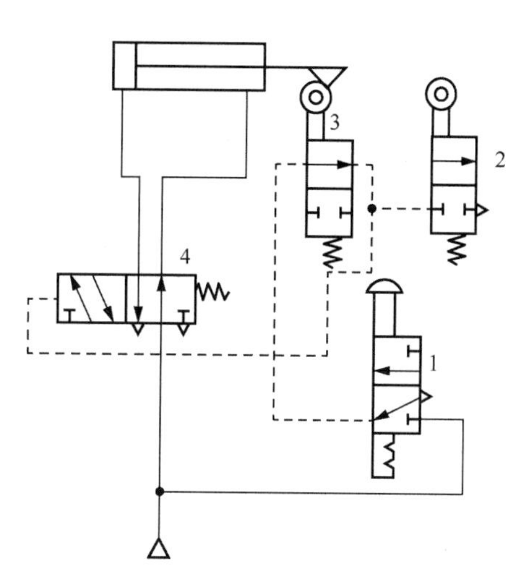

图 1-44　连续往复动作回路

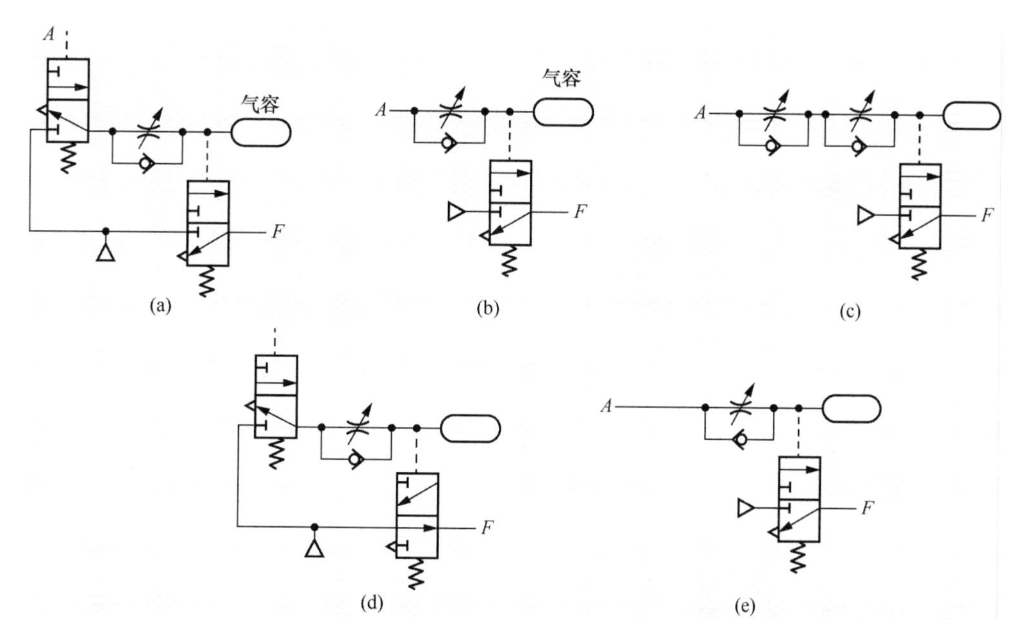

图 1-45　延时回路

4. 同步控制回路

所谓同步控制，是指驱动两个或多个执行机构时，使它们在运动过程中位置保持同步。同步控制实际上是速度控制的一种特例。当各执行机构的负载发生变动时，要使它们保持同步并非易事。为了实现同步，通常采用以下方法：使流入和流出执行机构的流量保持一定；利用机械联结使各执行机构同步动作；测出执行机构的实际负载，并对流入和流出执行机构的流量进行连续控制。

下面介绍利用上述方法构成的几种同步控制回路。

（1）利用节流阀的同步控制回路

最简单的气缸速度控制方法是采用调速阀进行出口节流调速。图 1-46 为采用出口节流调速阀 3、4、5、6 的简单同步控制回路。

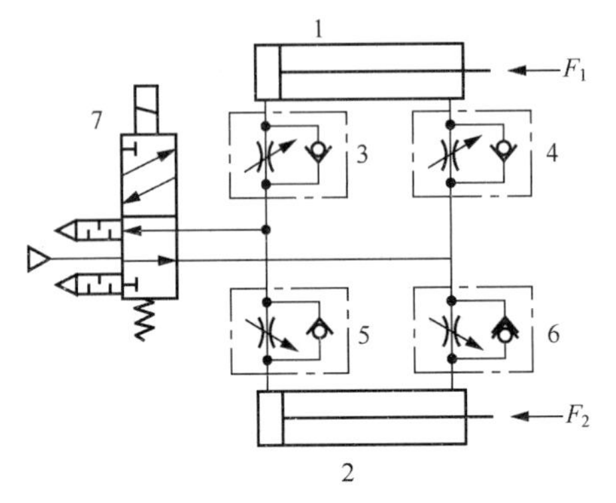

图 1-46　利用节流阀的简单同步控制回路

（2）利用机械连接的同步控制

将两只气缸的活塞杆通过机械结构连接在一起，从理论上说可以实现最可靠的同步动作。

图 1-47 的同步装置使用齿轮齿条将两只气缸的活塞杆连接起来，使其同步动作。图 1-48为使用连杆机构的气缸同步装置。对于机械连接同步控制来说，其缺点是机械误差会影响同步精度，且两只气缸的设置距离不能太大。

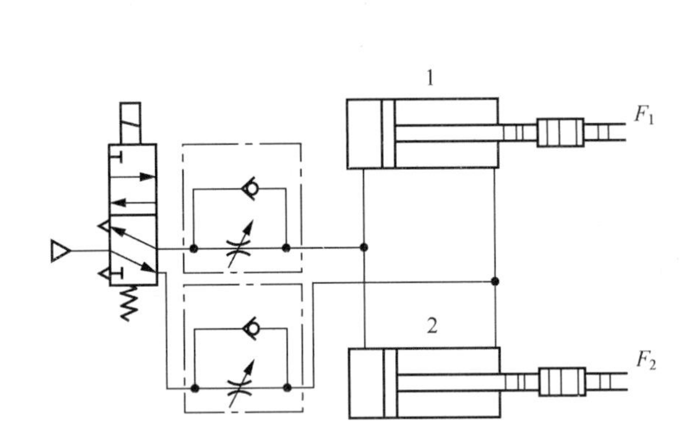

图 1-47　齿轮齿条的同步控制回路

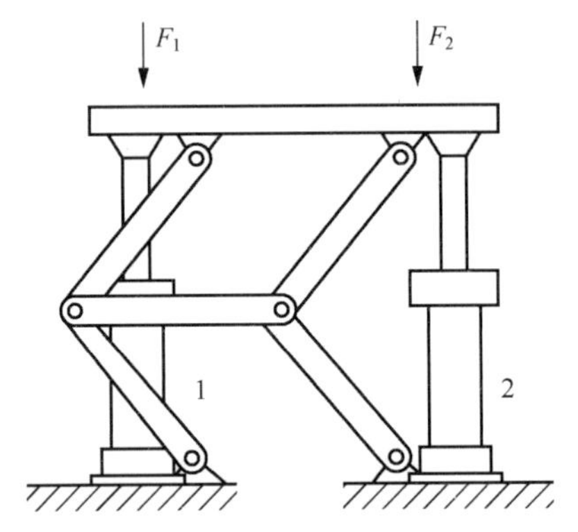

图 1-48　连杆机构的同步控制

5. 安全保护回路

（1）过载保护回路

图 1-49 所示的回路为过载保护回路。

（2）互锁回路

图 1-50 所示的回路为互锁回路。

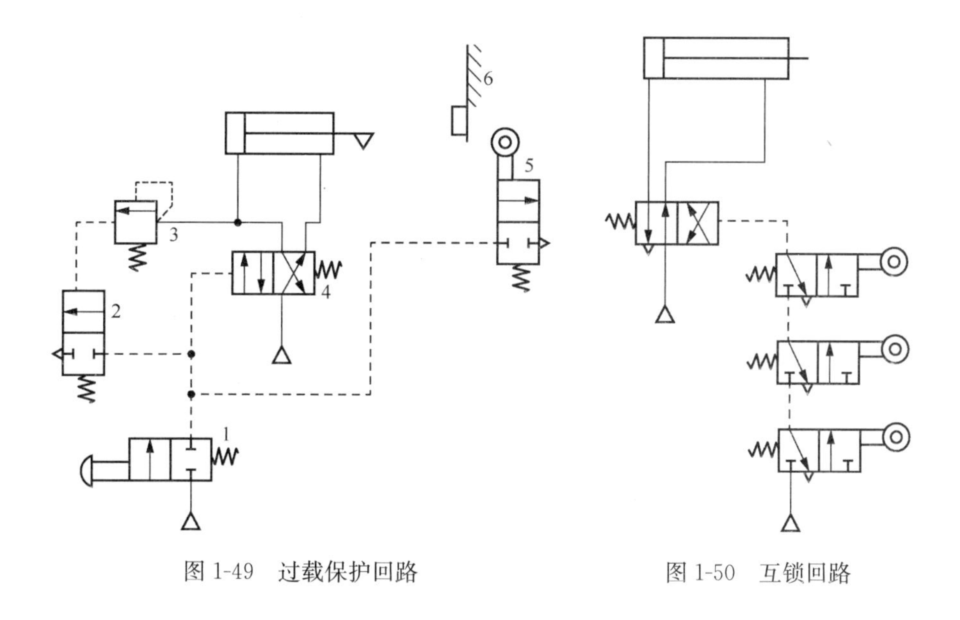

图 1-49　过载保护回路　　图 1-50　互锁回路

6. 双手同时操作回路

所谓双手操作回路，就是使用两个起动用的手动阀，只有同时按动两个阀才动作的回路。这种回路主要是为了安全。在锻造、冲压机械上常用这种回路来避免误动作，以保护操作者的安全。

图 1-51（a）所示的是使用逻辑“与”回路的双手操作回路，图 1-51（b）所示的是使用三位主控阀的双手操作回路。

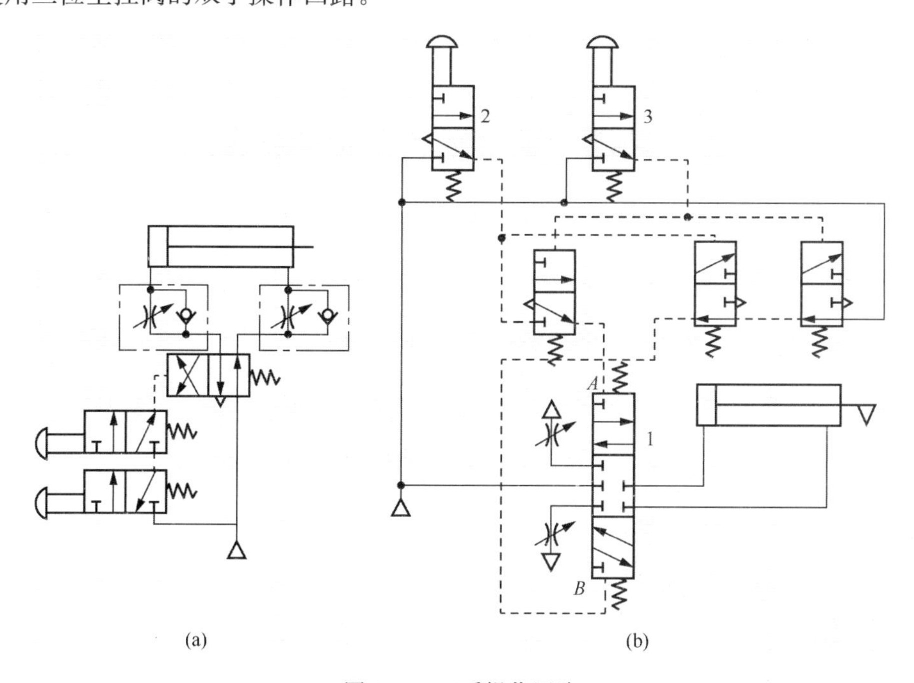

图 1-51　双手操作回路

1.2.4　系统设计

1）根据任务要求设计相应的气动回路。参考气动回路如图 1-52 所示。

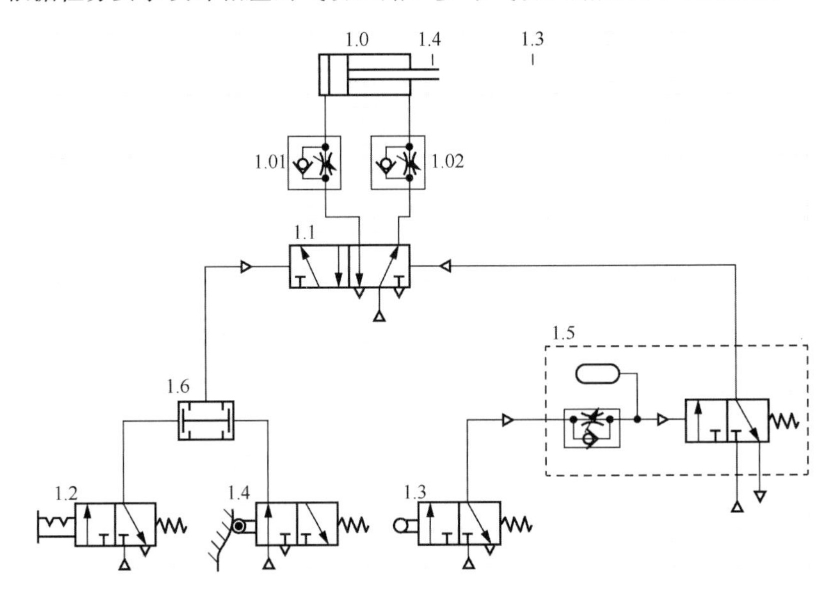

图 1-52　往复运动送料机构参考气动回路

2）利用 FESTO 软件对该气动回路进行仿真模拟。

3）按照气动回路图挑选出相应的气动元件。

4）根据气动回路图在 FESTO 气液电综合实训台上搭建气动回路。

5）进行气动回路操作，了解气动回路的基本工作原理和组成。

1.3　热压膜装置电气控制系统设计

课题分析

热压膜装置工作示意图如图 1-53 所示。

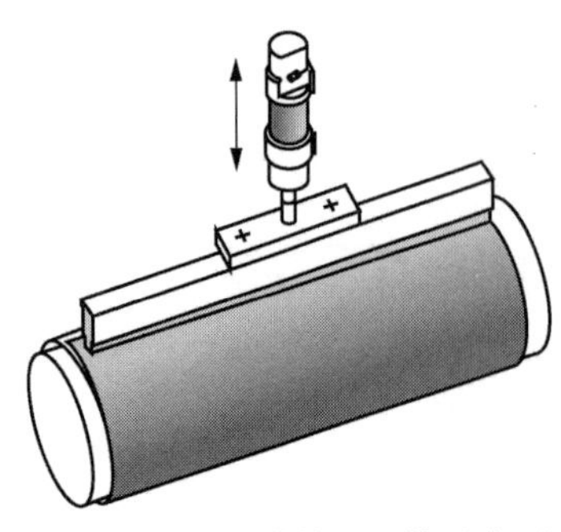

图 1-53　热压膜装置工作示意图

工作要求：如图 1-53 所示为一热压模设备，双作用气缸两端用磁性接近开关检测压力控制。按下一个按钮开关，加热压板被推进并对包装纸粘贴处加热，达到粘贴压力后，加热压板回到初始位置。

课题目的

1. 掌握电气控制的基本方法。
2. 掌握基本的电气控制元件。
3. 学会简单的电气控制系统设计。

课题重点 ➡

1. 掌握基本的电气控制元件。
2. 掌握简单电气控制系统的设计方法。

课题难点 ➡

1. 电气控制的基本方法。
2. 简单电气控制系统的设计方法。

1.3.1 电气控制简介

1. 电气控制的基本知识

电气控制回路主要由按钮开关、行程开关、继电器及其触点、电磁铁线圈等组成。通过按钮或行程开关使电磁铁通电或断电来控制触点接通或断开的控制主回路称为继电器控制回路。电路中的触点有常开触点和常闭触点两种。

2. 电气回路图绘图原则

电气回路图通常以一种层次分明的梯形法表示，也称梯形图。它是利用电气元件符号进行顺序控制系统设计的最常用的一种方法。梯形图表示法可分为水平梯形回路图及垂直梯形回路图两种。

图 1-54 所示为水平梯形回路图，图中上、下两条平行线代表控制回路图的电源线，称为母线。梯形图的绘图原则如下：

1）图中上端为火线，下端为接零线。

2）电路图的构成是由左向右进行的。为便于读图，接线上要加上线号。

3）控制元件的连接线接于电源母线之间，且尽可能用直线。

4）连接线与实际的元件配置无关，由上而下依照动作的顺序来决定。

5）连接线所连接的元件均用电气符号表示，且均为未操作时的状态。

6）在连接线上，所有的开关、继电器等的触点位置由水平电路上侧的电源母线开始连接。

7）一个梯形图网络由多个梯级组成，每个输出元素（继电器线圈等）可构成一个梯级。

8）在连接线上，各种负载（如继电器、电磁线圈、指示灯等）的位置通常是输出元素，要放在水平电路的下侧。

9）在以上各元件的电气符号旁注上文字符号。

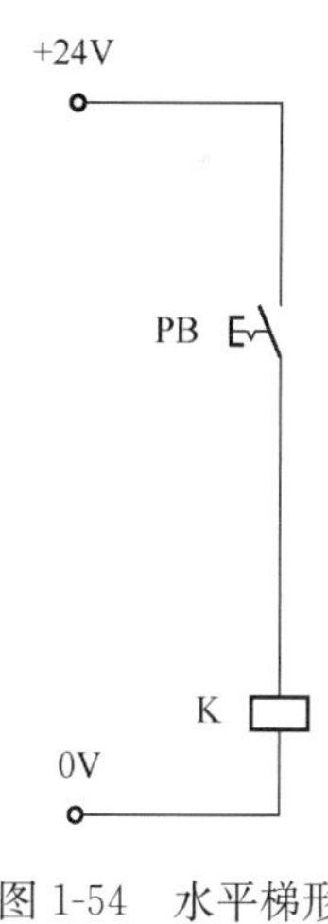

图 1-54 水平梯形回路图

1.3.2 电气控制典型回路

基本的电气控制回路有以下几种。

（1）是门电路（YES）

图 1-55 所示为是门电路。

（2）或门电路（OR）

图 1-56 所示为或门电路，也称为并联电路。或门电路的逻辑方程为 $S=a+b+c$。

（3）与门电路（AND）

图 1-57 所示为与门电路，也称为串联电路。与门电路的逻辑方程为 $S=a\cdot b\cdot c$。

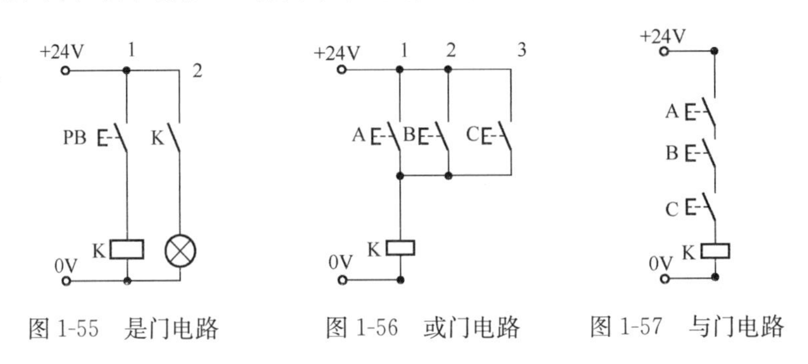

图 1-55　是门电路　　图 1-56　或门电路　　图 1-57　与门电路

（4）自保持电路

自保持电路又称为记忆电路，在各种液、气压装置的控制电路中很常用，尤其是使用单电控电磁换向阀控制液、气压缸的运动时需要自保持回路。图 1-58 所示为两种自保持回路，其中图 1-58（a）为停止优先自保持回路，图 1-58（b）为起动优先自保持回路。

（5）互锁电路

互锁电路用于防止错误动作的发生，以保护设备、人员安全，如电机的正转与反转、气缸的伸出与缩回，如图 1-59 所示。

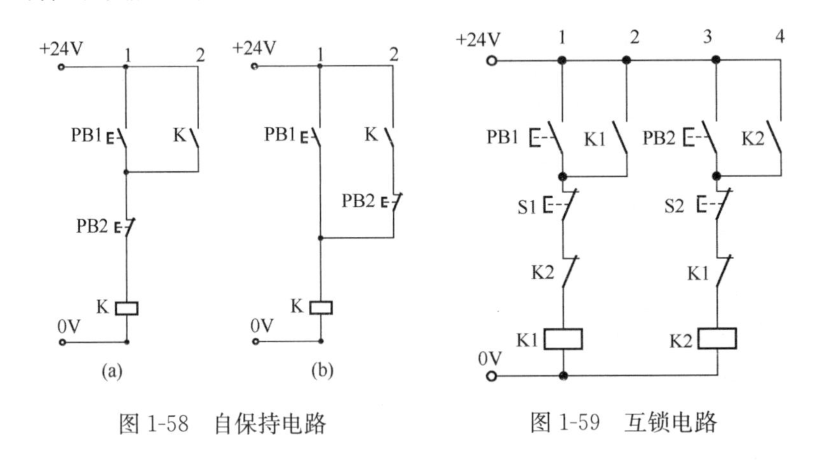

图 1-58　自保持电路　　图 1-59　互锁电路

（6）延时电路

延时控制分为两种，即延时闭合和延时断开。图 1-60（a）所示为延时闭合电路，图 1-60（b）所示为延时断开电路。

1.3.3 系统设计

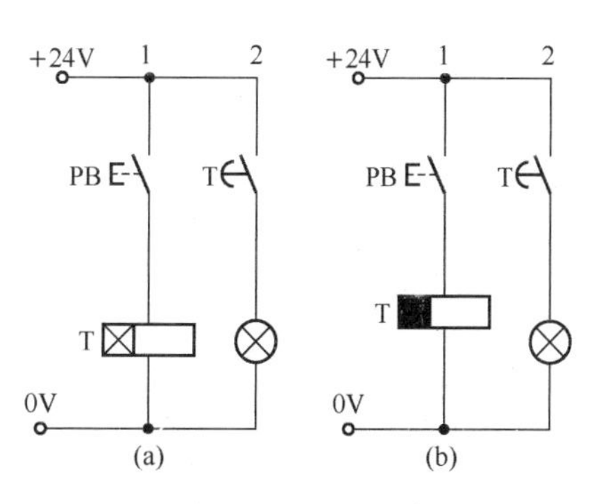

图 1-60 延时电路

1）根据任务要求设计相应的气动回路及电气控制回路。参考气动回路及电气控制回路如图 1-61 所示。

2）利用 FESTO 软件对该气动回路和电气控制回路进行仿真模拟。

3）按照气动回路图及电气控制回路图挑选出相应的气动元件和电气元件。

4）根据气动回路图及电气控制回路图在 FESTO 气液电综合实训台上搭建气动回路及电气控制回路。

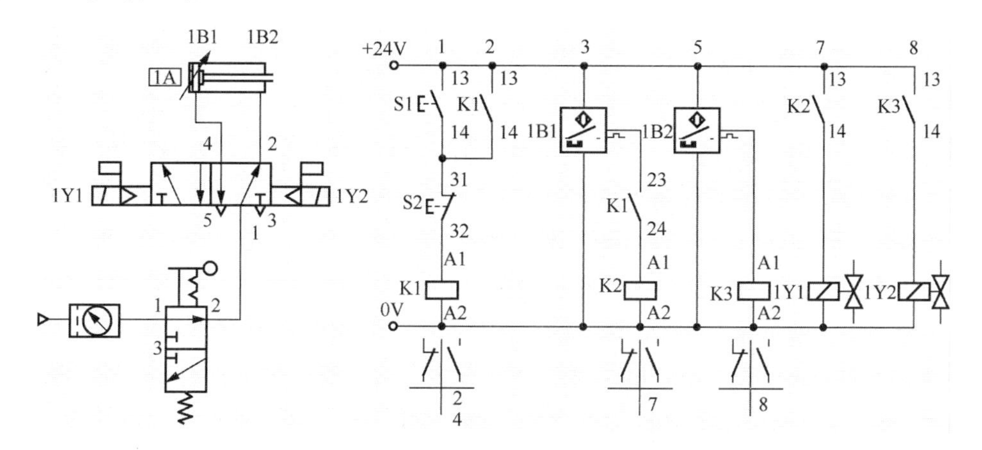

图 1-61 热压膜装置气动回路及电气控制回路

5）进行系统调试操作，了解系统的基本工作原理和组成。

1.4 轴承安装压力机液压系统设计

课题分析 》》》》

轴承安装压力机示意图如图 1-62 所示。

工作要求：如图 1-62 所示为一液压压力机设备，液压缸可实现快慢速切换。按下一个点动按钮开关，液压缸下降工作。此时按下速度切换按钮，实现液压缸的快慢速转换。当完成工作后，再按下点动回程按钮，液压缸回到初始位置。

课题目的 ⇨

1. 掌握液压传动的基本方法。
2. 掌握基本的液压控制元件。
3. 学会简单的液压传动回路设计。

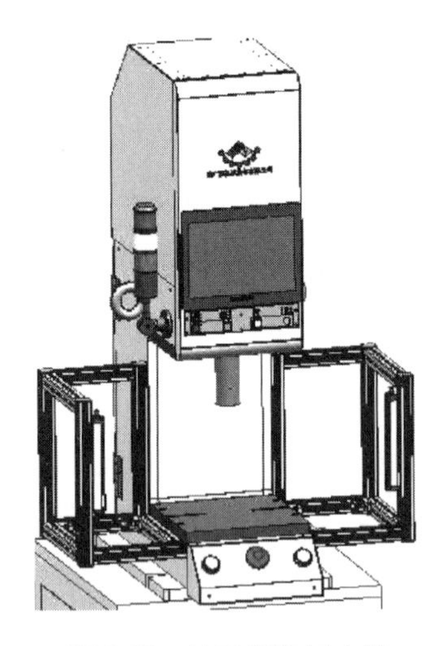

图 1-62　轴承安装压力机示意图

课题重点

1. 掌握液压传动的特点。
2. 掌握简单液压传动回路的设计方法。

课题难点

1. 液压传动的特点。
2. 液压传动回路的设计方法。

1.4.1　液压传动理论基础

1. 液压传动的工作原理

液压传动是以液体作为工作介质并以压力能的方式进行能量传递和控制的一种传动形式。图 1-63 所示为液压千斤顶工作原理，由图（a）可知，大缸体 9 和大活塞 8 组成举升液压缸，杠杆手柄 1、小缸体 2、小活塞 3、单向阀 4 和 7 组成手动液压泵。假设活塞在缸体内可自由滑动（无摩擦力），又不使液体渗漏，液压缸的工作腔与油管都充满油液并与大气隔绝，即液体在密封容积内。当提起手柄 1 使小活塞 3 向上移动时，小活塞下端油腔容积增大，形成局部真空，此时单向阀 4 被打开，通过吸油管 5 从油箱 12 中吸油；当压下手柄，小活塞下移，小活塞下腔压力升高，单向阀 4 关闭，单向阀 7 被打开，下腔的油液经管道 6 流入大缸体 9 的下腔，使大活塞 8 向上移动，顶起重物。为防止再次提起手柄吸油时举升缸下腔的压力油逆向流入手动泵（小缸），设置一单向阀 7，使其自动关闭，油液不能倒流，以保证重物不会自行下落。往复扳动手柄，就能不断地将油液压入举升缸下腔，使重物逐步升起；当打开截止阀 11，举升缸下腔的油液通过管道 10、阀 11 流回油箱，大活塞在重物和自重作用下回到初始位置。

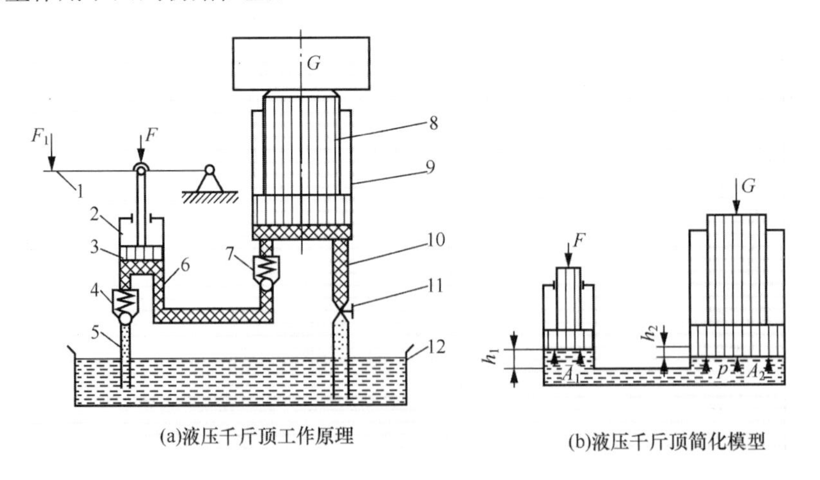

图 1-63　液压千斤顶工作原理和模型

1—杠杆手柄；2—小缸体；3—小活塞；4、7—单向阀；5—吸油管；6、10—管道；8—大活塞；9—大缸体；11—截止阀；12—通大气式油箱由以上可见，液压传动是一种以密封容积中的液体作为传动介质，利用液体的压力能来实现运动和力的传递的一种传动方式，又称为容积式液压传动。它具有以下特点：

1）以液体为传动介质来传递运动和动力。

2）液压传动必须在密闭的容器内进行。

3）依靠密封容积的变化传递运动。

4）依靠液体的静压力传递动力。

2. 液压传动的优缺点

液压传动能得到迅速的发展和广泛的应用，是由于它与机械传动、电气传动、气压传动相比具有以下优点：

1）单位功率的重量轻，即在输出同等功率的条件下体积小、重量轻、惯性小、结构紧凑、动态特性好等，如轴向柱塞泵的重量只有同功率直流发电机重量的10%～20%，前者的外形尺寸只有后者的12%～13%。

2）液压传动能方便地实现无级调速，并且调速范围大。

3）液压传动能使执行元件的运动十分均匀稳定，由于其反应速度快，冲击小，故可实现快速起动、制动和频繁换向。

4）液压传动装置的控制、调节比较简单，操纵比较方便、省力，易于实现自动化。当机、电、液配合使用时，易实现较复杂的自动工作循环。

5）液压传动能输出大的推力或大转矩，可实现低速大吨位传动，这是其他传动方式所不能比的突出优点。

6）液压传动系统便于实现过载保护，使用安全、可靠，不会因过载而造成元件损坏。而且由于各液压元件中的运动件均在油液中工作，能自行润滑，故元件的使用寿命长。

7）由于液压元件已实现了标准化、系列化和通用化，所以液压系统的设计、制造和使用都比较方便。液压元件的排列布置也具有较大的机动性。

液压传动的主要缺点：

1）液压传动是以液体为工作介质，在相对运动表面间不可避免地要有泄漏；同时，液体又不是绝对不可压缩的，因此液压传动不能保证严格的传动比，不能用于有严格传动比要求的内传动链中。

2）液压传动系统工作过程中的能量损失较大，如泄漏损失、溢流损失、节流损失、摩擦损失等，传动效率较低，因而不适宜作远距离传动。

3）工作介质对温度的变化比较敏感，工作温度或环境温度的变化对系统工作的影响比较大，因此在低温和高温条件下采用液压传动有一定的困难。

4）为了减少泄漏，液压元件的制造精度要求较高，因此液压元件的制造成本较高，而且对油液的污染比较敏感，要求有较好的工作环境。

5）液压系统故障的诊断比较困难，因此对维修人员提出了更高的要求，既需要系统地掌握液压传动的理论知识，又要具有一定的实践经验。

6）随着高压、高速、高效率和大流量化，液压元件和系统的噪声也随之增大，这也是需要解决的问题。

总而言之，液压传动的优点是突出的，随着技术的进步，液压传动的缺点将得到克服，液压传动将日臻完善，液压技术与电子技术及其他传动方式的结合更是前途无量。

1.4.2　液压油及压力损失简介

1. 液压油

（1）液压油的作用

液压油起以下几种作用：

1）传递运动与动力。将泵输出的压力能传递给执行元件。由于液压油本身具有黏性，在传递过程中会产生一定的动力损失。

2）润滑。液压元件内各移动部位都可受到液压油充分润滑，从而降低元件的磨损。

3）密封。液压油本身的黏性对细小的间隙有密封作用。

4）冷却。系统损失的能量会变成热，被液压油带出。

（2）液压油的性质

1）密度。单位体积液体的质量称为液体的密度。我国采用 20℃时的密度作为油液的标准密度，以 ρ_{20} 表示。液压油的密度越大，泵吸入性越差。

2）闪火点。油温升高时，部分油会蒸发而与空气混合成油气，此油气所能点火的最低温度称为闪火点。如继续加热，则会连续燃烧，此温度称为燃烧点。可燃性液体的闪点和燃点表明其发生爆炸或火灾的可能性大小，与运输、储存和使用的安全有极大关系。从消防观点来说，液体闪点就是可能引起火灾的最低温度，闪点越低，引起火灾的危险性越大。

3）黏度。

① 黏性和黏度。液体在外力的作用下流动时，液体分子间的内聚力阻碍其分子间的相对运动而产生一种内摩擦力，这种现象称为液体的黏性。液体只有在流动（或有流动趋势）时才会呈现出黏性，静止液体是不呈现黏性的。

黏度是表征液体流动时内摩擦力大小的量，是衡量液体黏性大小的指标，也是液压油最重要的性质。油液黏度大可以降低泄漏，提高润滑效果，但会使压力损失增大，动作反应变慢，机械效率降低，功率损耗增大；油液黏度低可实现高效率小阻力的动作，但会增加磨损和泄漏，降低容积效率。

通常用黏度单位来表示黏度的大小，我国常用的黏度单位有三种，即动力黏度、运动黏度和相对黏度。习惯上常用运动黏度来标志液体的黏度，如各种矿物油的牌号就是该种油液在 40℃时的运动黏度 ν（单位为 cSt）的平均值。

② 压力对黏度的影响。当液体所受的压力加大时，其分子之间的距离缩小，内聚力增大，黏度也随之增大。在一般情况下，压力对黏度的影响比较小，在工程中当压

力低于5MPa时，黏度值的变化很小，可以忽略不计。但当压力较大（大于10MPa）或压力变化较大时，压力对黏度的影响趋于显著。

③ 温度对黏度的影响。温度的变化使液体的内聚力发生变化，因此液体的黏度对温度的变化十分敏感。温度升高时，液体分子间的内聚力减小，其黏度降低。液压油的黏度随温度变化的关系称为液压油的黏温特性。液压油黏度的变化直接影响液压系统的性能和泄漏量，因此希望黏度随温度的变化越小越好，即黏温特性要好。黏温特性可用黏度指数V·I表示。黏度指数V·I是用被测油液黏度随温度变化的程度同标准油液黏度变化程度比较的相对值。通常在各种工作介质的质量标准中都给出黏度指数。V·I值越高，表示液压油黏度随温度变化越小，即黏温特性越好。一般要求工作介质的黏度指数应在90以上。

4）其他性质。作为传动工作介质的液压油还有其他一些性质，如稳定性（热稳定性、氧化稳定性、水解稳定性、剪切稳定性等）、抗泡沫性、抗乳化性、防锈性、润滑性和相容性（对所接触的金属、密封材料、涂料等的作用程度）等，都对它的选择和使用有重要影响。这些性质需要在精炼的矿物油中加入各种添加剂来获得，其含义较为明显，此处不多作解释，可参阅有关资料。

（3）液压油的选用

正确而合理地选用液压油，是保证液压设备高效率正常运转的前提。

选用液压油时，可根据液压元件生产厂样本和说明书推荐的品种号数来选用，或者根据液压系统的工作压力、工作温度、液压元件种类及经济性等因素全面考虑。一般先确定适用的黏度范围，再选择合适的液压油品种，同时还要考虑液压系统工作条件的特殊要求，如在寒冷地区工作的系统要求油的黏度指数高、低温流动性好、凝固点低，伺服系统要求油质纯、压缩性小，高压系统则要求油液抗磨性好。在选用液压油时，黏度是一个重要的参数。黏度的高低将影响运动部件的润滑、缝隙的泄漏以及流动时的压力损失、系统的发热温升等。如果黏度太低，就会使泄漏增加，从而降低效率，降低润滑性，增加磨损；如果黏度太高，液体流动的阻力就会增加，磨损增大，液压泵的吸油阻力增大，易产生吸空现象（也称空穴现象，即油液中产生气泡的现象）和噪声。因此，要合理选择液压油的黏度。选择液压油时要注意以下几点：

① 工作环境。当液压系统工作环境温度较高时应采用较高黏度的液压油，反之则采用较低黏度的液压油。

② 工作压力。当液压系统工作压力较高时应采用较高黏度的液压油，以防泄漏，反之用较低黏度的液压油。

③ 运动速度。当液压系统工作部件运动速度较高时，为了减少功率损失，应采用黏度较低的液压油，反之采用较高黏度的液压油。

④ 液压泵的类型。在液压系统中，不同的液压泵对润滑的要求不同，选择液压油时应考虑液压泵的类型及工作环境。

但是总的来说，应尽量选用较好的液压油，虽然初始成本要高些，但由于优质油使用寿命长，对元件损害小，所以从整个使用周期看，其经济性要比选用劣质油好。

2. 液体流动中的压力损失

由于液体具有黏性，在流动时就会有阻力，这个阻力称为液阻。为了克服液阻，必须消耗能量，这样就会造成能量的损失。在液压传动中能量损失主要表现为液压油压力的降低，将其称为压力损失。

（1）压力损失的定义及分类

一般可以将液压系统中的压力损失分为沿程压力损失和局部压力损失两大类。

1）沿程压力损失。沿程压力损失是指油液沿等直径管流动时所产生的压力损失。这类压力损失是由于液体流动时各质点间运动速度不同，液体分子间存在内摩擦力以及液体与管壁间存在外摩擦力，导致液体流动必须消耗一部分能量来克服这部分阻力而造成的。

2）局部压力损失。局部压力损失是油液流动时经过局部障碍（如弯管、分支或管路截面突然变化）时，由于液体的流向和速度的突然变化，在局部形成涡流，引起油液质点间以及质点与固体壁面间相互碰撞和剧烈摩擦而产生的压力损失。

压力损失造成液压系统中功率损耗的增加，还会加剧油液的发热，使泄漏量增大，液压系统效率下降和性能变坏。因此，在液压技术中正确估算压力损失的大小，找出减少压力损失的有效途径有着重要的意义。

（2）减少压力损失的措施

管路系统中总的压力损失等于所有沿程压力损失与所有局部压力损失之和。沿程压力损失可以通过计算公式算出；局部压力损失一般可通过试验确定，也可通过查阅有关设计手册或从液压产品说明书中获得。

减少压力损失、提高液压系统性能主要有以下措施：

① 缩短管道长度，减少管道弯曲，尽量避免管道截面的突然变化。

② 减少管道内壁表面粗糙度，使其尽可能光滑。

③ 选用的液压油黏度应适当。液压油的黏度低可降低液流的黏性摩擦，但可能无法保证液流为层流；黏度高虽可以保证液流为层流，但黏性摩擦却会大幅增加。所以，液压油的黏度应在保证液流为层流的基础上尽量减少黏性摩擦。

④ 管道应有足够大的通流面积，将液流的速度限制在适当的范围内。

1.4.3 液压缸差动连接简介

此处介绍单杆活塞缸的差动连接。

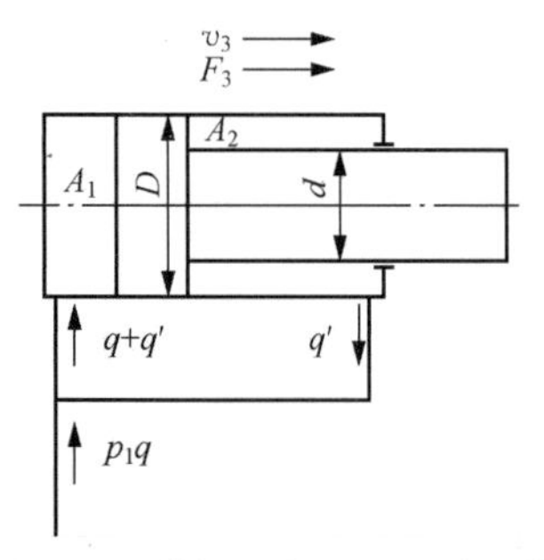

图 1-64　单杆活塞缸的差动连接

如图 1-64 所示，当单杆活塞缸两腔同时通入压力油时，由于无杆腔的有效作用面积大于有杆腔的有效作用面积，使得活塞向右的作用力大于向左的作用力，活塞向右运动，活塞杆向外伸出；与此同时，又将有杆腔的油液挤出，使其流进无杆腔，从而加快了活塞杆的伸出速度。单活塞杆液压缸的这种连接方式称为差动连接，作差动连接的单杆液压缸称为差动液压缸。差动缸活塞实际推力 F_3 和运动速度 v_3 的计算公式为

$$F_3 = p_1(A_1 - A_2) = \frac{\pi}{4}[D^2 - (D^2 - d^2)]p_1 = \frac{\pi}{4}d^2 p_1$$

$$v_3 = \frac{q+q'}{\frac{\pi D^2}{4}} = \frac{q + \frac{\pi}{4}(D^2 - d^2)v_3}{\frac{\pi D^2}{4}}$$

整理后得

$$v_3 = \frac{4q}{\pi d^2}$$

由以上公式可知，差动连接时液压缸的推力比非差动连接时小，速度比非差动连接时大，这种连接方式被广泛应用于组合机床的液压动力滑台和其他机械设备的快速运动中。

实际生产中，单活塞杆液压缸常用在需要实现“快速接近（v_3）—慢速进给（v_1）—快速退回（v_2）”工作循环的组合机床液压传动系统中，并且要求“快速接近”与“快速退回”的速度相等，即 $v_2=v_3$，则有

$$\frac{4q}{\pi(D^2 - d^2)}\eta_V = \frac{4q}{\pi d^2}\eta_V$$

这时活塞直径 D 和活塞杆直径 d 存在着如下关系：

$$D = \sqrt{2}d$$

1.4.4　系统设计

1）根据任务要求设计相应的液压回路及电气控制回路。参考液压回路及电气控制回路如图 1-65 所示。

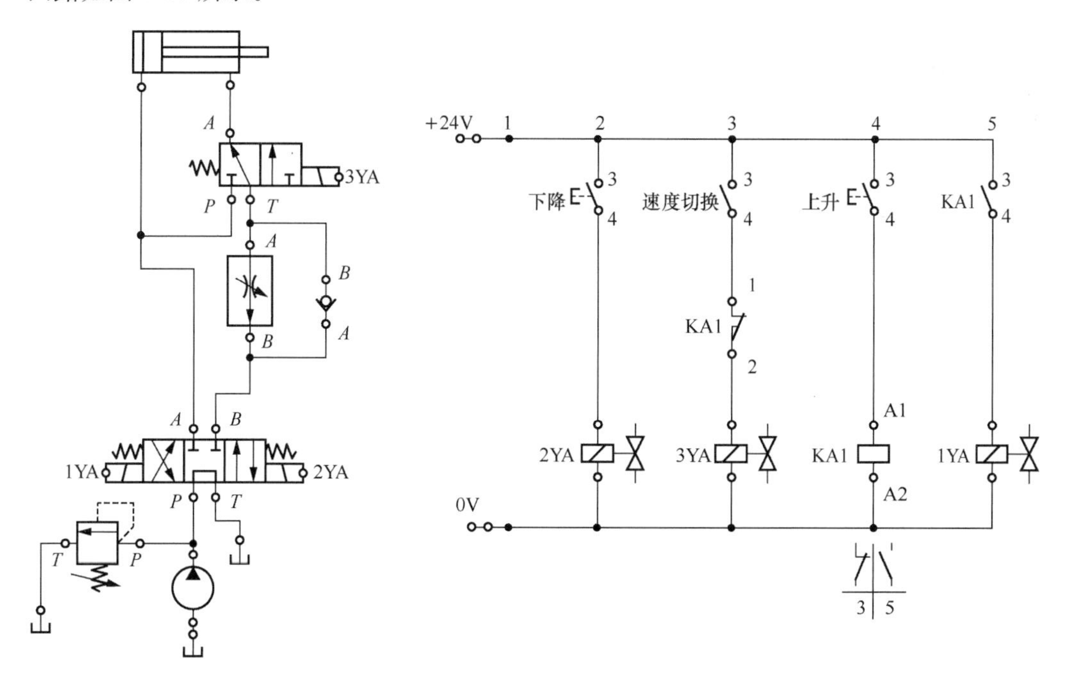

图 1-65　轴承安装压力机液压回路及电气控制回路

2）利用 FESTO 软件对该液压回路和电气控制回路进行仿真模拟。

3）按照液压回路图及电气控制回路图挑选出相应的液压元件和电气元件。

4）根据液压回路图及电气控制回路图在 FESTO 气液电综合实训台上搭建气动回路及电气控制回路。

5）进行系统调试操作，了解系统的基本工作原理和组成。

第2章　工业机械手、机器人应用技术

2.1　工业机器人基本示教操作

课题分析

工业机器人基本示教操作机构如图2-1所示。

工作要求：能够按照规范安全地使用机器人；可以用示教器进行机器人的基本示教操作。

课题目的

1. 了解工业机器人的基本组成。
2. 熟悉工业机器人的安全操作规范。
3. 掌握工业机器人的基本示教操作方法。

课题重点

1. 工业机器人的安全操作规范。
2. 工业机器人的基本示教操作。

课题难点

1. 工业机器人的系统组成。
2. 工业机器人的基本示教操作方法。

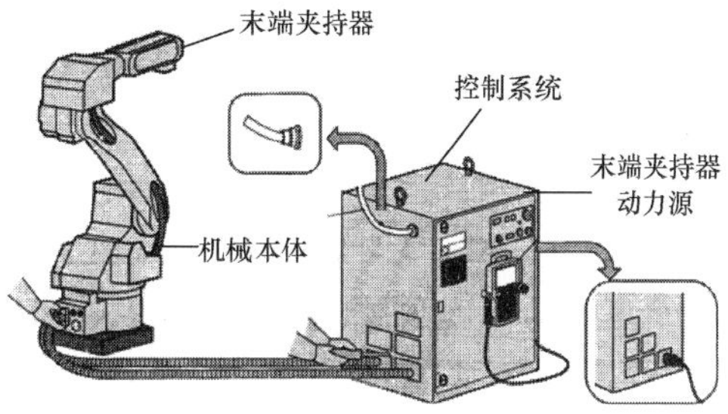

图2-1　工业机器人基本示教操作机构

2.1.1　川崎工业机器人简介

川崎工业机器人有多个系列。小型、中型通用机械手（F系列）如图2-2所示。大型通用机械手（Z系列）如图2-3所示。超大型通用机械手（M系列）如图2-4所示。

图2-2　F系列机械手

图2-3　Z系列机械手

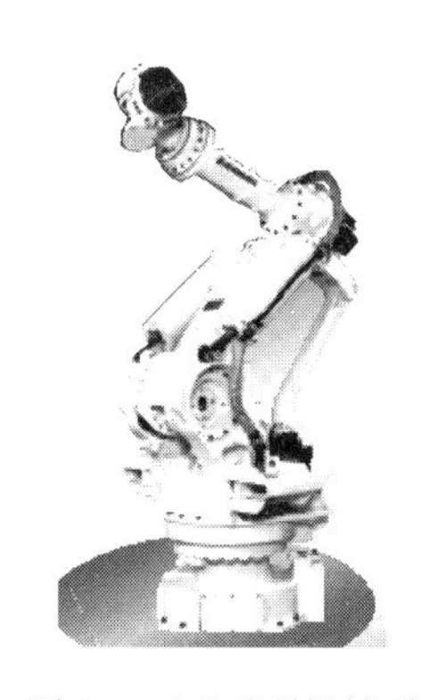

图2-4　M系列机械手

防爆规格涂装用机械手（K 系列）如图 2-5 所示。净化室机械手如图 2-6 所示。

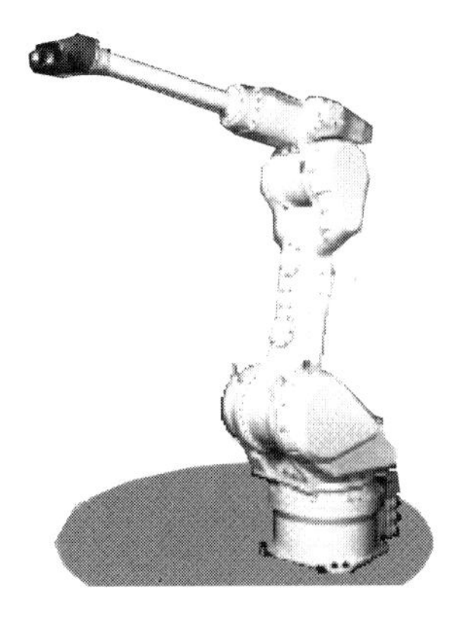

图 2-5　K 系列机械手

图 2-6　净化室机械手

FS03N 机械手及其简介如图 2-7 所示。

这是川崎机器人系列中最小的机器人，有六根轴、六个自由度，重量仅 20kg，具有功能强、技术先进、精度高、刚度强等特点。其在形态和覆盖范围上与人类的手臂相近，适用于各种工业用途。同时，由于尺寸小，它也是教育和科研的理想工具。

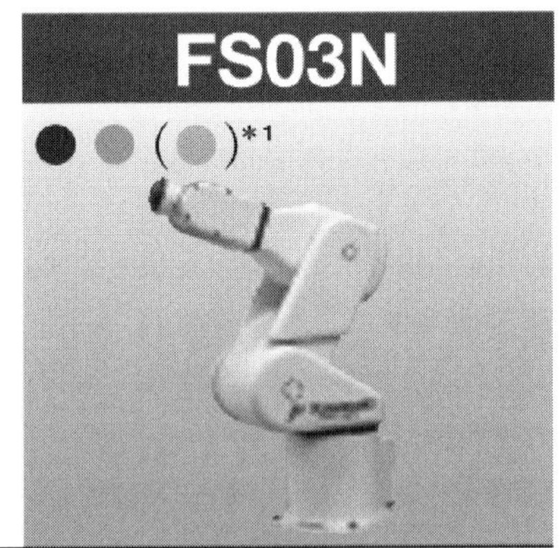

适用用途：

装配

搬运

清洗

项目			参数
负载能力			3kg
动作自由度			6轴
重复定位精度			±0.05mm
动作范围	臂旋转	JT1	±160°
	臂前后	JT2	+150°~-60°
	臂上下	JT3	+120°~-150°
	腕旋转	JT4	±360°
	腕弯曲	JT5	±135°
	腕扭转	JT6	±360°
最大覆盖范围*			620mm
质量(不含可选件)			20kg
安装方式(可选)			地面、顶装、侧装*2
对应的控制器			D73

*从JT1中心至JT5中心的距离。

*1 型号为FW03N。

*2 最大负载能力2kg。

图 2-7　FS03N 机器人简介

配套控制器 D73 及其简介如图 2-8 所示，示教器如图 2-9 所示。

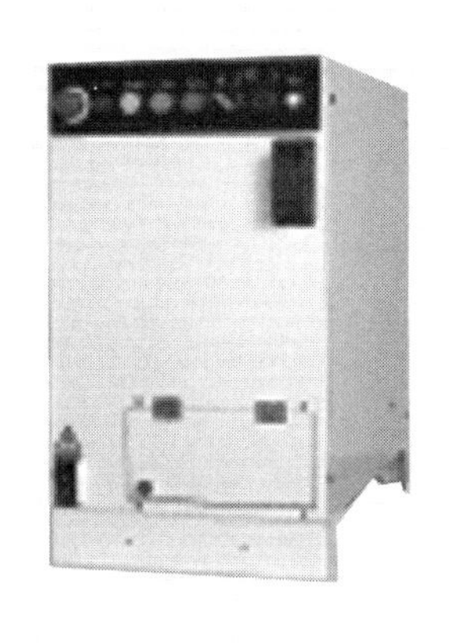

用于控制川崎最小型机器人 FS03N。使用小型示教器或多功能面板 MFP 进行操作和编程，可采用高级 AS 机器人编程语言。可同时运行 4 个程序（1 个机器人程序，3 个 PC 程序），是一台可用于单元控制的功能强大的紧凑型控制器
全数字伺服
简便示教 /AS 语言编程
1MB(4MB)
双回路（紧急停止、外部暂停信号）
32 通道（96 线）
32 通道（96 线）
独立全封闭型，间接冷却
重量 30kg

图 2-8　D73 控制器简介

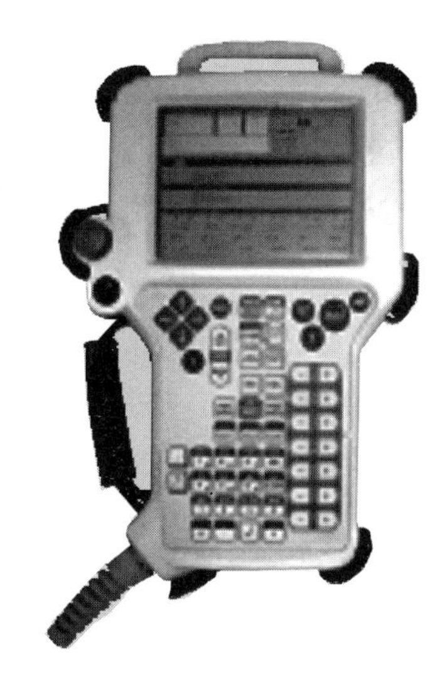

图 2-9　示教器

2.1.2　工业机器人操作安全规范

1. 机器人开动的安全

要开动机器人，首先把控制电源开到 ON，然后打开电机电源。操作时严格遵照如下事项，同时参考相关的标准：

① JIS B8433 工业机器人操作—安全篇 9.3。

② ISO 10218 工业机器人操作—安全篇 9.3。

> **⚠ 危险**
>
> 开动机器人前，请确认 紧急停止 开关功能正常。

1）操作前请完整阅读和理解所有手册、规格说明和川崎公司提供的其他相关文件。另外，完整理解操作、示教、维护等各过程。同时，确认所有的安全措施到位并有效。

2）有机器人操作必需的开关、显示以及信号的名称及其功能。

3）除非机器人电源断开，否则不可进入安全围栏。同时，在开动机器人前请确认各安全防护装置功能正常。

4）如果机器人应用系统中有几个操作人员一起工作，务必让全部操作者及相关人员都清楚机器人已激活信号后才可以起动机器人。

5）当接通电机电源 ON、开始示教或自动操作前，请再次确认在机器人安全栅栏内和机器人周围没有任何人员或遗留的障碍物存在。

6）当起动机器人和从故障状态恢复运行时，在开启马达电源后请把手放在 紧急停止 开关上，以便在出现异常情况时可以立即切断马达电源。

7）激活机器人前请再次确认下列条件已满足。

① 开启电动机电源之前。

a. 确认机器人的安装状态是正确的和稳定的。

b. 确认机器人控制箱的各种连接是正确的，电源规格（电源电压、频率等）符合要求。

c. 确认各种应用连接（水、压缩空气、保护气体等）是正确的，并和规格型号是一致的。

d. 确认与周边装置的连接是正确的。

e. 确认在使用软件运动限位外也已安装了机械挡块和（或）限位开关来限定机器人的运动范围。

f. 当机器人被机械止挡停止时，请确认检查了相关零件或已更换了失效的机械挡块（如果有必要）。

g. 确认采取了安全措施，如已安装了安全围栏或报警装置及联锁信号等防护装置。

h. 请确认安全防护装置及联锁的功能正常。

i. 确认环境条件（温度、湿度、光、噪声、灰尘等）都满足要求，或者说没有超过系统和机器人的规格要求。

② 开启电动机电源之后。

a. 确认 HOLD/RUN（暂停/运行）和 TEACH/REPEAT（示教/再现）模式选择开关功能正常。

b. 确认机器人各轴在限定的范围与速度下运动正常。

c. 确认在示教再现模式下机器人动作时，在控制器、示教器、周边系统上的紧急停止线路与安全装置的功能正常。

d. 确认示教模式下的限位开关（选件）的功能正常。

e. 确认安全回路功能正常，并在再现模式的机器人运行中可通过拔出安全插来停止机器人。

f. 确认在示教模式中可通过松开或全部按下触发器开关来停止机器人。

g. 确认警告信号标签没有被破坏或污染，并且所有的安全装置包括警告灯与安全防护装置功能正常。

h. 确认外部动力源包括控制电源、气源等能被切断。

i. 确认示教和再现功能正常。

j. 确认机器人的轴可正常移动并且能够执行工作。

k. 确认机器人能够在自动模式下正确动作，并且能按指定的速度和负荷执行计划的动作。

2. 示教过程的安全

川崎公司建议应在安全围栏外完成示教工作。如果确实需要进入安全栅栏，请严格遵守下述事项，同时参考下述安全标准：

① JIS B8433 工业机器人操作—安全篇 8.3，8.5。

② ISO 10218 工业机器人操作—安全篇 8.3，8.5。

⚠ 危险

示教工作前，请确认[紧急停止]开关功能正常。

1）操作前请完整阅读和理解所有手册、规格说明和川崎公司提供的其他相关文件。另外，完整理解操作、示教、维护等各过程。同时，确认所有的安全措施到位并有效。

2）开动机器人前，请确认所有的安全防护装置（安全围栏）工作正常。

3）示教工作应由两个人来作观察员。观察员同时承担安全监督的责任，并在示教前确认安全防护装置（安全围栏）工作正常。

4）示教员在进入安全围栏前必须把示教器上的[示教锁定]开关打到位置，以防控制箱模式开关打到自动模式而引发事故。一旦机器人作出任何不正常的运动，立即按下[紧急停止]开关，并立即从预设的撤退路径退出机器人工作区。

5）在安全围栏外可监控整个机器人运动的位置上，请为观察员安装一个[紧停]开关。一旦机器人出现不正确的运动，观察员必须可以非常方便地按下[紧停]开关来立即停止机器人，如图 2-10 所示。另外，如果需在紧急停止后重新起动机器人，请在安全围栏外进行复位和重起手动操作。示教员和观察员必须是经过特别培训的合格人员。

6）请清楚地标示示教工作正在进行中，以免有人通过控制器、操作面板、示教器等误操作任何机器人系统装置。

7）完成示教工作后，在确认示教的运动轨迹和示教数据前，请清除安全围栏内、机器人周围的全部人员和障碍遗留物，确认安全围栏内没有任何人员和障碍遗留物。请在安全围栏外执行确认工作。这时，机器人的速度应小于等于安全速度（250mm/s），直到运动确认正常。

图 2-10　示教中应配备观察员

8）如需在紧急停止后重起机器人，请在安全围栏外手动复位和重起。同时，确认所有的安全条件，确认机器人周围、安全围栏内没有任何人员和障碍遗留物。

9）示教过程中，请确认机器人的运动范围，永远不要大意靠近机器人或进入机器人手臂的下方。特别地，当机器人手爪中抓有工件时，永远不要靠近它或进入它的下方，因为工件随时可能由于误操作而突然掉落。

10）为了安全，在示教或检查模式中，机器人的最大速度被限制在了 250mm/s 之内（安全操作速度）。但是在刚完成示教或出错恢复后，操作员校验示教数据时，把检查运行的速度设得越低越好。

11）示教过程中，无论示教操作员还是监督员，必须时刻监视机器人有无异常运动、机器人及其周围可能的碰撞和挤压点。同时，请确认示教操作员的安全通道，以供在紧急时撤退之用。

12）在机器人的运动示教完毕后，请把机器人的软件限位设定在机器人示教运动范围之外一点儿的地方。

3. 自动运行时的安全

由于示教的程序将高速重现运行，所以请严格遵守如下事项，同时参阅相关安全标准：

① JIS B8433 工业机器人操作—安全篇 8.2。

② ISO 10218 工业机器人操作—安全篇 8.2。

> **危险**
>
> 在自动操作前，请确认所有的紧急停止开关功能正常。

1）操作前请完整阅读和理解所有手册、规格说明和川崎公司提供的其他相关文件。另外，完整理解操作、示教、维护等各过程。同时，确认所有的安全措施到位并有效。

2）在自动运行中，永远不要进入或部分身体进入安全围栏。同时，请在自动运行机器人前确认安全围栏内没有任何人员或障碍遗留物。

图 2-11　机器人运行中任何人不得入内

3）自动运行中，机器人在等待定时器延时或外部信号输入时，看上去像停止了一样，这时千万不要靠近机器人，因为当定时器时间到或外部信号输入时，机器人将立即恢复运行，如图 2-11 所示。

4）在自动运行中，这种情况将是极端危险的：如果工件的抓握力不够，在机器人运动中，工件有可能会被甩脱。请务必确认工件已被牢固地抓紧。当工件是通过气动手爪、电磁方法等机构等抓握的，请采用失效安全系统，确保一旦机构的驱动力被突然断开时工件不被弹出。即使在出错时，工件飞出的可能性为最小时，也请安装保护栅，如网罩等，如图 2-12 所示。

5）在安全围栏上显示“自动运行中”，不得进入工作区域。同时，请确认安全通道，以便操作人员在紧急情况下撤出。

6）如果有故障导致机器人在自动运行中停止，请检查显示的故障信息，按照正确的故障恢复顺序来恢复和重起机器人。

7）请在故障恢复顺序后、重新起动机器人前确认安全的工作条件满足，并且确认在安全防护装置内或机器人

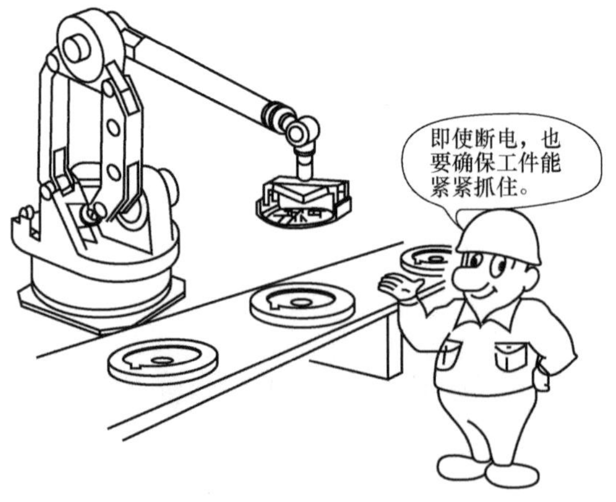

图 2-12　保证断电时设备的安全性

周围没有遗留任何人员、夹具、周边装置或障碍物等。

4. 机器人的安全特性

川崎机器人装备有下列特性，用来在操作中保护人员安全。用户可以使用这些安全特性来设计各种应用系统的安全措施。

1）所有的紧急停止线路均采用硬件逻辑。

2）示教器和控制箱都安装有蘑菇头的按下锁定的[紧急停止]按钮，[触发器]使能开关安装在示教器上。也可以外部安装[急停]按钮，请将这些开关安装在容易看到并按到的地方。

3）机器人的速度和运动误差都被控制系统时刻监控着，一旦出现超差情况，故障马上就会被检测到，机器人立即停止运行。

4）为了安全，示教或检查模式的最高速度被限制在250mm/s（安全运行速度）。

5）机器人的运动范围在它们出厂时就被设定好了（除特别指定外），需要时请对这些软件限位或机械死挡块限位进行调整。详情请参阅机器人手臂安装、连接和操作手册。

6）全部的机器人关节轴均装备有直流24V的电磁刹车，即使控制电源被关闭，刹车会刹住所有的关节轴。

> ⚠ 警告
>
> 只用软件限位来防止事故或伤害是不够的。请务必安装机械死挡块和安全围栏。

> ⚠ 小心
>
> 1. 当限定运动范围的机械限位被改变时，请重新设定软件限位到小于机械限位。
> 2. 调整软件限位数据后，请确保机器人不会触碰机械死挡块。

2.1.3　川崎工业机器人开关机步骤

1. 电源打开的步骤

确保所有的人都离开了工作区域，所有的安全装置都在适当的位置并正常工作。遵循下面的步骤，首先把控制电源打开，然后打开马达电源。

（1）控制电源（CONTROL POWER）打开的步骤

① 确定主电源已经给控制器供电。

② 把位于控制器前面左上部的CONTROL POWER（控制电源）开关打开（打到ON位置）。

（2）马达电源（MOTOR POWER）打开的步骤

① 确保所有的人都离开了工作区域，所有的安全装置都在适当的位置并正常工作

(如安全护栏上的门已经关闭，并且安全插销已经插入等)。

② 按下控制器上的 MOTOR POWER（马达电源）按钮。此时马达电源指示灯点亮。如果马达电源未能上电，请阅读错误内容显示和系统信息，从而恢复系统；然后再按下 MOTOR POWER（马达电源）开关。

> **⚠ 危险**
>
> 在打开控制电源和马达电源前，请确定所有的人都离开了工作区域，而且在机器人周围没有障碍物。

2. 电源关闭的步骤

停止机器人、关闭控制器电源和起动机器人、打开控制器电源的顺序是相反的。在按下 EMERGENCY STOP（紧急停止）按钮时就立即切断马达电源。

1）确定机器人已经完全停止。

2）把操作板上的 HOLD/RUN（暂停/运行）开关拨到 HOLD（暂停）的位置。

3）按下控制器上或者示教器上的 EMERGENCY STOP（紧急停止）按钮，切断马达电源。

4）关闭控制器上的马达电源后再把位于控制器前面左上方的 CONTROL POWER（控制电源）开关关闭（打到 OFF 位置）。

> **⚠ 警告**
>
> 在关闭控制电源时前，请首先按下 EMERGENCY STOP（紧急停止）开关切断马达电源，然后关闭 CONTROL POWER（控制电源）开关。

注意：在再现模式下，把控制器上的 TEACH/REPEAT（示教/再现）开关拨到 TEACH（示教）位置，同样会切断马达电源。

3. 停止机器人的步骤

示教模式和再现模式下停止机器人的步骤是不同的。

（1）示教模式（Teach Mode）

① 释放示教器 TRIGGER（触发开关）。

② 确定机器人已经完全停止，然后把操作板上的 HOLD/RUN（暂停/运行）开关拨到 HOLD（暂停）位置。

（2）再现模式（Repeat Mode）

> **⚠ 小心**
>
> 1. 在机器人停止运行后，按下紧急停止开关，切断电动机电源，防止机器人有更进一步的动作。
> 2. 一旦切断电动机电源，务必要防止有人突然把电源开关打开。（例如：在电源开关上贴上标签或把电源开关锁住等）

① 设定步选择为 StepOnce（单步）或者循环条件 RepeatOnce（循环单次）。

② 确定机器人已经完全停止，把操作板上的 HOLD/RUN（暂停/运行）开关拨到

HOLD（暂停）位置。

4. 紧急停止操作

当机器人工作不正常或可能有危险时，如受伤时，立即按下任何一个在任何位置上的 EMERGENCY STOP（紧急停止）开关，如示教器、控制器前面板、安全护栏等，切断电动机电源。

> **⚠ 危险**
>
> 在起动机器人之前，务必确认所有的紧急停止开关工作正常。

应用紧急停止按钮可能导致错误指示灯被点亮或有错误信息显示。要从这种状态下重新起动机器人，应先使错误复位，然后打开马达电源。

2.1.4　川崎工业机器人控制器外观及功能

1. 控制器外观

工业机器人控制柜及示教器外观如图 2-13 所示。

控制电源开关：控制器电源开/关。

操作面板：提供操作机器人必需的各种开关。

示教器：提供了示教机器人和数据编辑所需的按钮，示教器上面的液晶屏用来显示和操作各种数据。

外部存储设备：PC 卡。

2. 控制器上的开关

控制柜上操作面板的布置如图 2-14 所示。

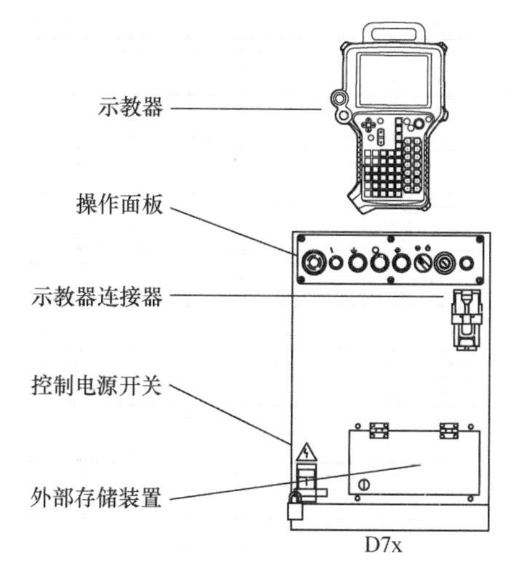

图 2-13　工业机器人控制柜及示教器的外观

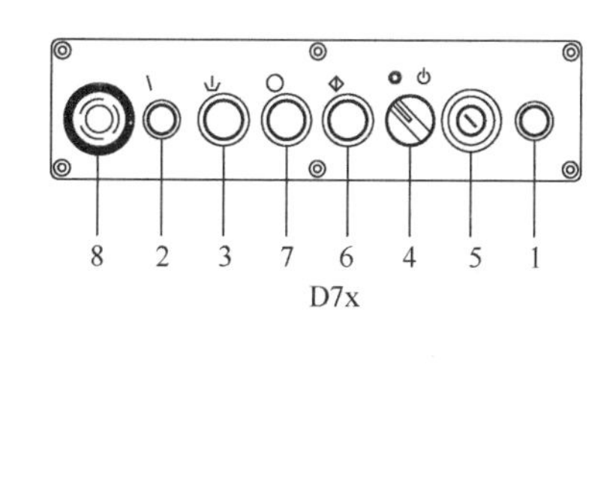

图 2-14　控制柜上操作面板的布置

表 2-1 对应了 FS03N 系列控制柜操作面板上的开关按钮及其功能。

表 2-1　控制柜操作面板上的开关和指示灯及其功能

编号	开关和指示灯	功　　能
1	Control Power 灯：控制电源指示灯	当控制电源开关打开时指示灯亮
2	Error 灯：错误指示灯	当故障发生时指示灯亮
3	Error Reset 按钮：错误复位按钮	当此按钮按下时故障复位，同时故障指示灯熄灭；如果故障继续发生，故障将无法复位
4	Hold/Run 开关：保持/运转开关	允许机器人运动（运转）或者暂时停止机器人运动（保持）
5	Teach/Repeat 开关：示教/再现开关	在示教①和再现模式②之间切换
6	Cycle Start 带灯按钮：循环起动带灯按钮	在再现模式下按下此按钮可以点亮指示灯，同时开始再现运转③
7	Motor Power 带灯按钮：马达电源带灯按钮	当按下此按钮时接通马达电源；电源正常工作时指示灯亮
8	Emergency Stop 按钮：紧急停止按钮	在紧急情况下，按下此按钮，终止马达电源并停止机器人动作；与此同时，马达电源指示灯和循环开始指示灯熄灭，但是控制电源并不切断
9	Control Power Switch：控制电源开关	控制控制器主电源的开/关

注：① 在示教机器人或使用叫作示教器的操作盒时选择这种模式。在示教模式下不能进行再现运转。
② 再现运转开时的模式。
③ 机器人自动工作和连续执行记忆程序的状态。

3. 示教器的外观

示教器的外观及硬件按键如图 2-15 和图 2-16 所示。

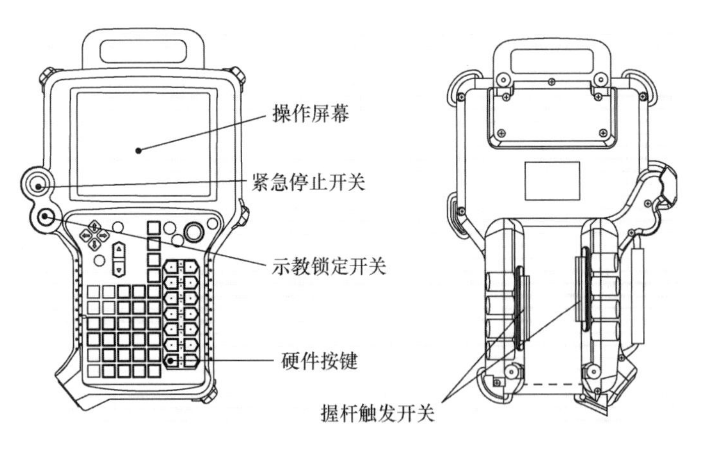

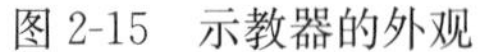
图 2-15　示教器的外观

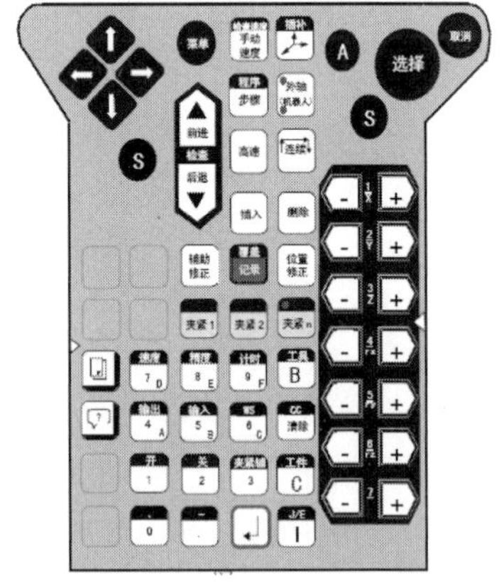

图 2-16　示教器的硬件按键

4. 示教器上的开关和硬件按键的功能

示教器的开关及硬件按键的功能如表 2-2 所示。

表 2-2　示教器的开关和硬件按键的功能

按键	功　能
紧急停止	此键为紧急停止按钮 用于切断电动机电源并且停止机器人的运动
示教锁定	示教模式下开启此开关，可以进行手动操作和检查运转；再现模式下关闭此开关，可以进行再现运转 注意：在开始示教操作前一定要将此开关打到开，以免机器人错误地进行再现操作
握杆触发开关	这是握杆触发开关，不按住这个按钮不能操作机器人手臂 如果握杆触发开关按到底，到达其第三个位置或者完全释放，电动机电源被切断，机器人停止动作
菜单	在活动区显示一个下拉式菜单 按[A]+[菜单]键切换激活区域（在B和C区间） 按[S]+[菜单]键显示再现状态的下拉式菜单 用于在屏幕上显示功能键（如辅助功能画面等），按[菜单]移动光标到需要的功能键上。在有些画面中必须按[A]+[菜单]
↑←→↓	通过单个键或双键操作，在步、项目、画面之间移动光标位置。 与[S]双键使用时： [S]+[↑]，垂直切换到前一画面； [S]+[↓]，垂直切换到后一画面 与[A]双键使用时： [A]+[↑]，在示教或者编辑模式下使光标移动到上一步； [A]+[↓]，在示教或者编辑模式下使光标移动到下一步
选择	选择功能和项目 决定屏幕输入的数据
取消	取消操作 关闭下拉式菜单 回到原来的画面
A	“A”键，使操作或者功能可用；有时要和蓝色条纹键同时使用
S	“S”键，改变功能/选择；有时要和灰色条纹键同时使用
▲ 前进	在检查模式中前进一步 在再现模式中用作单步的步前进键

续表

按键	功　能
后退 ▼	在检查模式中向后倒退一步
检查速度 手动 速度	改变手动操作的速度 按 S + 检查/手动速度 键改变检查的速度 注意：默认值是低速（速度 1），不是微动
插补	选择手动操作模式 注意：默认是各轴插补 按 S + 插补 键改变一体化示教的插补模式
程序 步骤	按下激活步选择菜单 按 S + 程序/步骤 激活程序选择菜单
外轴 (机器人)	按系统配置，选择手动操作外部轴（JT7）或者外部机器人（对单台六轴机器人没有作用） 当下面的发光二极管亮时选中 JT8～JT14；当上面的发光二极管亮时选中 JT15～JT18
高速	在示教或检查模式下手动操作机器人 注意：只有在按下按钮时才有效
连续	检查过程中，在连续和单步之间切换 注意：默认单步
插入	切换到插入模式
删除	切换到删除模式
辅助 修正	切换到辅助信息编辑模式
位置 修正	切换到编辑位置信息的模式
记录	在当前步后面添加新的步 按 A 记录，用新的步改写当前步
夹紧 1	切换夹紧 1 的信号开或关 切换夹紧 1 示教信息：开→关→开 按 A + 夹紧 1 开关，切换夹紧 1 示教信息及其信号：开→关 →开
夹紧 2	切换夹紧 2 的信号开或关 切换夹紧 2 示教信息：开→关→开 按 A + 夹紧 1 开关，切换夹紧 2 示教信息及其信号：开→关→开

续表

按键	功　　能
夹紧 n	切换夹紧 n 的信号开或关 按下按钮，左上角的 LED 闪 夹紧 n +数字键（1～8），切换夹紧 n 示教信息：开→关→开 按 A + 夹紧 n +数字键（1～8），切换夹紧 n 示教信息及其信号：开→关→开
− / +	运动各轴，JT1～JT7 轴
− / .	输入“.”；按 S + −/· 输入“−”
, / 0	输入“0”；按 S + ，/0 输入“，”
开 / 1	输入“1”；按 A + 开/1，把选中的夹紧信号强制为开
关 / 2	输入“2”；按 A + 关/2，把选中的夹紧信号强制为关
夹紧辅 / 3	输入“3”；在一体化示教中，按 S + 夹紧辅/3 调出夹紧辅助（O/C）项目
输出 / 4 A	输入“4”；在一体化示教中，按 S + 输出/4/A 调出输出项目，其他时候输入“A”
输入 / 5 B	输入“5”；在一体化示教中，按 S + 输入/5/B 调出输入项目，其他时候输入“B”
WS / 6 C	输入“6”；在一体化示教中，按 S + WS/6/C 调出 WS 项目，其他时候输入“C”
速度 / 7 D	输入“7”；在一体化示教中，按 S + 速度/7/D 调出速度项目，其他时候输入“D”
精度 / 8 E	输入“8”；在一体化示教中，按 S + 精度/8/E 调出精度项目，其他时候输入“E”
计时 / 9 F	输入“9”；在一体化示教中，按 S + 计时/9/F 调出定时器项目，其他时候输入“F”
工具 / BS	删除字符（退格，BS）；在一体化示教中，按 S + 工具/BS 调出工具项目
CC / 清除	清除当前输入的数据，在一体化示教中，按 S + CC/消除 调出 CC 项目
工件 / C	直接选择辅助功能编号，在一体化示教中，按 S + 工件/C 调出工件项目
J/E / I	激活程序编辑功能；在一体化示教中，按 S + J/E/I 调出 J/E（跳转/结束）项目

续表

按键	功　能
	记录输入的数据
	在示教画面和 I/F（接口）面板画面之间切换，按下这个按钮不会显示其他画面 在下文中，此键称为画面切换键
	未使用

5. 示教器的显示

示教器的屏幕显示及功能如图 2-17～图 2-24 所示。

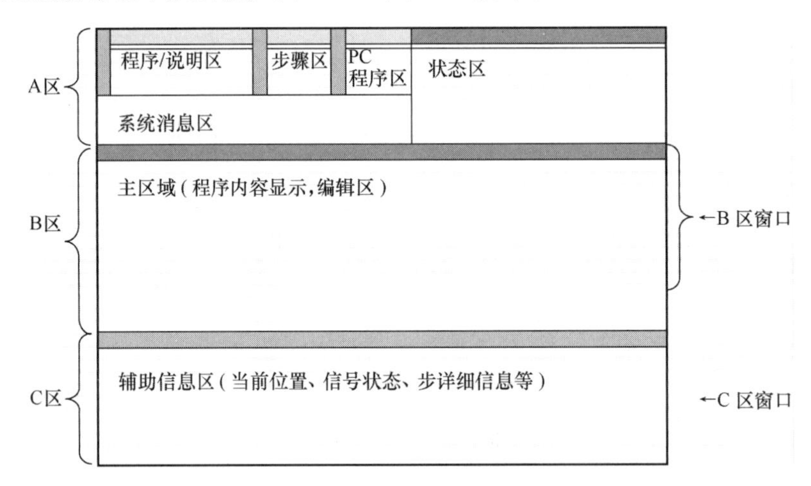

图 2-17　示教器屏幕的分区

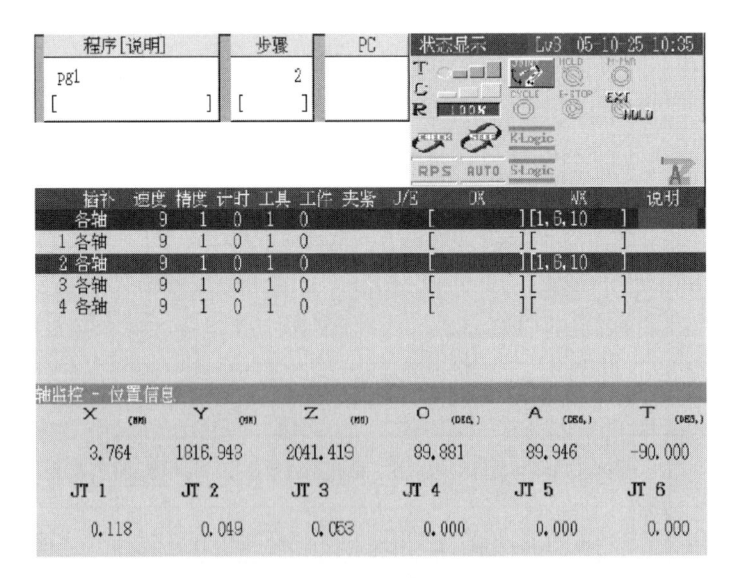

图 2-18　示教器屏幕的实时画面

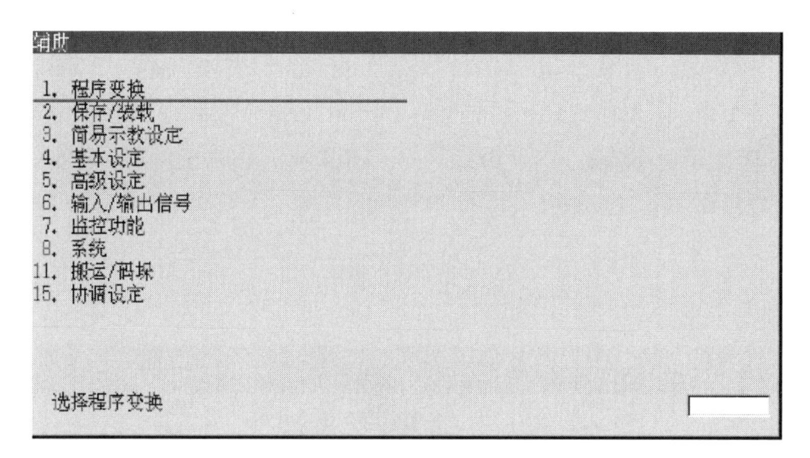

图 2-19　辅助功能画面

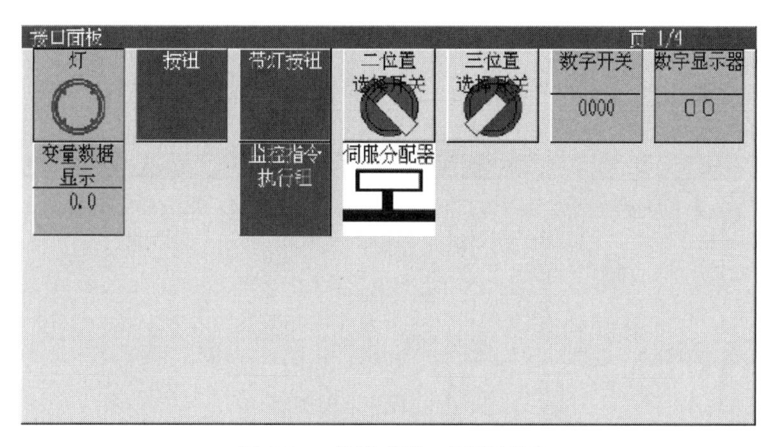

图 2-20　触摸式接口面板画面

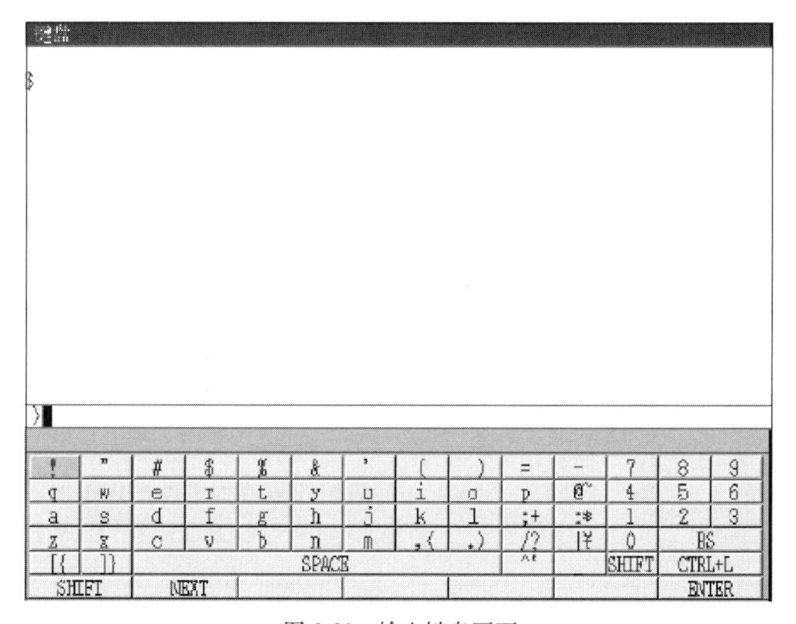

图 2-21　输入键盘画面

轴监控 - 位置信息

X (MM)	Y (MM)	Z (MM)	O (DEG.)	A (DEG.)	T (DEG.)
0.000	1816.000	2040.000	90.000	90.000	-90.000
JT 1	**JT 2**	**JT 3**	**JT 4**	**JT 5**	**JT 6**
0.000	0.000	0.000	0.000	0.000	0.000

图 2-22　轴监控画面

信号监控 - 信号（信号名）

OUT		IN	
OX1	OX2	WX1	WX2
OX3	OX4	WX3	WX4
OX5	OX6	WX5	WX6
OX7	OX8	WX7	WX8
OX9	OX10	WX9	WX10
OX11	OX12	WX11	WX12

图 2-23　信号监控画面

程序信息 - 步骤（辅助）　　说明：

各轴　速度9　精度1　计时 0　工具 1　工件 0

OX=

WX=

夹紧1(OFF,　0, 0,0) 2(OFF,　0, 0,0)

图 2-24　程序监控画面

2.1.5　川崎工业机器人基本示教操作方法

本节介绍手动操作机器人的标准方法，也叫作 Jogging（点动）。

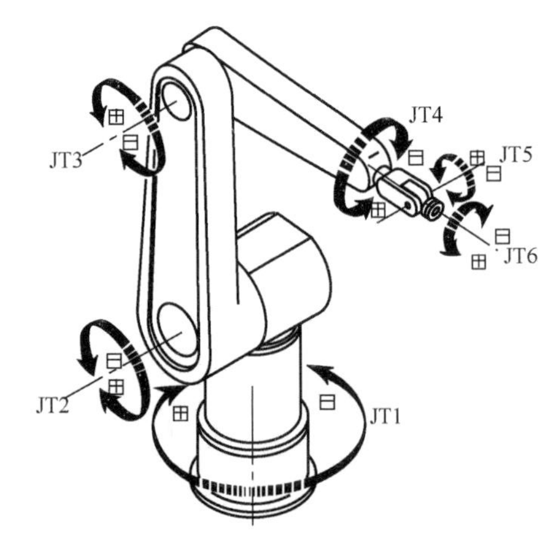

图 2-25　工业机器人各轴

1. 各轴名称

机器人通常装备六根轴，如图 2-25 所示。这些轴分别称为 JT1～JT6，但有时也用以前的习惯称呼：

JT1 ⇒R 轴，JT2 ⇒O 轴，JT3 ⇒D 轴，JT4 ⇒S 轴，JT5 ⇒B 轴，JT6 ⇒T 轴。

2. 手动操作六轴的流程

请按如下流程手动操作机器人：

1）开启 CONTROL POWER（控制电源），并确定控制电源指示灯亮。

2）将操作面板上的 TEACH/REPEAT（示教/循环）开关拨到 TEACH（示教）位置，然后把 HOLD/RUN（暂停/运行）开关拨到 HOLD（锁定）位置。

3）将示教器上的 TEACH LOCK（示教锁）开关拨到 ON 的位置。

4）按 INTER（插补）按钮或者状态区的 B 区设置操作模式：Joint（各轴）、Base（基础）或 Tool（工具）。

5）按 CHECK/TEACH SPEED（检查/示教速度）或者状态显示区 A 区设置操作速度。要移动非常小的指定距离，请选择 Inching（寸动）。

6）1）～5）步完成后，请打开马达电源。

7）把 HOLD/RUN（暂停/运行）开关拨到 RUN（运行）位置。

8）按住示教器上的 TRIGGER（触发开关），并通过按 JT1～JT6 的[+/−]移动机器人。只要一直按着按键，机器人就会连续移动。

9）松开示教器的操作按键[+/−]或 TRIGGER（触发开关），都会停止机器人。

⚠ 警告

任何时刻需要在安全护栏里手动操作机器人时，在进入安全护栏前，请首先按下 EMERGENCY STOP (紧急停止)开关。在手动操作时请注意自己的位置，要能够在任何时刻停止机器人。

[注　意]

手动操作完毕后，请走出安全护栏，然后把示教器上的 TEACH LOCK (示教锁)开关拨到OFF位置。

3. 机器人的手动操作模式

本节说明手动操作机器人的操作模式，这些模式将确定机器人如何移动它的轴。

（1）JOINT COORDINATES（各轴坐标系）模式

按 INTER（插补）或 B 区域，将显示的模式切换到 Joint（各轴）坐标系。当选定了此模式时，可单独点动机器人的各个轴。同时按下几个轴键，可联合点动机器人的轴。机器人 Joint（各轴）的移动如图 2-26 所示。

（2）BASE COORDINATES（基础坐标系）模式

按 INTER（插补）或 B 区域，将显示的模式切换到 Base（基础）坐标系。选择此模式，可操作机器人按基础坐标系运动。同时按下几根轴的按钮，可联合点动机器人的轴。

基础坐标系的操作随基础坐标系登录值的不同而不同。如图 2-27 所示的坐标系，原点处 X，Y，Z，O，A，T 均为 0。

图 2-28 中显示了基础坐标系各轴从[−]到[+]的动作情况，[+]的旋转方向为顺时针。

（3）TOOL COORDINATES（工具坐标系）模式

按 INTER（插补）或 B 区域，将显示的模式切换到 Tool（工具）坐标系。选择此模式，可操作机器人按工具坐标系运动，如图 2-29 所示。

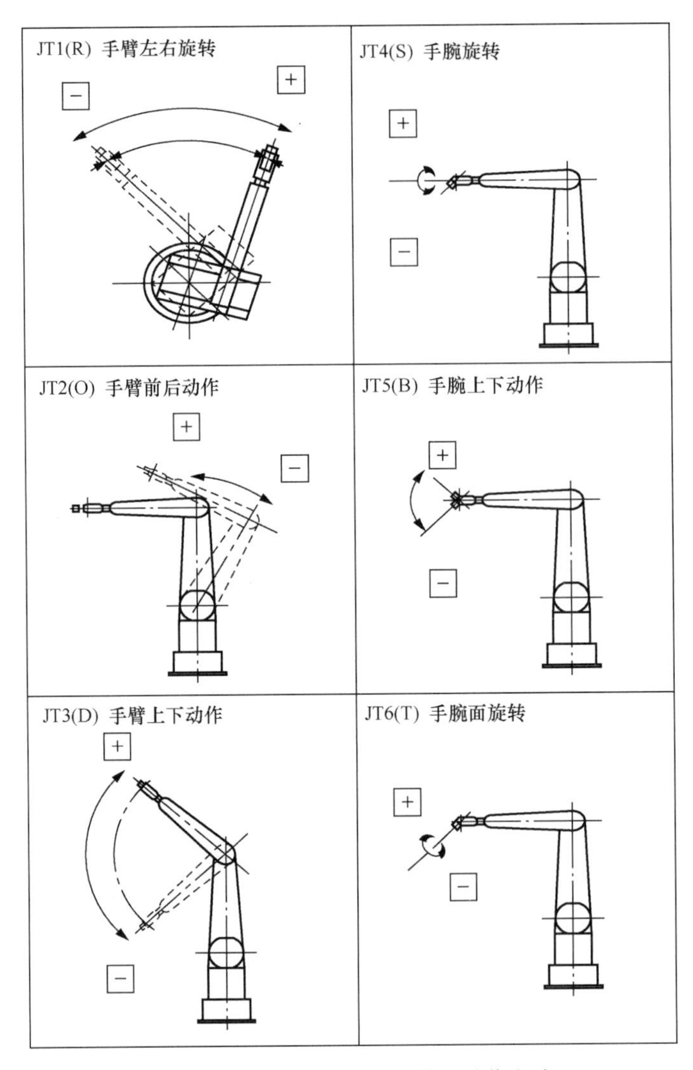

图 2-26　Jiont 坐标系下各轴的动作方式

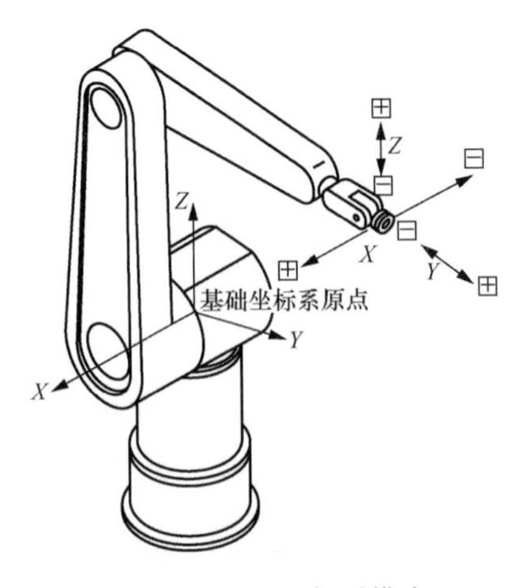

图 2-27　基础坐标系模式

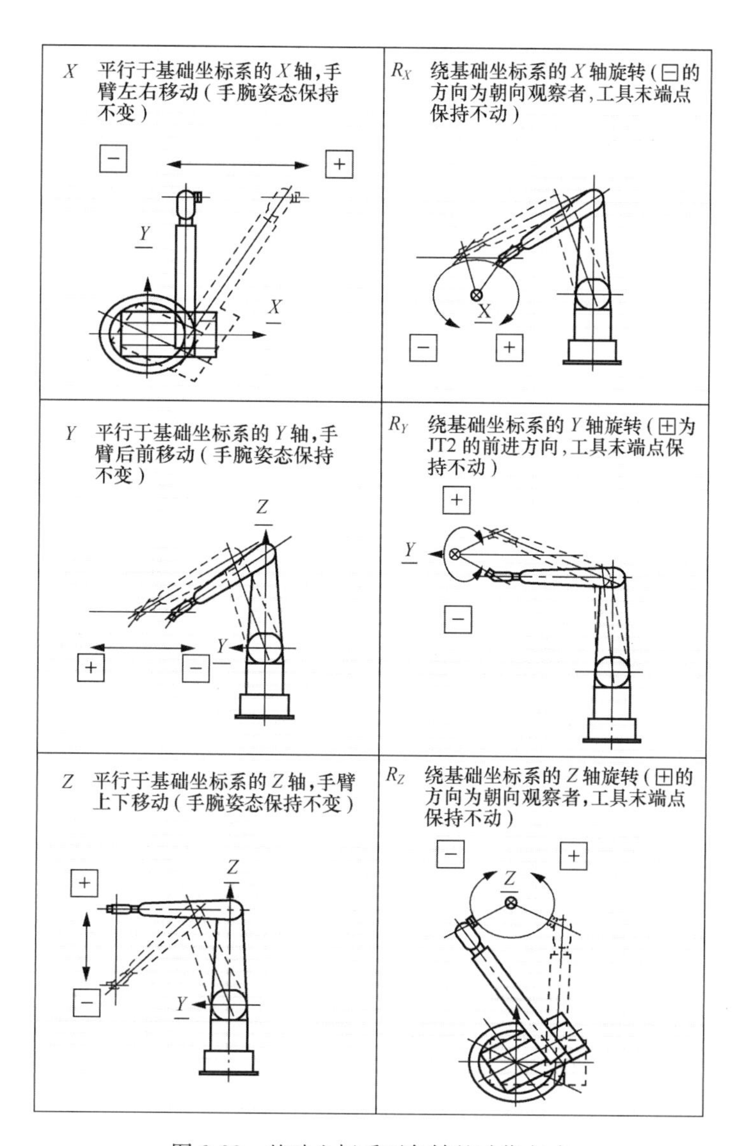

图 2-28　基础坐标系下各轴的动作方式

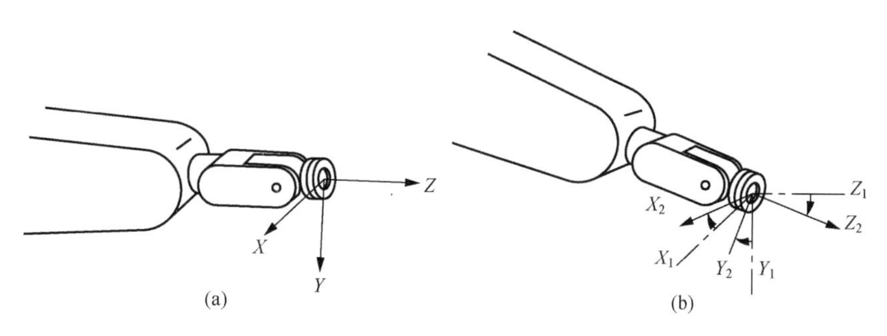

图 2-29　工具坐标系模式

工具坐标系用工具的空间姿态坐标来设定。工具坐标系设定的变化将改变机器人的运动位置和姿态。

工具坐标系的操作将随工具坐标系登录值的不同而不同。例如，如果采用了一个不同外形和尺寸的工具，它的工具坐标系登录值也应该同时改变。

图 2-30 中显示了工具坐标系各轴从[-]到[+]的动作情况，[+]的旋转方向为顺时针。

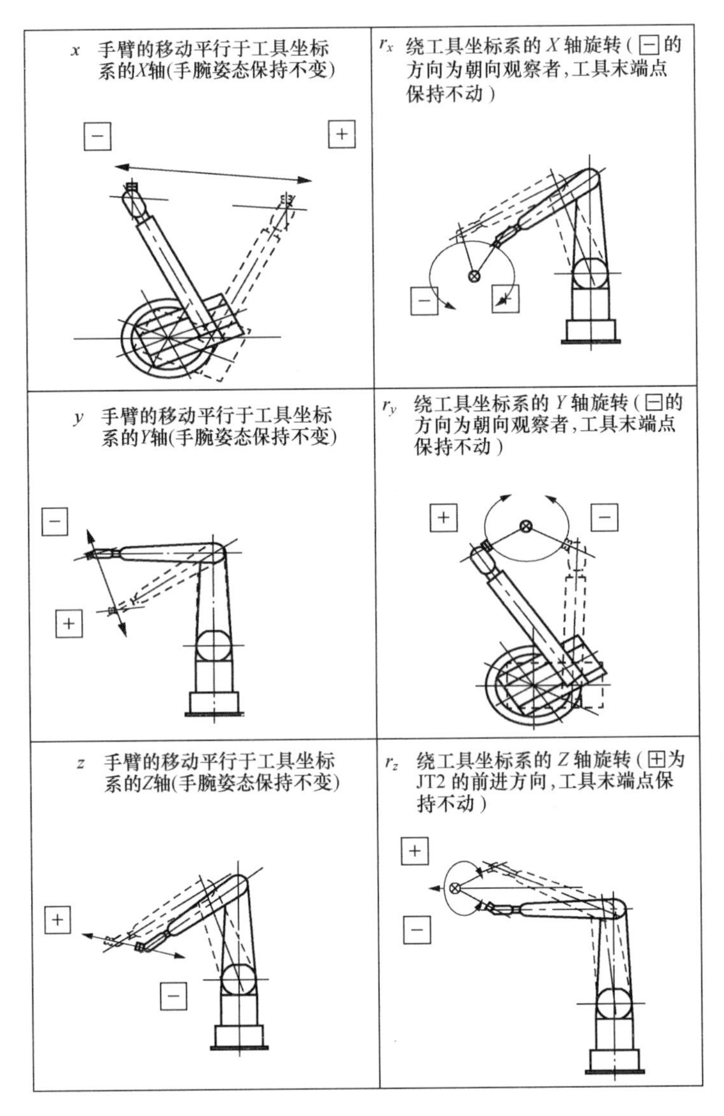

图 2-30　工具坐标系下各轴的动作方式

2.1.6　工业机器人基本示教操作练习

1）根据所学内容认知机器人的组成。

2）根据所学内容熟悉机器人控制器及示教器各按钮。

3）根据所学内容完成机器人各个坐标系的手动操作。

4）根据所学内容完成机器人手动码垛的操作。

2.2　工业机器人涂胶操作

课题分析

工业机器人涂胶操作任务如图2-31所示。

工作要求：能够按照规范安全地使用机器人；可以用示教器进行机器人涂胶操作示教编程。

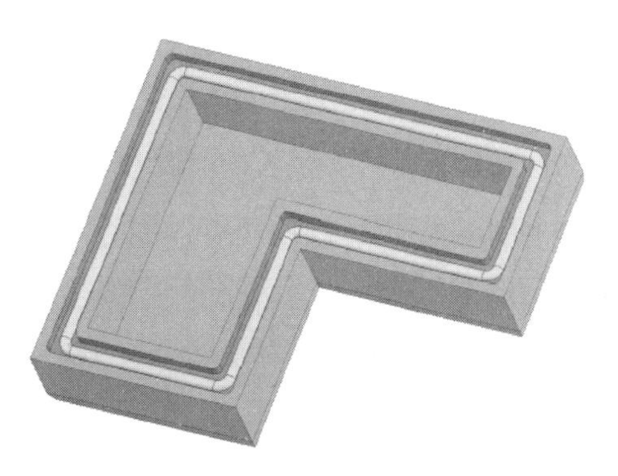

图2-31　涂胶操作任务

课题目的

1. 熟悉工业机器人的示教编程。
2. 熟悉工业机器人的各项参数设定。
3. 了解工业机器人示教编程的注意点。

课题重点

1. 工业机器人的示教编程。
2. 工业机器人的参数设定。

课题难点

1. 工业机器人的示教编程。
2. 工业机器人的参数设定。

2.2.1　川崎工业机器人再现运行操作

1. 再现运行的准备

由于再现运行时机器人通常是高速运行，所以在开始再现运行模式前要严格遵守下面的预防措施。

⚠ 危险

1. 确认所有的人都在安全护栏外，并且清空机器人/系统的运行空间。
2. 确定所有的紧急停止开关都工作正常。
3. 确定机器人、辅助设备和外围设备如控制器等没有任何的异常现象。
4. 确定安全护栏和外围设备对机器人没有干涉。
5. 确保机器人处于HOME(原点)位置。

2. 再现运行的执行

本节说明用控制器操作面板在再现模式中起动机器人的基本方法。

再现运行的操作流程如表 2-3 所示。

表 2-3　设置再现运行条件

步骤	设置项目	设置内容
1	Repeat Speed (再现速度)	设置再现运行的速度
2	Repeat Cont/Once (再现连续/单次)	设置程序连续运行或者运行一次
3	Step Cont/Once (步连续/单步)	设置程序单步运行或者连续运行
4	RPS 模式	启用/禁止，通过外部信号切换指定程序
5	Dry Run OFF/ON (空运行关/开)	检查示教内容时，DryRun 开关置于 ON，可以在机器人不动作的情况下运行程序

1）开启位于控制器前门左上方的 CONTROL POWER 开关，并确定控制电源指示灯亮。

2）把 HOLD/RUN（暂停/运行）开关拨到 HOLD（暂停）位置，然后把控制器上的 TEACH/REPEAT（示教/再现）开关拨到 REPEAT（再现）的位置。

3）选择要运行的程序/步。

4）设置再现运行条件。

5）把示教器上的 TEACH LOCK（示教锁）开关拨到关的位置。

6）按控制器上的 MOTOR POWER（马达电源）按钮，并确定马达电源灯点亮。

7）按控制器上的 CYCLE START（循环起动）按钮，并确定循环起动指示灯点亮。

8）把 HOLD/RUN（暂停/运行）开关拨到 RUN（运行）位置。机器人开始再现运行。

[注　意]

TEACH LOCK (示教锁)开关置于ON时不能进行再现运行。

危险

1. 此操作将开始机器人的再现运行。请重新确定所有的安全防范措施、所有人都在安全护栏外等安全事项。
2. 在 E-STOP (紧急停止)开关附近留有足够的空间，在万一出现的紧急情况时，E-STOP (紧急停止)开关在任何时刻都能按下。

警告

当机器人在再现运行时一旦出现异常状态，请立即把 HOLD/RUN (暂停/运行)拨到HOLD(暂停)位置，或按下任何一个 E-STOP (紧急停止)开关。

[注 意]

> 在循环起动中可以改变Repeat Speed(再现速度)、Repeat Cont/Once(再现连续/单次)或Step Cont/Once(步连续/单步)的设置，但不可以改变程序或步。

3. 停止再现运行的方法

机器人运行时使其停下来有两种方法，即中止程序或结束程序的执行。

(1) 中止程序

1) 把操作板上的 HOLD/RUN（暂停/运行）开关拨到 HOLD（暂停）位置，或者设置循环条件为 Step Once（单步）。

2) 当机器人到达完全停止位置时，按下任意一个 E-STOP（紧急停止）按钮，切断马达电源，或者把 TEACH/REPEAT（示教/再现）开关从 REPEAT（再现）拨到 TEACH（示教），也可以切断马达电源。

(2) 结束程序的执行

1) 设置再现条件为 Repeat Once（再现单次）。

2) 当机器人到达完全停止位置时，按下任意一个 E-STOP（紧急停止）按钮，切断马达电源，或者把 TEACH/REPEAT（示教/再现）开关从 REPEAT（再现）拨到 TEACH（示教），也可以切断马达电源。

4. 再现运行重起动的方法

根据程序被停止的方式不同，重新起动再现运行的方法也不同，可在下面的分节中选择合适的处理方法。

(1) 中止程序后的重起动

如果循环起动指示灯熄灭，请确认“再现运行的执行”中的第 2）～5）步是否已准备好，然后从第 6）步开始起动再现运行。如果循环指示灯点亮，请把 HOLD/RUN（暂停/运行）开关拨到 RUN（运行）位置，机器人重新开始再现运行。

⚠ 危险

> 1. 此操作起动机器人的再现运行。请再一次确定所有的安全防范措施、所有人都在安全护栏外等安全事项。
> 2. 在E-STOP(紧急停止)开关附近留有足够的空间，在万一出现紧急情况时，E-STOP(紧急停止)开关在任何时刻都能按下。

(2) 结束程序执行后的重起动

从“再现运行的执行”中的第 2）步开始操作。

5. 紧急停止后的重起动

在自动运行过程中，当 E-STOP（紧急停止）按钮被按下时，请遵循下面的流程重新起动再现运行。

1) 释放紧急停止状态/开关。

2) 如果错误指示灯亮，复位错误。

3）把 HOLD/RUN（暂停/运行）开关拨到 HOLD（暂停）位置。

4）按下控制器上的 MOTOR POWER（马达电源）按钮。

5）按下控制器上的 CYCLE START（循环起动）按钮。

6）把 HOLD/RUN（暂停/运行）开关拨到 RUN（运行）位置，机器人重新开始再现运行。

⚠ 危险

1. 此操作起动机器人的再现运行。请再一次确定所有的安全防范措施、所有人都在安全护栏外等安全事项。
2. 在 E-STOP (紧急停止)开关附近留有足够的空间，在万一出现紧急情况时，E-STOP (紧急停止)开关在任何时刻都能按下。

2.2.2　川崎工业机器人示教编程

1. 机器人的示教

如图 2-32 所示为 4 个点的运动程序，下面以此为例说明机器人的示教操作。

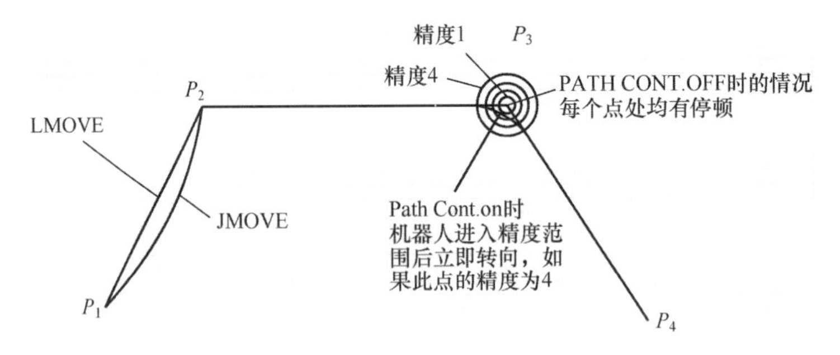

图 2-32　四点运动程序

这里着重说明轨迹［插补方法（interpolation），包括各轴 Joint、直线 Linear］、各点的精度（Accu）、各点的速度（Speed）的设置。

2. 一体化示教画面操作流程

当用 Block Teaching（一体化示教）方式编程时用一体化示教画面，下面介绍画面的使用方式。

（1）一体化示教画面的调出

当需要调出一体化示教画面时，激活 B 区域，然后按 MENU（菜单）或在 B 区域窗口显示下拉菜单，从中选择 Teach（示教）。或者激活 B 区域，按键盘 SPD/7/D 左边的 SCREEN SWITCHING（画面切换）键，每当按下此键时在 Block Teaching（一体化示教）和 Interface Panel（交互面板）画面之间切换。

（2）画面的组成

一体化示教画面的组成如下。

最上面一行为标题行，显示一体化示教所必需的项目。但是由于显示屏尺寸的限制，夹具信号的设置显示在下一画面上，参见图 2-33 所示的一体化操作画面。

	Intp	Spd	Acc	Tmr	Tol	Wrk	Clamp	J/E	OX	WX	Comment
	JOINT	9	1	0	1	0			[　　]	[　　]	
1	JOINT	9	1	0	1	0			[　　]	[　　]	
2	LINEAR	7	3	1	1	0			[1　　]	[　　]	
3	JOINT	9	2	0	1	0	1		[　　]	[2　　]	
4	LINEAR	5	1	2	1	0			[2,5　]	[　　]	
5	JOINT	7	4	0	1	0	2		[　　]	[　　]	
6	JOINT	8	1	3	1	0			[　　]	[3　　]	
7	JOINT	9	1	0	1	0			[　　]	[　　]	

标题行

编辑行

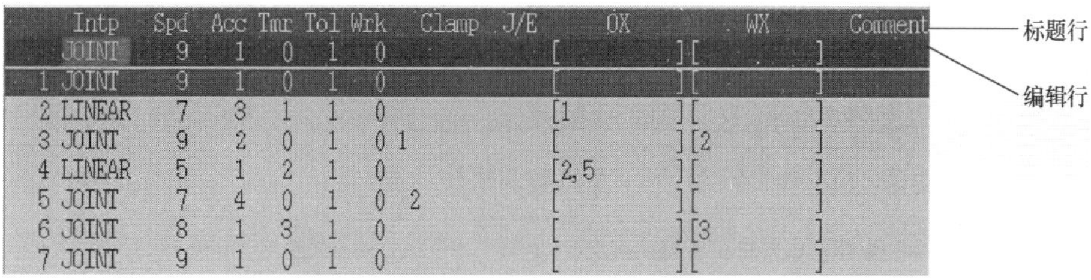

图 2-33　一体化操作画面 1

当显示图 2-33 所示的一体化操作画面时，按【S】＋【→】将切换到图 2-34，按【S】＋【←】切换回图 2-33 所示的画面。

如图 2-34 所示的一体化操作画面 2 中，画面最多显示 4 行夹具数据。因此，当设置多于 4 行的夹具数据时需要两个画面。按上述方式按【S】＋【→】切换画面。

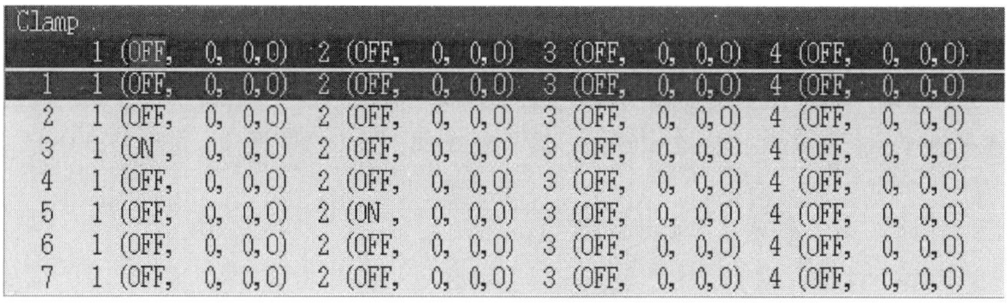

```
Clamp
      1 (OFF,  0, 0,0)  2 (OFF,  0, 0,0)  3 (OFF,  0, 0,0)  4 (OFF,  0, 0,0)
  1   1 (OFF,  0, 0,0)  2 (OFF,  0, 0,0)  3 (OFF,  0, 0,0)  4 (OFF,  0, 0,0)
  2   1 (OFF,  0, 0,0)  2 (OFF,  0, 0,0)  3 (OFF,  0, 0,0)  4 (OFF,  0, 0,0)
  3   1 (ON ,  0, 0,0)  2 (OFF,  0, 0,0)  3 (OFF,  0, 0,0)  4 (OFF,  0, 0,0)
  4   1 (OFF,  0, 0,0)  2 (OFF,  0, 0,0)  3 (OFF,  0, 0,0)  4 (OFF,  0, 0,0)
  5   1 (OFF,  0, 0,0)  2 (ON ,  0, 0,0)  3 (OFF,  0, 0,0)  4 (OFF,  0, 0,0)
  6   1 (OFF,  0, 0,0)  2 (OFF,  0, 0,0)  3 (OFF,  0, 0,0)  4 (OFF,  0, 0,0)
  7   1 (OFF,  0, 0,0)  2 (OFF,  0, 0,0)  3 (OFF,  0, 0,0)  4 (OFF,  0, 0,0)
```

图 2-34　一体化操作画面 2

编辑行位于标题行下面，用于编辑每步的内容。把示教器上的 TEACH LOCK（示教锁定）开关拨向 ON，按【→】或【←】移动光标，用【↑】或【↓】改变每一个辅助数据项，或者直接输入数据。

编辑行下面显示程序每一步的内容。左边的数字指示步编号，通常可以显示 7 步。行右边显示每步的辅助示教数据，表 2-4 列出了每一项的内容。

表 2-4　辅助示教数据

项目	内容
Interpolation（插补）	选择机器人沿着每个示教点移动的方式。例如，选择直线插补，将使机器人在示教点间的运动轨迹为直线
Speed（速度）	指定机器人移动到示教点的速度
Accuracy（精度）	指定机器人接近示教点（并认为已到达示教点）的程度
Timer（定时器）	指定在示教点的等待时间
Tool（工具）	指定机器人末端配备的执行工具编号

续表

项目	内容
Work（工件）	指定工件坐标系的编号
Clamp（夹具）	指定当抓取工件等时手部的开/关状态
J/E	指定由外部信号切换程序
O/X	指定一个从机器人到外部设备的输出信号
W/X	指定一个外部设备到机器人的输入信号
Comment（注释）	可自由输入的注释，在示教画面中最多可显示八个字符

基于上述内容，下文将介绍用一体化示教画面示教和编辑程序的流程。

3. 示教操作

本节介绍用一体化示教模式创建示教数据的方法。
示教在示教器的示教画面上进行。本节介绍如何示教如图 2-35 所示的四个点。

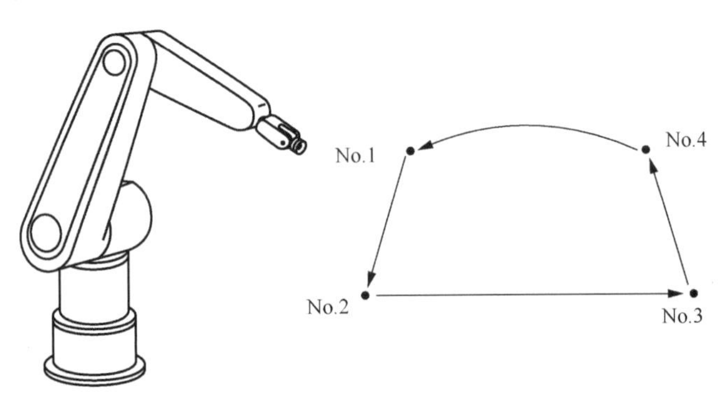

图 2-35　示教四个点

1）设定一个程序名称。详情参阅 Specify（指定）功能。设定一个程序 pg1，示教画面将显示如图 2-36 所示的画面。

图 2-36　示教画面

2）示教内容如表 2-5 所示。

表 2-5　示教内容

示教点	示教内容
步 1	运行起点
步 2	以直线插补从 No. 1 低速移动到 No. 2；设置高精度等级，并起动定时器
步 3	以直线插补从 No. 2 低速移动到 No. 3
步 4	以直线插补从 No. 3 中速移动到 No. 4
步 5	以关节插补从 No. 4 中速移动到 No. 1

3）示教步 1 时，用+/−将机器人点动到步 1 的示教点。

4）将速度设置为 9，精度设置为 4。

① 速度的设置。按【S】+【SPD/7】或【→】或【←】三者中的任意键，将光标移至辅助数据标题行的 Spd（速度）。按【↑】，在编辑栏上改变速度设置，顺序为 9→0→1→2→3→4→5→6→7→8→9；按【↓】，在编辑栏上改变速度设置，顺序与上面相反；或者直接按 NUMBER（0～9）设置速度。当所要的数字显示时（本例为 9），速度设置完成。

② 精度的设置。按【S】+【ACC/8】或【→】或【←】三者中的任意键，将光标移至辅助数据标题行的 Acc（精度）。按【↑】，在编辑栏上改变精度设置，顺序为 1→2→3→4→1；按【↓】，在编辑栏上改变精度设置，顺序与上面相反；或者直接按 NUMBER（1～4）设置精度。当所要的数字显示时（本例为 4），精度设置完成。

5）按 RECORD（记录）记录步 1 的位置数据和辅助数据。示教画面显示如图 2-37 所示记录步 1 的数据。

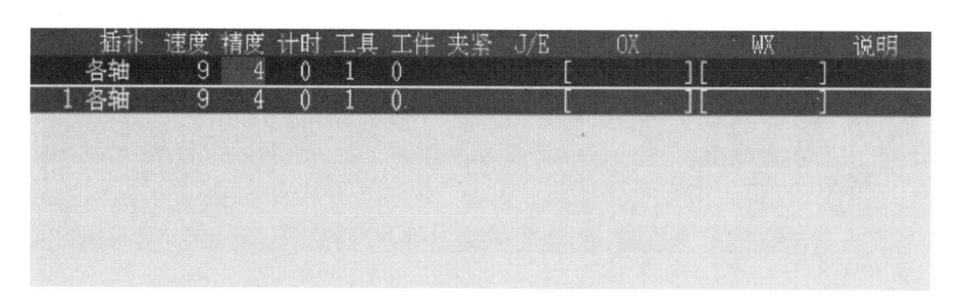

图 2-37　记录步 1 的数据

6）用+/−将机器人点动到步 2 的示教点。

7）插补设置为 Linear（直线）插补，速度设置为 7，精度设置为 3，定时器设置为 1。按示教步 1 的设置流程进行速度和精度的设置。

① 设置插补方式。按【S】+【INTER】或【→】或【←】三者中的任意键，将光标移至辅助数据标题行的 Intp（插补）。按【↑】，在编辑栏里切换插补设置，顺序为 JOINT→LINEAR→［LIN（EAR）2］→［CIR（CULAR）1］→［CIR（CULAR）2］→［FLIN（EAR）］→［FCIR（CULAR）1］→［FCIR（CULAR）2］→［XLIN

(EAR)] →JOINT；按【↓】，切换顺序与上面相反；或者直接按 NUMBER（1～4）设置插补。括弧中的项目为配备选件的规格。

当所要的内容显示时［本例为 Linear（直线）］，插补设置完成。

② 设置定时器。按【S】＋【TMR/9】或【→】或【←】三者中的任意键，将光标移至辅助数据标题行的 Tmr（定时器）。按【↑】，在编辑栏里切换定时器设置，顺序为 0→1→2→3→4→5→6→7→8→9→0；按【↓】，切换顺序与上面相反；或者直接按 NUMBER（0～9）设置定时器。当所要的数字显示时（本例为 1），定时器设置完成。

8）按 RECORD（记录），记录步 2 的位置数据和辅助数据。示教画面显示如图 2-38 所示记录步 2 的数据。

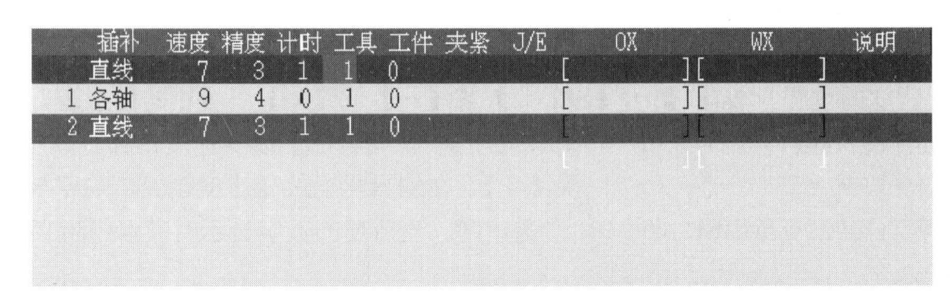

插补	速度	精度	计时	工具	工件	夹紧	J/E	OX	WX	说明
直线	7	3	1	1	0			[ ]	[ ]	
1 各轴	9	4	0	1	0			[ ]	[ ]	
2 直线	7	3	1	1	0			[ ]	[ ]	

图 2-38　记录步 2 的数据

9）用＋/－将机器人点动到步 3 的示教点。

10）插补设置为 Linear（直线）插补，Spd（速度）设置为 5，Acc（精度）设置为 3。按示教步 1 的设置流程进行速度和精度设置，按示教步 2 的设置流程进行插补设置。

11）按 RECORD（记录），记录步 3 的位置数据和辅助数据。示教画面显示如图 2-39 所示记录步 3 的数据。

插补	速度	精度	计时	工具	工件	夹紧	J/E	OX	WX	说明
直线	5	3	1	2	0			[ ]	[ ]	
1 各轴	9	4	0	1	0			[ ]	[ ]	
2 直线	7	3	1	1	0			[ ]	[ ]	
3 直线	5	3	1	2	0			[ ]	[ ]	

图 2-39　记录步 3 的数据

12）用＋/－将机器人点动到步 4 的示教点。

13）插补设置为 Linear（直线）插补，Spd（速度）设置为 6，Acc（精度）设置为 3。按上述设置流程进行插补、速度和精度的设置。

14）按 RECORD（记录），记录步 4 的位置数据和辅助数据。示教画面显示如图 2-40 所示记录步 4 的数据。

插补	速度	精度	计时	工具	工件	夹紧	J/E	OX	WX	说明
直线	6	3	0	1	0			[ ]	[ ]	
1 各轴	9	4	0	1	0			[ ]	[ ]	
2 直线	7	3	1	1	0			[ ]	[ ]	
3 直线	5	3	1	2	0			[ ]	[ ]	
4 直线	6	3	0	1	0			[ ]	[ ]	

图 2-40　记录步 4 的数据

15）用+/−将机器人点动到步 5 的示教点。

16）插补设置为 Joint（各轴）插补，Spd（速度）设置为 7。设置方法同上。

17）按 RECORD（记录），记录步 5 的位置数据和辅助数据。示教画面显示如图 2-41 所示记录步 5 的数据。

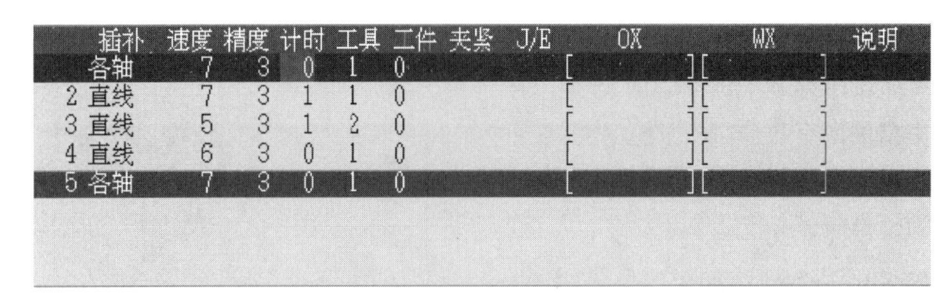

插补	速度	精度	计时	工具	工件	夹紧	J/E	OX	WX	说明
各轴	7	3	0	1	0			[ ]	[ ]	
2 直线	7	3	1	1	0			[ ]	[ ]	
3 直线	5	3	1	2	0			[ ]	[ ]	
4 直线	6	3	0	1	0			[ ]	[ ]	
5 各轴	7	3	0	1	0			[ ]	[ ]	

图 2-41　记录步 5 的数据

[注　意]

一旦编辑行内的数据更改，按 CANCEL（取消）或 CLEAR（消除）不能恢复原来的内容。

至此，pg1 程序示教操作完成。

4. 检查程序运行

为确认已示教程序的运行情况，在检查模式下用 GO（前进）和 BACK（后退）操作。下面介绍操作流程。

1）选择要检查的程序。

2）设置程序中要检查的步。

3）切换到示教模式，在示教器上把 TEACH LOCK（示教锁定）开关置 ON（开）。按 CONT 切换检查模式，一步一步单步或连续检查。检查方法显示在 D 状态区。

4）设置检查速度。

5）开启电机电源后，把操作面板上的 HOLD/RUN（暂停/运行）开关拨向 RUN（运行），用示教器控制机器人运行。

6）按住示教器上的 TRIGGER（触发器）开关，按 GO（前进），使机器人朝设定的步运行。

7）用单步方式（ONCE）检查时，当机器人各轴数据和示教步数据一致时机器人停止。再按 GO（前进）或 BACK（后退），使机器人朝后一步（前一步）运行。

8）用连续方式（CONT）检查时，当按下 GO（前进）时机器人连续执行步，但是按 BACK（后退）时机器人将不会连续执行步。

> **⚠ 警告**
>
> 1.为防止意外，创建程序后，把最新的数据保存在外围存储设备中，如PC卡、FDD等。
> 2.为防止存储的数据被删除，把PC卡和FDD保存在安全的地方。

2.2.3　川崎工业机器人程序数据修改

本节介绍编辑示教后程序数据的四种基本操作，包括位置数据改写、辅助数据改写、插入步和删除步。

以下以图 2-42 为例解释用不同的方法编辑步 5 的示教数据。

	插补	速度	精度	计时	工具	工件	夹紧	J/E	OX	WX	说明
	各轴	7	3	0	1	0			[ ]	[ ]	
2	直线	7	3	1	1	0			[ ]	[ ]	
3	直线	5	3	1	2	0			[ ]	[ ]	
4	直线	6	3	0	1	0			[ ]	[ ]	
5	各轴	7	3	0	1	0			[ ]	[ ]	
6	各轴	7	3	0	1	0			[1,5,12]	[ ]	
7	各轴	7	3	0	1	0			[ ]	[ ]	
8	各轴	7	3	0	1	0			[1,5,12]	[1]	

图 2-42　不同方法编辑步 5

（1）位置数据改写

本节介绍仅编辑位置数据而不改变辅助数据的操作流程。

1）按【A】+【↑】或【↓】，把光标移动到要编辑的步。本例中移动到步 5，使该行变成绿色。

2）按 POS/MOD（位置/修改），把步 5 的颜色改变成紫色，编辑行的左侧显示 POS. M，如图 2-43 所示。

	插补	速度	精度	计时	工具	工件	夹紧	J/E	OX	WX	说明
POS.M	各轴	7	3	0	1	0			[ ]	[ ]	
2	直线	7	3	1	1	0			[ ]	[ ]	
3	直线	5	3	1	2	0			[ ]	[ ]	
4	直线	6	3	0	1	0			[ ]	[ ]	
5	各轴	7	3	0	1	0			[ ]	[ ]	
6	各轴	7	3	0	1	0			[1,5,12]	[ ]	
7	各轴	7	3	0	1	0			[ ]	[ ]	
8	各轴	7	3	0	1	0			[1,5,12]	[1]	

图 2-43　位置数据改写

3）按+/一，把机器人点动到正确的位置。

4）按 RECORD（记录），把新的位置数据记入到步 5 中。如图 2-44 所示，现在步 6 变为紫色。

	插补	速度	精度	计时	工具	工件	夹紧	J/E	OX	WX	说明
POS.M	各轴	7	3	0	1	0			[ ]	[ ]	
2	直线	7	3	1	1	0			[ ]	[ ]	
3	直线	5	3	1	2	0			[ ]	[ ]	
4	直线	6	3	0	1	0			[ ]	[ ]	
5	各轴	7	3	0	1	0			[ ]	[ ]	
6	各轴	7	3	0	1	0			[ ]	[ ]	
7	各轴	7	3	0	1	0			[ ]	[ ]	
8	各轴	7	3	0	1	0			[1,5,12]	[1]	

图 2-44 新的位置数据记录

5）要继续改写位置数据，重复本流程的 1）～4）步。要退出本模式，再按 POS/MOD（位置/修改）。

（2）辅助数据改写

本节介绍仅编辑辅助数据而不改变位置数据的操作流程。编辑这些数据可以不运行机器人。

1）按【A】+【↑】或【↓】，把光标移动到要编辑的步。本例中移动到步 5，使该行变成绿色。

2）按 AUX/MOD（辅助/修改），把步 5 的颜色改变成暗黄色，编辑行的左侧显示 AUX. M，如图 2-45 所示。

	插补	速度	精度	计时	工具	工件	夹紧	J/E	OX	WX	说明
AUX.M	直线	8	2	0	1	0			[ ]	[ ]	
2	各轴	9	1	0	1	0			[ ]	[ ]	
3	各轴	9	1	0	1	0			[ ]	[ ]	
4	各轴	9	1	0	1	0			[ ]	[ ]	
5	直线	8	2	0	1	0			[ ]	[ ]	
6	各轴	9	1	0	1	0			[ ]	[ ]	
7	各轴	9	1	0	1	0			[ ]	[ ]	
8	各轴	9	1	0	1	0			[ ]	[ ]	

图 2-45 辅助数据改写

3）把光标移动到要修改的辅助数据上。如果在一个画面上不能看到所有数据，按【S】+【→】或【←】。

4）按【↑】或【↓】编辑辅助数据，或直接输入数字键 NUMBER（0～9）。

5）按 RECORD（记录），把新的辅助数据记入到步 5 中。本例中重新设置了精度和定时器，如图 2-46 所示，现在步 6 变成了暗黄色。

6）要继续改写辅助数据，重复本流程的 1）～5）步。退出本模式，再按 AUX/MOD（辅助/修改）。

（3）插入步

本节介绍插入新的步的操作流程。

	插补	速度	精度	计时	工具	工件	夹紧	J/E	OX	WX	说明
AUX.M	直线	8	2	0	1	0			[ ]	[ ]	
2	各轴	9	1	0	1	0			[ ]	[ ]	
3	各轴	9	1	0	1	0			[ ]	[ ]	
4	各轴	9	1	0	1	0			[ ]	[ ]	
5	直线	8	2	0	1	0			[ ]	[ ]	
6	各轴	9	1	0	1	0			[ ]	[ ]	
7	各轴	9	1	0	1	0			[ ]	[ ]	
8	各轴	9	1	0	1	0			[ ]	[ ]	

图 2-46　新的数据记录

1）按【A】＋【↑】或【↓】，把光标移动到要编辑的步。本例中移动到步 5，使该行变成绿色。

2）按 INS（插入），把步 5 的颜色改变成淡蓝色，编辑行的左侧显示 INS（插入），如图 2-47 所示。

	插补	速度	精度	计时	工具	工件	夹紧	J/E	OX	WX	说明
INS.	各轴	9	1	0	1	0			[ ]	[ ]	
2	各轴	9	1	0	1	0			[ ]	[ ]	
3	各轴	9	1	0	1	0			[ ]	[ ]	
4	各轴	9	1	0	1	0			[ ]	[ ]	
5	各轴	9	1	0	1	0			[ ]	[ ]	
6	直线	8	2	0	1	0			[ ]	[ ]	
7	各轴	9	1	0	1	0			[ ]	[ ]	
8	各轴	9	1	0	1	0			[ ]	[ ]	

图 2-47　插入步

3）按 RECORD（记录），在第 5 步上插入一步，原步 5 变成步 6。插入步的每项内容和被插入的步完全一样，参见图 2-48，现在步 6 变成了淡蓝色。

4）继续插入步，重复本流程的 1）～3）步。退出本模式，再按 INS（插入）。

	插补	速度	精度	计时	工具	工件	夹紧	J/E	OX	WX	说明
INS.	各轴	9	1	0	1	0			[ ]	[ ]	
2	各轴	9	1	0	1	0			[ ]	[ ]	
3	各轴	9	1	0	1	0			[ ]	[ ]	
4	各轴	9	1	0	1	0			[ ]	[ ]	
5	各轴	9	1	0	1	0			[ ]	[ ]	
6	直线	8	2	0	1	0			[ ]	[ ]	
7	各轴	9	1	0	1	0			[ ]	[ ]	
8	各轴	9	1	0	1	0			[ ]	[ ]	

图 2-48　记录步

[注　意]

要插入多步，请连续按RECORD多次。

（4）删除步

本节介绍删除步的流程。

1）按【A】＋【↑】或【↓】，把光标移动到要编辑的步。本例中移动到步 5，使该行变成绿色。

2）按 DEL（删除），把步 5 的颜色改变成红色，编辑行的左侧显示 DEL（删除），如图 2-49 所示。

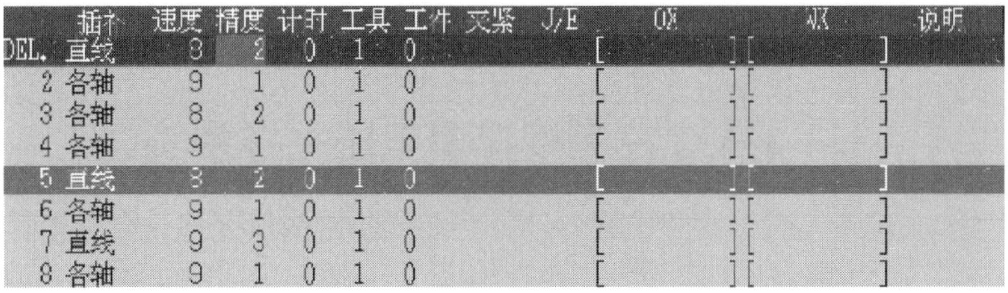

	插补	速度	精度	计时	工具	工件	夹紧	J/E	OX	WX	说明
DEL.	直线	8	2	0	1	0			[ ]	[ ]	
2	各轴	9	1	0	1	0			[ ]	[ ]	
3	各轴	8	2	0	1	0			[ ]	[ ]	
4	各轴	9	1	0	1	0			[ ]	[ ]	
5	直线	8	2	0	1	0			[ ]	[ ]	
6	各轴	9	1	0	1	0			[ ]	[ ]	
7	直线	9	3	0	1	0			[ ]	[ ]	
8	各轴	9	1	0	1	0			[ ]	[ ]	

图 2-49　删除步

3）按 RECORD（记录），删除步 5，步 6 上移成为步 5，如图 2-50 所示。

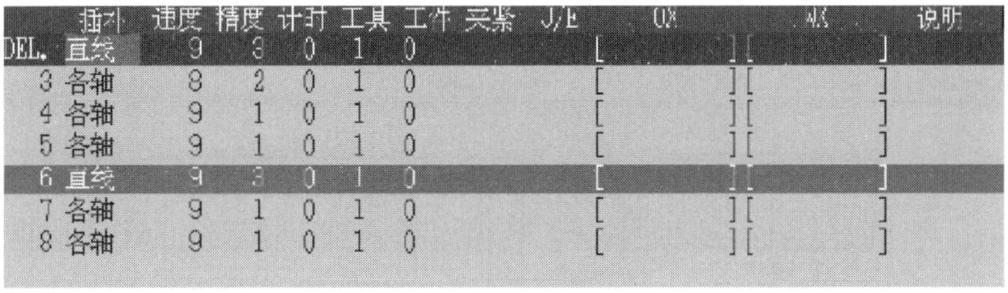

	插补	速度	精度	计时	工具	工件	夹紧	J/E	OX	WX	说明
DEL.	直线	9	3	0	1	0			[ ]	[ ]	
3	各轴	8	2	0	1	0			[ ]	[ ]	
4	各轴	9	1	0	1	0			[ ]	[ ]	
5	各轴	9	1	0	1	0			[ ]	[ ]	
6	直线	9	3	0	1	0			[ ]	[ ]	
7	各轴	9	1	0	1	0			[ ]	[ ]	
8	各轴	9	1	0	1	0			[ ]	[ ]	

图 2-50　记录步

4）继续删除步，重复本流程的 1）～3）步。退出本模式，再按 DEL（删除）。

[注　意]

1.仅按RECORD（记录）就将执行删除操作。由于不出现确认屏幕，请小心操作。

2.要删除连续多步，请按RECORD多次。

2.2.4　工业机器人涂胶程序编制及调试练习

1）根据所学内容编制机器人涂胶程序。

2）根据所学内容熟悉机器人示教编程各种参数的设置。

3）根据所学内容完成机器人码垛程序的调试。

第 3 章　工业自动化过程控制技术

3.1　PLC 控制模拟量电压采样系统

课题分析

电压采样显示系统示意图如图 3-1 所示，在 0～10V 的范围内任意设定电压值（电压值可由电压表反映）。在按下起动按钮 SB1 后，PLC 每隔 10s 对设定的电压值采样一次，同时数码管显示采样值。按下停止按钮 SB2 后停止采样，并可重新起动（显示电压值单位为 0.1V）。

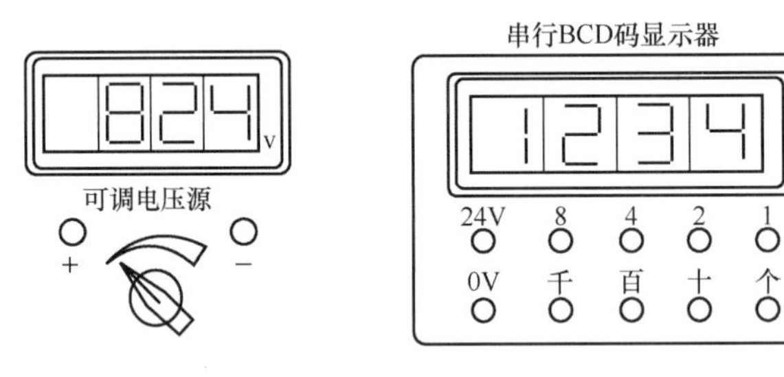

图 3-1　电压采样显示系统示意图

课题目的

1. 能对 FX2N-2AD 进行连接与接线。
2. 能使用外部设备 BFM 读出/写入指令对 FX2N-2AD 进行缓存的读出与写入。
3. 能使用七段码分时显示指令进行程序设计。
4. 能对 PLC 控制模拟量电压采样系统进行程序设计与调试。

课题重点

1. 能对 FX2N-2AD 进行连接与接线。
2. 能使用外部设备 BFM 读出/写入指令对 FX2N-2AD 进行缓存的读出与写入。

课题难点

1. 能使用外部设备 BFM 读出/写入指令对 FX2N-2AD 进行缓存的读出与写入。
2. 能对 PLC 控制模拟量电压采样系统进行程序设计与调试。

3.1.1　FX2N-2AD 模拟量输入模块

PLC 是从继电器控制系统的替代产品发展而来的，主要的控制对象是机电产品，以开关量居多。但在许多实际生产控制中，控制对象往往既有开关量又有模拟量，因而 PLC 必须有处理模拟量的能力。PLC 有许多功能指令可以处理各种形式的数字量，只需加上硬件的 A/D、D/A 接口，实现模/数转换，PLC 就可以方便地处理模拟量了。

1. FX2N-2AD 简介

FX2N-2AD 模拟量输入模块是 FX 系列 PLC 专用的模拟量输入模块之一，其外形如图 3-2 所示。

FX2N-2AD 模块将接收的 2 点模拟输入（电压输入和电流输入）转换成 12 位二进制的数字量，并以补码的形式存于 16 位数据寄存器中，数值范围是－2048～＋2047。该模块有两个输入通道，通过输入端子变换，可以任意选择电压或电流输入状态。电压输入时输入信号范围为 DC 0～10V，0～5V；电流输入时输入信号范围为 DC 4～20mA。其性能指标如表 3-1 所示。

图 3-2　FX2N-2AD 模拟量输入模块

表 3-1　FX2N-2AD 模块的性能指标

项目	电压输入	电流输入
	电压或电流输入的选择基于对输入端子的选择，一次可同时使用两个输入点	
模拟输入范围	DC 0～10V，DC 0～5V（输入阻抗 200kΩ） 注意：如果输入电压超过－0.5V，＋15V，单元会被损坏	DC 4～20mA（输入阻抗 250Ω） 注意：如果输入电流超过－2mA，＋60mA，单元会被损坏
数字输出	12 位	
分辨率	2.5mV（10V/4000），1.25mV（5V/4000）	4μA
总体精度	±1%（全范围 0～10V）	±1%（全范围 4～20mA）
处理时间	2.5ms/通道	

2. 接线

FX2N-2AD 的接线图如图 3-3 所示。

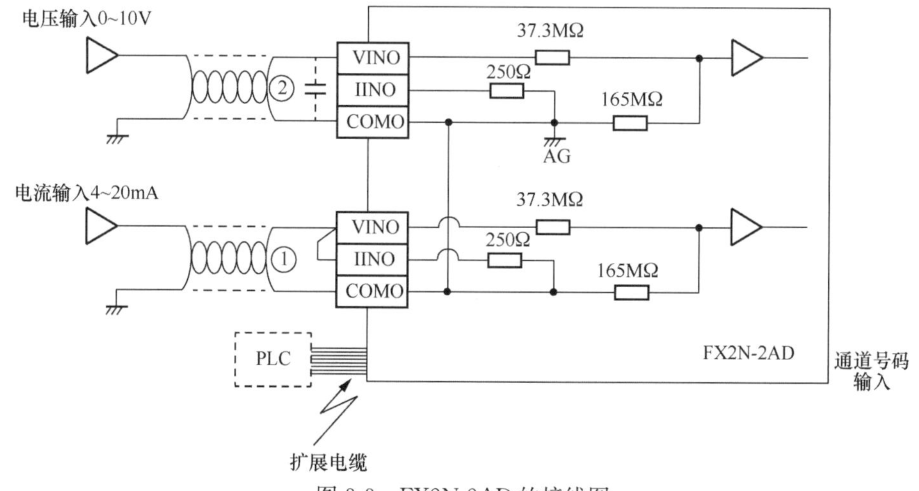

图 3-3　FX2N-2AD 的接线图

接线说明：

1）模拟输入信号采用双绞屏蔽电缆与 FX2N-2AD 连接，电缆应远离电源线或其他可能产生电气干扰的导线。

2）如果输入有电压波动，或在外部接线中有电气干扰，可以接一个 0.1～0.47μF（25V）的电容。

3）如果是电流输入，应将端子 VIN 和 IIN 连接。

4）FX2N-2AD 接地端与 PLC 主单元接地端连接，如果存在过多的电气干扰，再将外壳地端和 FX2N-2AD 接地端连接。

3. 缓冲存储器（BMF）分配

FX2N-2AD 模拟量模块内部有一个数据缓冲存储器（BMF）区，它由 32 个 16 位的寄存器组成，编号为 BFM ＃0～＃31，其内容与作用如图 3-4 所示。数据缓冲寄存器区的内容可以通过 PLC 的 FROM 和 TO 指令来读、写。

BFM编号	b15~b8	b7~b4	b3	b2	b1	b0
#0	保留	输入数据的当前值(低8位数据)				
#1	保留		输入数据当前值(高端4位数据)			
#2~#16	保留					
#17	保留				模拟到数字转换开始	模拟到数字转换通道
#18或更大	保留					

图 3-4　FX2N-2AD 缓冲寄存器（BMF）的分配

BMF＃0：由 BMF＃17（低 8 位数据）指定的通道的输入数据当前值被存储。当前值数据以二进制形式存储。

BMF＃1：输入数据当前值（高端 4 位数据）被存储。当前值数据以二进制形式存储。

BMF＃17：b0 为 0，表示选择模拟输入通道 1；b0 为 1，表示选择模拟输入通道 2；b1 从 0 到 1，起动 A/D 转换。

3.1.2　外部设备 BFM 读出/写入指令

FX2N 可编程序控制器从左侧连接特殊功能模块，此时最多可连接 8 台特殊功能单元/模块（不包括特殊适配器）。从左侧的特殊功能单元/模块开始，依次分配单元号 0～7，如图 3-5 所示。

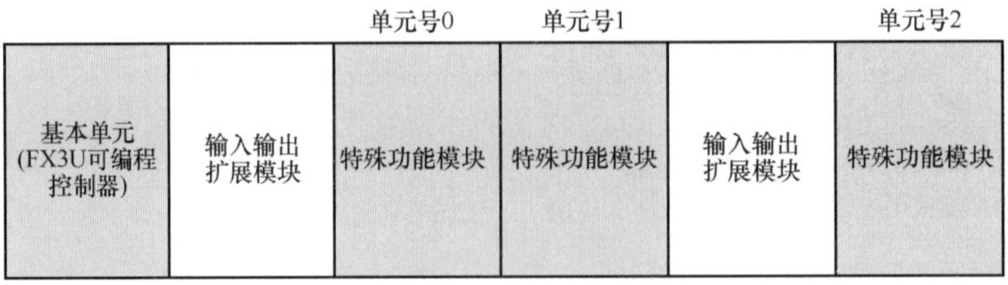

		单元号0	单元号1		单元号2
基本单元(FX3U可编程控制器)	输入输出扩展模块	特殊功能模块	特殊功能模块	输入输出扩展模块	特殊功能模块

图 3-5　分配单元号

1. 特殊功能模块的 BFM 读出：FNC 78　FROM

其他操作数 m1、m2：D、K、H。

目的操作数(D)：KnY、KnM、KnS、T、C、D、V、Z。

其他操作数 n：D、K、H。

FROM 指令用于从特殊单元缓冲存储器（BFM）中读入数据，如图 3-6 所示。这条语句是将编号为 m1 的特殊单元模块内从缓冲存储器（BFM）编号为 m2 开始的 *n* 个数据读入基本单元，并存放在从(D·)开始的 *n* 个数据寄存器中。当指令条件满足时，执行读出操作；指令条件不满足时，不执行传送，传送地点的数据不变化。

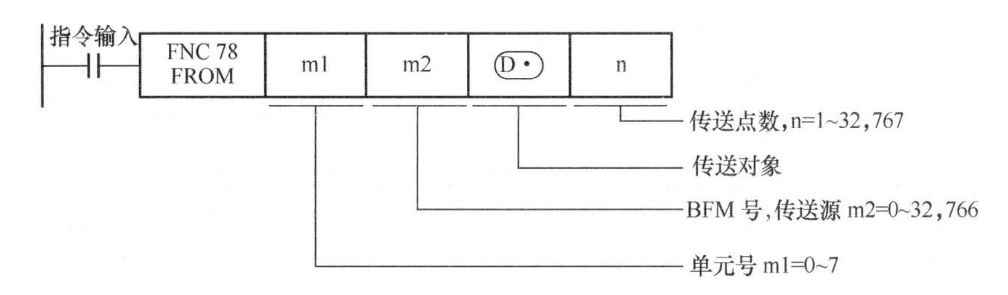

图 3-6　FROM 指令

FROM 指令的使用如图 3-7 所示，当条件满足时向单元号为 1 的缓冲存储区 BFM ＃10 读出数据，存入 D10 寄存器。

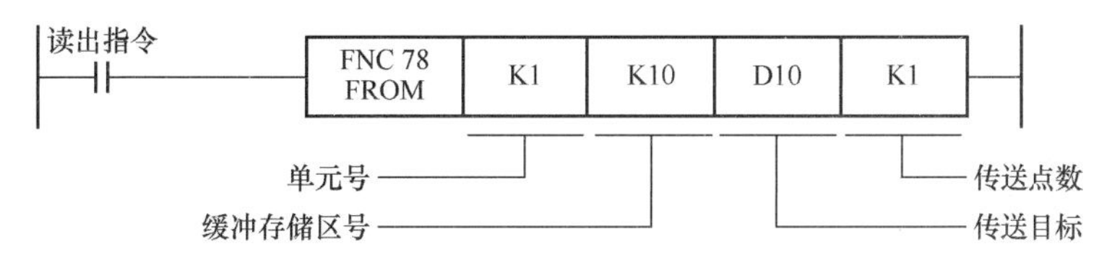

图 3-7　FROM 指令的使用

2. 特殊功能模块的 BFM 写入：FNC 79　TO

其他操作数 m1、m2：D、K、H。

目的操作数(S)：KnX、KnY、KnM、KnS、T、C、D、V、Z。

其他操作数 n：D、K、H。

TO 指令用于从特殊可编程序控制器向特殊单元缓冲存储器（BFM）写入数据，如图 3-8 所示。这条语句是将可编程序控制器中从(S·)元件开始的 *n* 个字的数据写到特殊功能模块 ml 中编号为 m2 开始的缓冲存储器（BFM）中。当 X000＝ ON 时，执行写入操作；X000 ＝OFF 时，不执行传送，传送地点的数据不变化。脉冲指令执行后也是如此。位元件的数应指定是 K1～K4（16 位指令）、K1～ K8（32 位指令）。

TO 指令的使用如图 3-9 所示，当条件满足时向单元号为 1 的缓冲存储区 BFM＃0 写入一个 H3300 的数据。

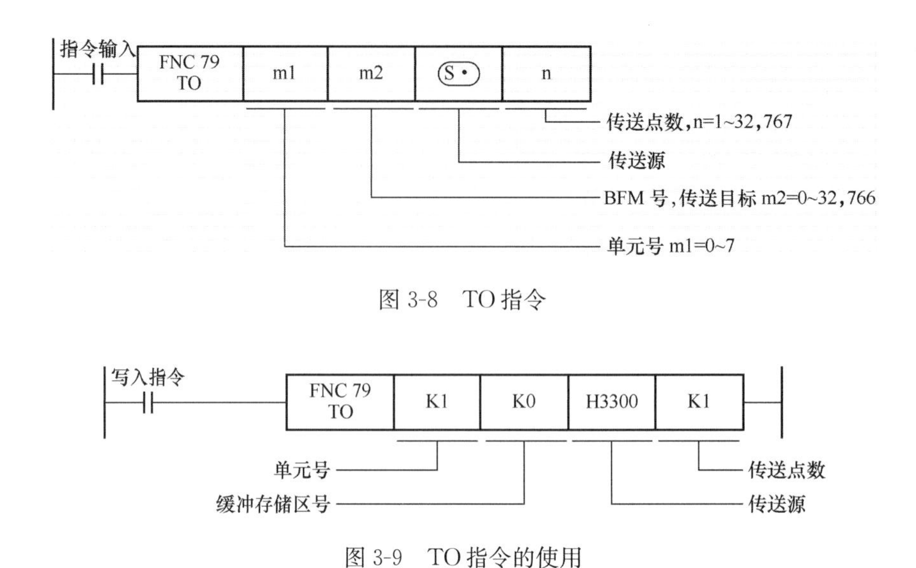

图 3-8　TO 指令

图 3-9　TO 指令的使用

3. FROM，TO 指令操作数的处理说明

（1）m1：特殊功能模块的模块号码

模块号从接在 FX2N 基本单元右边扩展总线上的特殊功能模块最靠近基本单元的那一个开始顺次编为 0～7 号。需要注意的是，输入输出扩展模块不参与编号，而且它们的位置可以任意放置。模块号用于以 FROM/TO 指令指定哪个模块工作。

（2）m2：缓冲存储器（BFM）号码

特殊功能模块中内藏了 32 点 16 位 RAM 存储器，即缓冲存储器。缓冲存储器编号为＃0～＃32，其内容根据各模块的控制目的设定。

用 32 位指令对 BFM 处理时，指定的 BFM 为低 16 位，其后续编号的 BFM 为高 16 位。

（3）n：待传送数据的字数

16 位指令的 n＝2 和 32 位指令的 n＝1 为相同含义。

在特殊辅助继电器 M8164（FROM/TO 指令的传送点数可变模式）为 ON，执行 FROM/TO 指令时，特殊数据寄存器 D8164（FROM/TO 指令的传送点数指定寄存器）的内容作为传送点数 n 进行处理。

（4）特殊辅助继电器 M8028 的作用

DM8028＝OFF 时，FROM、TO 指令执行时自动进入中断禁止状态，输入中断或定时器中断将不能执行。这期间发生的中断在 FROM、TO 指令完成后立即执行。另外，FROM、TO 指令也可以在中断程序中使用。

M8028＝ON 时，FROM、TO 指令执行时如发生中断则执行中断程序，但是中断程序中不可使用 FROM、TO 指令。

3.1.3　七段码分时显示指令

七段码分时显示指令 SEGL 的操作数如下。

源操作数 [S]：KnX、KnY、KnM、KnS、T、C、D、U□\G□、V、Z、K、H。

目的操作数 [D]：Y。

其他操作数 [n]：K、H。

七段码分时显示指令 SEGL 如图 3-10 所示，其作用是将(S·)的 4 位数值转换成 BCD 数据，采用分时方式，从(D·)～(D·)+3 依次将每一位数输出到对每一位带 BCD 译码器的 7 段数码管中，同时(D·)+4～(D·)+7 也依次以分时方式输出，锁定为 4 位数为 1 组的 7 段数码显示。此时，(S·)为 0～9999 范围内的 BIN 数据时有效。特别指出：当该指令执行结束时 M8029 接通一个扫描周期。

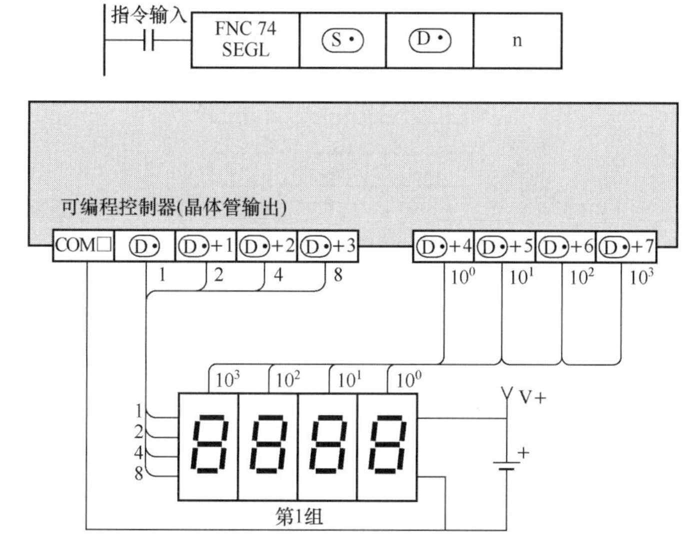

图 3-10　七段码分时显示指令 SEGL

3.1.4　PLC 控制模拟量电压采样系统程序设计

1）确定输入/输出（I/O）分配表，如表 3-2 所示。

表 3-2　PLC 控制电压采样显示系统 I/O 分配表

输入			输出		
输入设备	输入编号	输入对应端口	输出设备	输出编号	输出对应端口
起动按钮 SB1	X000	普通按钮	BCD 码显示管数 1	Y020	BCD 码显示器 1
停止按钮 SB2	X001	普通按钮	BCD 码显示管数 2	Y021	BCD 码显示器 2
FX2N-2AD	CH1 通道	可调电压源＋、－端口	BCD 码显示管数 4	Y022	BCD 码显示器 4
			BCD 码显示管数 8	Y023	BCD 码显示器 8
			显示数位数选通个	Y024	BCD 码显示器个
			显示数位数选通十	Y025	BCD 码显示器十
			显示数位数选通百	Y026	BCD 码显示器百

2）根据控制要求绘制控制流程图，如图 3-11 所示。

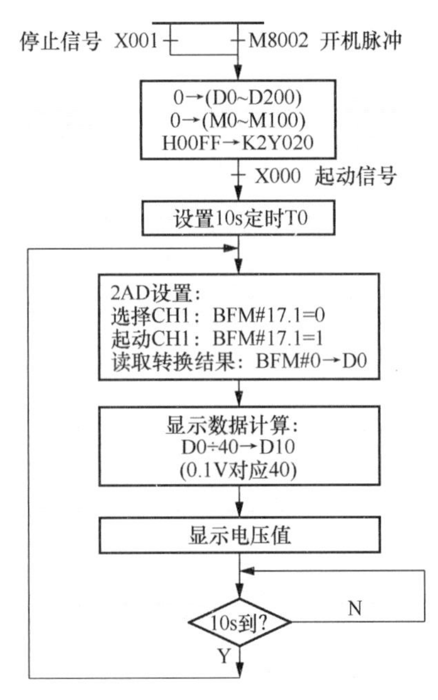

图 3-11　PLC 控制电压采样显示系统控制流程图

3）根据控制流程图绘制梯形图，如图 3-12 所示。

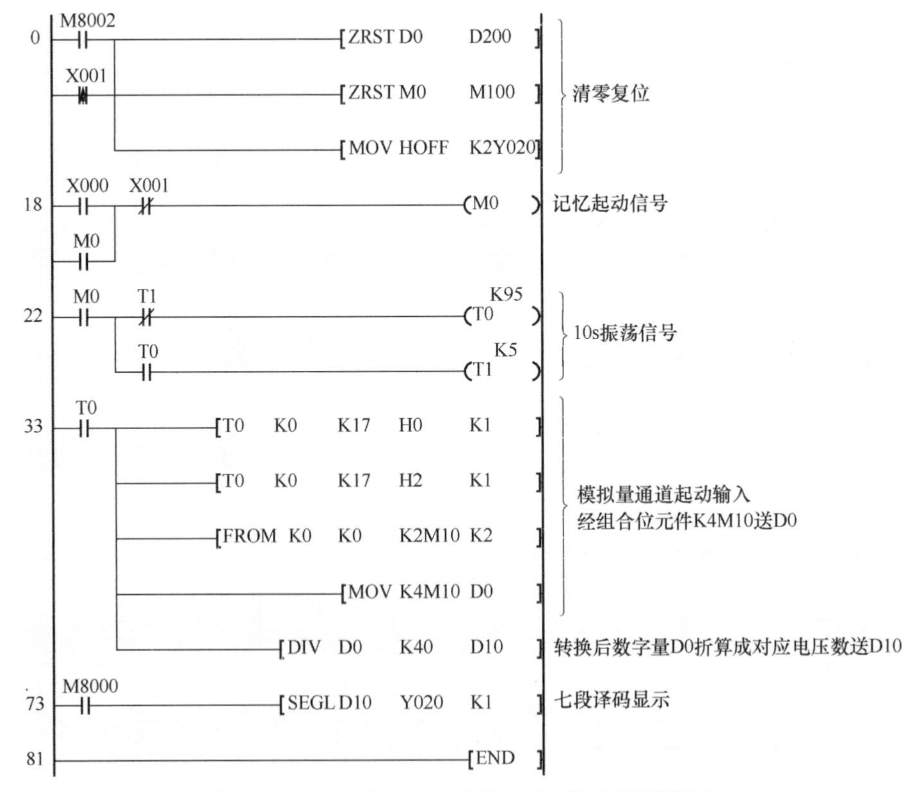

图 3-12　PLC 控制电压采样显示系统控制梯形图

3.2　PLC 控制模拟量电压输出设置系统

课题分析

模拟量电压输出设置系统示意图如图 3-13 所示，其工艺流程和控制要求为：通过数码拨盘、数据输入按钮 SB1 输入任意个数的电压值（输入范围 0～10V，单位为 0.1V），由模拟量输出模块 FX2N-2DA 输出到电压表上，反映拨盘输入的数值。当按一下显示按钮 SB2 后，由模拟量输出模块输出的是所有输入电压值的平均值；只有按了 SB3 复位按钮后，方可重新操作。复位后电压表的读数应为零。

课题目的

1. 能对 FX2N-2DA 进行连接与接线。
2. 能使用外部设备 BFM 读出/写入指令对 FX2N-2DA 进行缓存的读出与写入。
3. 能使用数字式开关指令进行程序设计。
4. 能对 PLC 控制模拟量电压输出设置系统进行程序设计与调试。

拨码开关

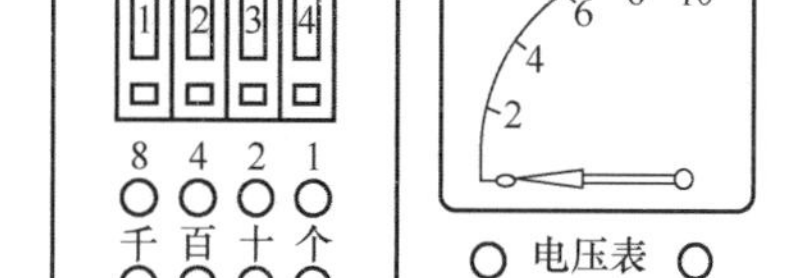

图 3-13　PLC 控制模拟量电压输出设置系统

课题重点

1. 能对 FX2N-2DA 进行连接与接线。
2. 能使用外部设备 BFM 读出/写入指令对 FX2N-2DA 进行缓存的读出与写入。

课题难点

1. 能使用外部设备 BFM 读出/写入指令对 FX2N-2DA 进行缓存的读出与写入。
2. 能对 PLC 控制模拟量电压输出设置系统进行程序设计与调试。

3.2.1　FX2N-2DA 模拟量输出模块

1. FX2N-2DA 简介

FX2N-2DA 模拟量输出模块是 FX 系列 PLC 专用的模拟量输出模块之一，其外形如图 3-14 所示。

图 3-14　FX2N-2DA 模拟量输出模块

FX2N-2DA 模块用于将 2 点的数字量转换成电压或电流模拟量输出，使用模拟量控制外围设备。根据接线方法，模拟输出可在电压输出或电流输出中选择。电压输出时，输入信号范围为 DC 0～10V；电流输出时，输入信号范围为 DC 4～20mA。其性能指标如表 3-3 所示。

表 3-3　FX2N-2DA 模块的性能指标

项目	电压输入	电流输入
模拟输入范围	在应用时，对于 DC 0～10V 的模拟电压输出，此单元调整的数字范围为 0～4000。当通过电流输出或 DC 0～5V 输出时，就必须通过偏置和增益调节器进行再调节	
	DC 0～10V DC 0～5V（外部负载阻抗为 2kΩ～1MΩ）	DC 4～20mA（外部负载阻抗不大于 500Ω）
数字输入	12 位	
分辨率	2.5mV（10V/4000），1.25mV（5V/4000）	4μA
总体精度	±1%（全范围 0～10V）	±1%（全范围 4～20mA）
处理时间	4ms/通道	

2. 接线

FX2N-2DA 的接线图如图 3-15 所示。

接线说明：

1）模拟输出信号采用双绞屏蔽电缆与 FX2N-2DA 连接，电缆应远离电源线或其他可能产生电气干扰的导线。

2）如果输入有电压波动，或在外部接线中有电气干扰，可以接一个 0.1～0.47μF（25V）的电容。

3）如果是电压输出，应将 1OUT 端子与 COM 端子短接。

4）FX2N-2DA 接地端与 PLC 主单元接地端连接，如果存在过多的电气干扰，再将外壳地端和 FX2N-2DA 接地端连接。

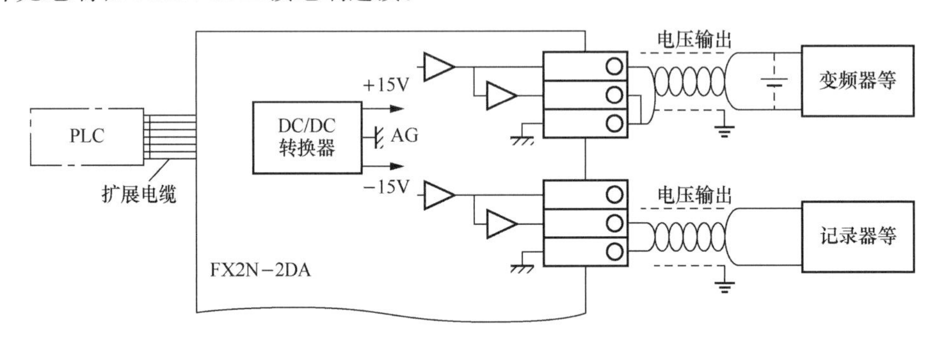

图 3-15　FX2N-2DA 的接线图

3. 缓冲存储器（BMF）分配

FX2N-2DA 模拟量模块内部有一个数据缓冲存储器（BMF）区，它由 32 个 16 位的寄存器组成，编号为 BFM ＃0～＃31，其内容与作用如图 3-16 所示。数据缓冲寄存器区的内容可以通过 PLC 的 FROM 和 TO 指令来读、写。

BMF＃16：由 BMF＃17（数字值）指定的通道的 D/A 转换数据写入。D/A 数据

BFM编号	b15~b8	b7~b4	b2	b1	b0
#0~#15	保留				
#16	保留	输出数据的当前值(8位数据)			
#17	保留		D/A低8位数据保持	通道1D/A转换开始	通道2D/A转换开始
#18或更大	保留				

图 3-16　FX2N-2AD 缓冲寄存器（BMF）的分配

以二进制形式，并以低 8 位和高 4 位两部分顺序写入。

BMF＃17：b0 从 1 变为 0 时，通道 2 的 D/A 转换开始；b1 从 1 变为 0 时，通道 1 的 D/A 转换开始；b2 从 1 变为 0 时，D/A 转换的低 8 位数据保持。

3.2.2　数字式开关指令

数字开关指令：FNC72　DSW。

源操作数［S］：X。

目的操作数［D1］：Y。

目的操作数［D2］：T、C、D、U□＼G□、V、Z、K、H。

其他操作数［n］：K、H。

数字开关指令 DSW 如图 3-17 所示，其作用是将(S·)中连接的数字开关的值通过 100ms 间隔的输出信号，从第 1 位开始依次输入（执行分时处理），并保存在(D_2·)中。对于数据(D_1·)可以读取 0～9999 的 4 位数，并以二进制值保存数据，数据第一组保存到读取的(D_2·)中，第二组保存到(D_2·)+1 中。使用一组数据时 n 设定为 1，两组数据时 n 设定为 2。特别指出：当该指令执行结束时，M8029 接通一个扫描周期。

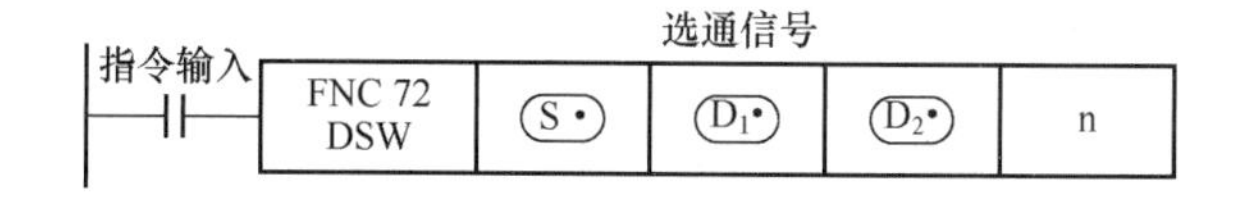

图 3-17　数字开关指令 DSW

实际应用中，三菱 PLC 提供了读取数字开关设定值的 DSW 指令。其采用的硬件接线形式如图 3-18 所示，采用扫描形式输入。此时将所有拨码盘的输入按 8421BCD 的形式分别接在一起，但公共端分别接 Y010～Y013，将 COM3 端与输入的公共端相连，即由 Y010～Y013 来选通不同的拨码盘，这样 16 个输入端口只需用 4 个输入和 4 个输出（即共 8 个端口）取代。

其控制梯形图形式如图 3-19 所示，此时指令对应的时序图如图 3-20 所示。从时序图可知，当接通 X000 时，置位 M0，M0 接通后 Y010～Y013 彼此间隔 0.1s 顺序接通，分别扫描四个拨码盘的输入信号，并组合输入信号，放入数据寄存器 D0。此时 D0 中的数据就是拨码盘设定的数据。

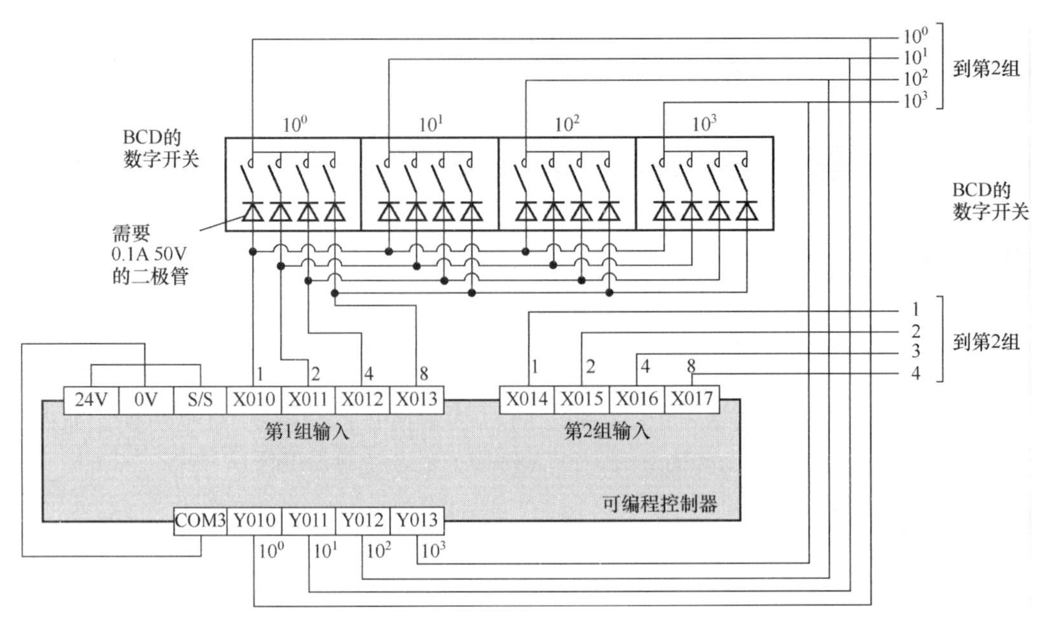

图 3-18　DSW 指令硬件接线形式

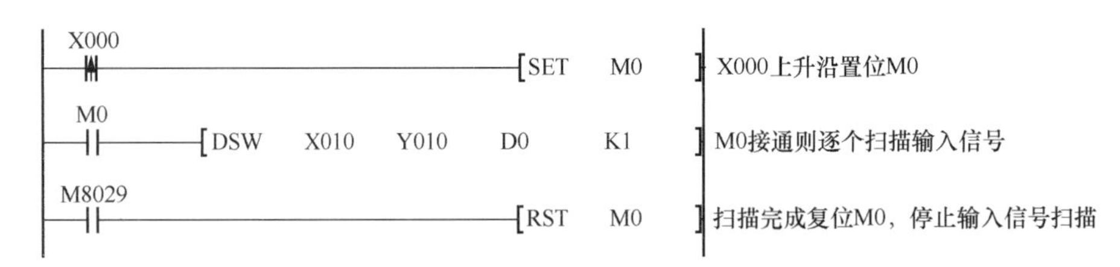

图 3-19　DSW 指令扫描输入的控制梯形图

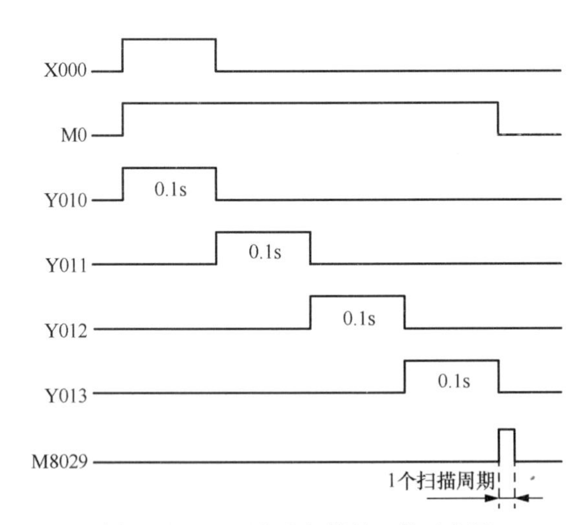

图 3-20　DSW 指令扫描输入的时序图

3.2.3　PLC 控制模拟量电压输出设置系统程序设计

1）确定输入/输出（I/O）分配表，如表 3-4 所示。

表 3-4　PLC 控制模拟量电压输出设置系统 I/O 分配表

输入			输出		
输入设备	输入编号	输入对应端口	输出设备	输出编号	输出对应端口
数据输入按钮	X000	普通按钮	拨盘位数选通信号个	Y010	拨盘开关个
显示按钮	X001	普通按钮	拨盘位数选通信号十	Y011	拨盘开关十
复位按钮	X002	普通按钮	拨盘位数选通信号百	Y012	拨盘开关百
拨盘数码 1	X010	拨盘开关 1	FX2N-2DA	CH1 通道	电压表＋、－端口
拨盘数码 2	X011	拨盘开关 2			
拨盘数码 4	X012	拨盘开关 4			
拨盘数码 8	X013	拨盘开关 8			

2）根据控制要求绘制控制流程图，如图 3-21 所示，其对应的梯形图如图 3-22 所示。

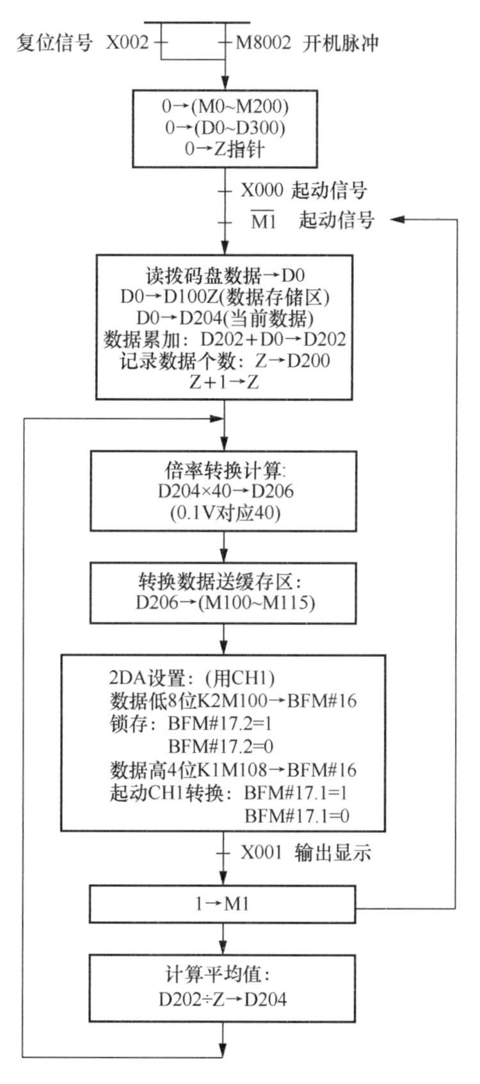

图 3-21　PLC 控制模拟量电压输出设置系统控制流程图

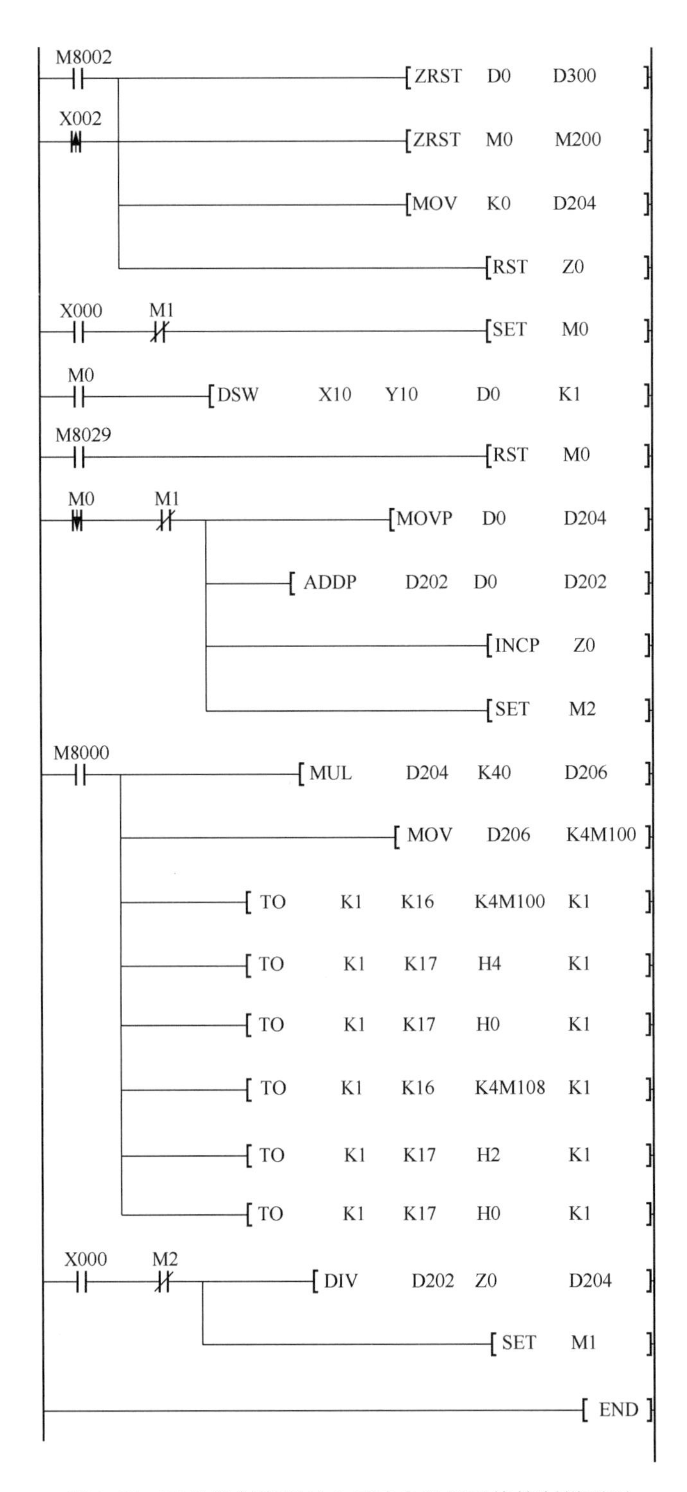

图 3-22　PLC 控制模拟量电压输出设置系统控制梯形图

第4章　变频器应用技术

4.1　西门子 MM420 变频器应用技术

课题分析

图 4-1 所示为常用的 MM420 变频器面板控制接线原理图。要求接线并设定参数，实现 MM420 面板控制、开关量操作控制、模拟量操作控制和多段固定频率控制。

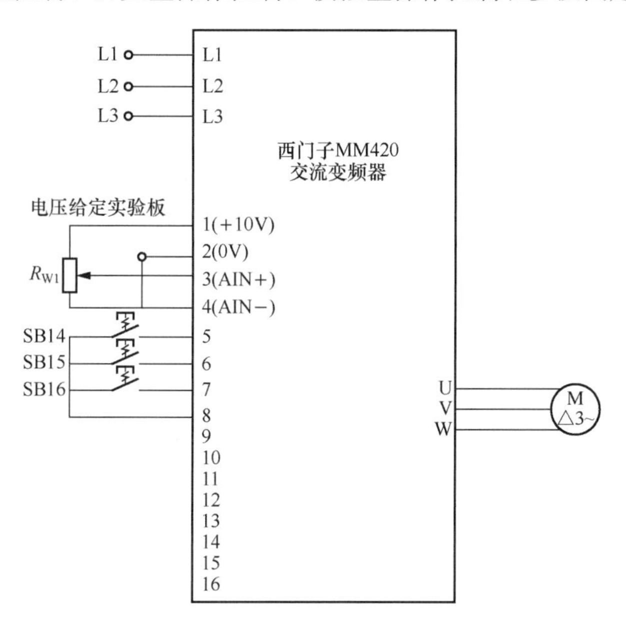

图 4-1　MM420 变频器接线原理图

课题目的

1. 能对西门子 MM420 变频器进行接线及安装与调试基本操作。
2. 能使用开关量控制西门子 MM420 变频器，能使用模拟量控制西门子 MMV 变频器。
3. 能安装调试并设置西门子 MM420 变频器多段频率控制。

课题重点

1. 能对西门子 MM420 变频器进行接线及安装与调试基本操作。
2. 能使用西门子 MM420 变频器实现各种控制功能。

课题难点

1. 能使用模拟量控制西门子 MMV 变频器。
2. 能安装调试并设置西门子 MM420 变频器多段频率控制。

4.1.1　西门子 MM420 变频器的安装、接线

通常西门子变频器在控制柜中的安装位置如图 4-2 所示。

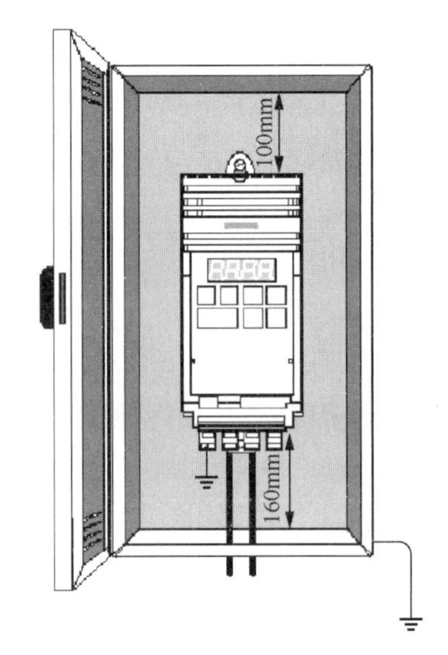

图 4-2　西门子变频器在控制柜中的安装位置

安装时应注意：

1）不要将变频器装在经常发生振动的地方或电磁干扰源附近。

2）不要将变频器安装在有灰尘、腐蚀性气体等空气污染的环境里。

3）不要将变频器安装在潮湿环境中，不要将变频器安装在潮湿管道下面，以避免引起凝结。

4）安装应确保变频器通风口畅通。应保证控制柜内有足够的冷却风量。可用下列公式计算所需风量，即

$$风量（m^3/小时）=\frac{变频器额定功率\times 0.3}{控制柜内允许的温升}\times 3.1$$

必要时，安装柜式风机进行散热。

图 4-3 所示为 MM420 接线端子图。其中，1#、2# 输出控制电压，1# 为+10V 电压，2# 为 0V 电压，3# 为模拟量输入+端，4# 为模拟量输入一端，5#、6#、7# 为开关量输入端，8# 输出开关量控制电压+24V，9# 为开关量外接控制电源的接地端，10#、11# 为内部继电器对外输出的常开触点，12#、13# 为输出的 A/D 信号端，14#、15# 为 RS485 通信端口。

打开变频器的盖子后，就可以连接电源和电动机的接线端子。电源和电动机的接线必须按照图 4-4 所示的方法连接。

接线时应将主电路接线与控制电路接线分别走线，控制电缆要用屏蔽电缆。为方便实训，此处将变频器的接线端子引线引出到控制面板，如图 4-5 所示，但实际使用时必须按照上述步骤接线。

通常变频器的设计允许它在具有很强电磁干扰的工业环境下运行，如果安装的质量良好，就可以确保安全和无故障的运行。在运行中遇到问题可按以下措施处理：

1）确信机柜内的所有设备都已用短而粗的接地电缆可靠地连接到公共的星形接地点或公共的接地母线。

2）确信与变频器连接的任何控制设备如 PLC 也像变频器一样用短而粗的接地电缆连接到同一个接地网或星形接地点。

3）由电动机返回的接地线直接连接到控制该电动机的变频器的接地端子 PE 上。

4）接触器的触头最好是扁平的，因为它们在高频时阻抗较低。

5）截断电缆的端头时应尽可能整齐，保证未经屏蔽的线段尽可能短。

6）控制电缆的布线应尽可能远离供电电源线，使用单独的走线槽，在必须与电源线交叉时相互应采取 90°直角交叉。

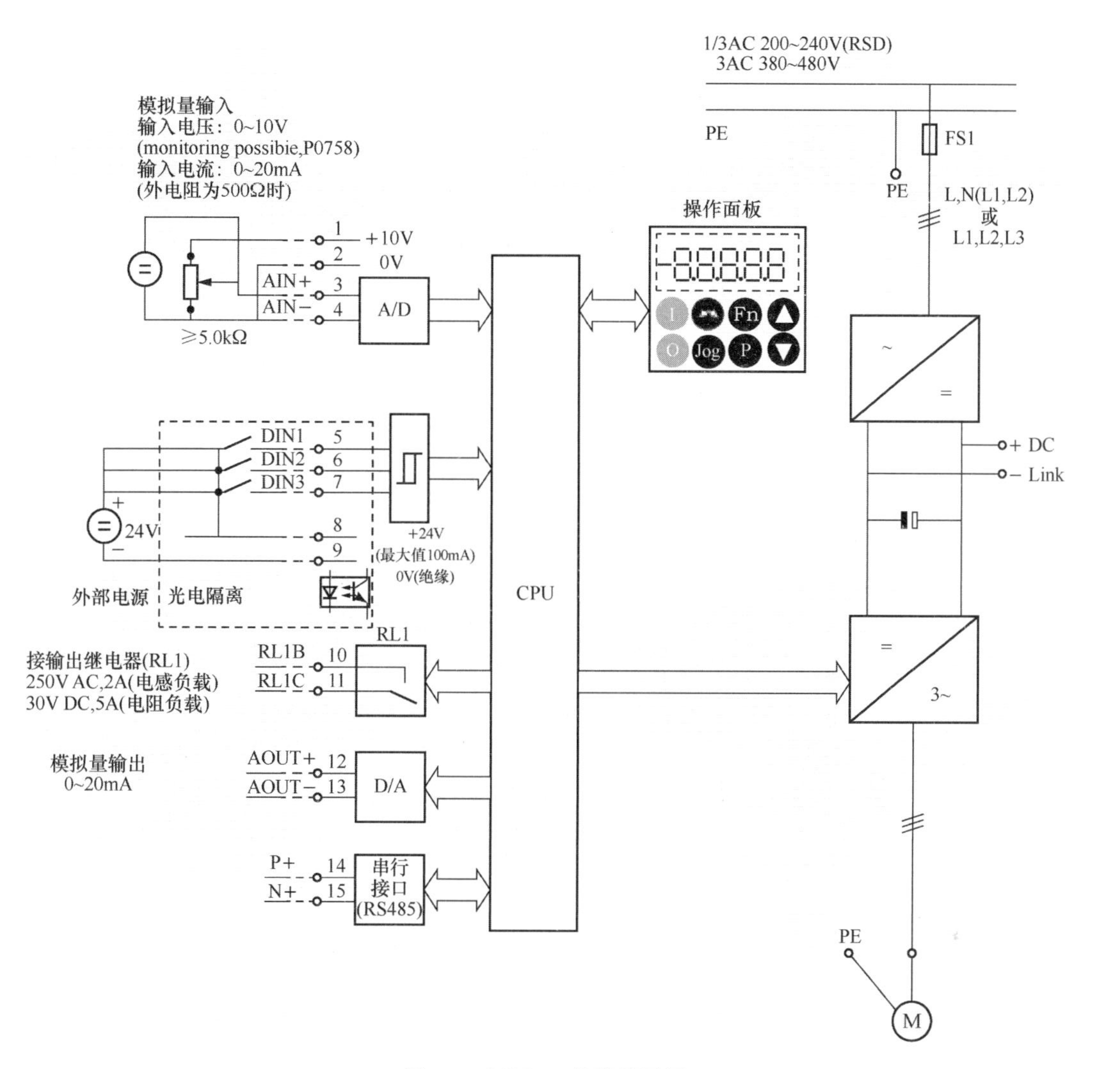

图 4-3　MM420 接线端子图

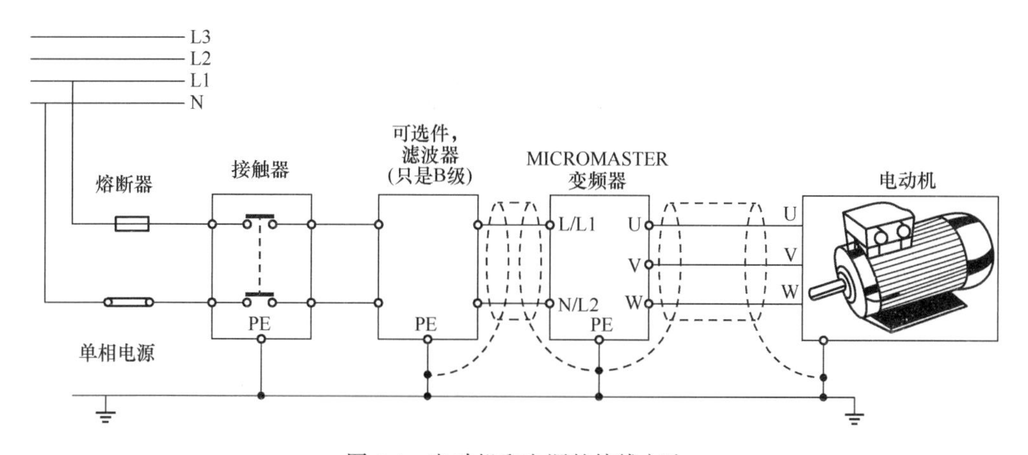

图 4-4　电动机和电源的接线方法

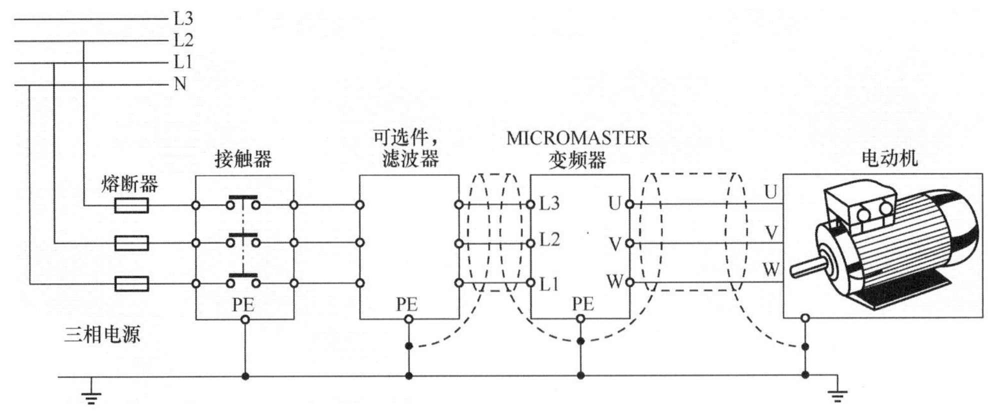

图 4-4　电动机和电源的接线方法（续）

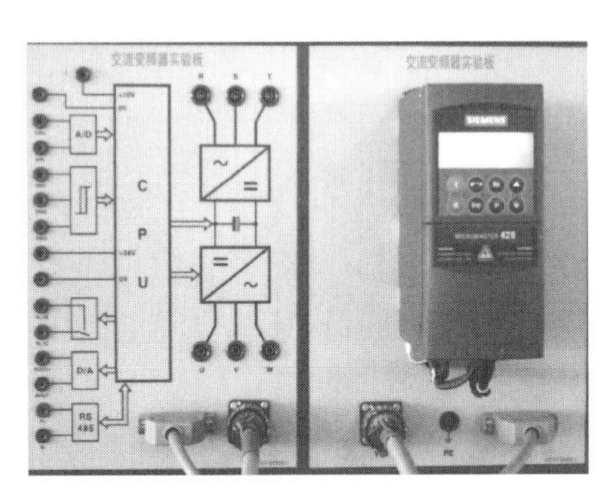

图 4-5　西门子 MMV 实训装置

7）无论何时，与控制回路的连接线都应采用屏蔽电缆。

8）确信机柜内安装的接触器应是带阻尼的，即在交流接触器的线圈上连接有 RC 阻尼回路，在直流接触器的线圈上连接有续流二极管。安装压敏电阻对抑制过电压也是有效的，当接触器由变频器的继电器进行控制时这一点尤其重要。

9）接到电动机的连接线应采用屏蔽的或带有铠甲的电缆，并用电缆接线卡子将屏蔽层的两端接地。

4.1.2　西门子 MM420 变频器参数设置方法

按图 4-1 在实训装置上接线完毕，检查无误后可通电，进行参数设置。

1. MM420 变频器操作面板

MM420 变频器操作面板如图 4-6 所示。各按键的作用如表 4-1 所示。

图 4-6　基本操作面板 BOP 上的按键

表 4-1　基本操作面板 BOP 上各按键的作用

显示/按钮	功能	功能说明
r0000	状态显示 LCD	显示变频器当前的设定值
I	起动变频器	按此键起动变频器缺省值运行时此键是被封锁的，为了使此键的操作有效，应设定 P0700=1
0	停止变频器	OFF1：按此键变频器将按选定的斜坡下降速率减速停车。缺省值运行时此键被封锁，为了允许此键操作，应设定 P0700=1 OFF2：按此键两次或一次但时间较长，电动机将在惯性作用下自由停车。此功能总是使能的
	改变电动机的转动方向	按此键可以改变电动机的转动方向，电动机的反向用负号或闪烁的小数点表示。缺省值运行时此键是被封锁的，为了使此键的操作有效，应设定 P0700=1
jog	电动机点动	在变频器无输出的情况下按此键将使电动机起动，并按预设定的点动频率运行；释放此键时变频器停车，如果变频器/电动机正在运行，按此键将不起作用
Fn	功能	此键用于浏览辅助信息。变频器运行过程中在显示任何一个参数时按下此键并保持不动 2s，将显示以下参数值对应的数据： 1. 直流回路电压，用 d 表示，单位 V 2. 输出电流 A 3. 输出频率 Hz 4. 输出电压，用 o 表示，单位 V 5. 由 P0005 选定的数值 连续多次按下此键，将轮流显示以上参数跳转功能 在显示任何一个参数 rXXXX 或 PXXXX 时短时间按下此键将立即跳转到 r0000，如果需要可以接着修改其他的参数，跳转到 r0000 后按此键将返回原来的显示点
P	访问参数	按此键可访问参数
	增加数值	按此键可增加面板上显示的参数数值
	减少数值	按此键可减少面板上显示的参数数值

2. MM420 变频器参数设置方法

例如，将参数 P0010 的设置值由默认的 0 改为 30 的操作过程如下。

1）按接线图完成接线，检查无误后可送电。送电后面板显示如图 4-7 所示。

2）按编程键（P 键），LED 显示器显示 r000，如图 4-8 所示。

图 4-7　送电后的面板显示

图 4-8　操作步骤 2）

3）按上升键（▲键），直到 LED 显示器显示 P0010，如图 4-9 所示。

4）按编程键（P 键），LED 显示器显示 P0010 参数默认的数值 0，如图 4-10 所示。

图 4-9　操作步骤 3）

图 4-10　操作步骤 4）

5）按上升键（▲键），直到 LED 显示器显示值增大，当增大到 30 时如图 4-11 所示。

6）当达到设置的数值时，按编程键（P 键）确认当前设定值，如图 4-12 所示。

7）按编程键（P 键）后，LED 显示器显示 P0010，此时 P0010 参数的数值被修改成 30，如图 4-13 所示。

8）按照上述步骤可对变频器的其他参数进行设置。

9）当所有参数设置完毕后，可按功能键（Fn 键）返回，如图 4-14 所示。

图 4-11　操作步骤 5)

图 4-12　操作步骤 6)

图 4-13　操作步骤 7)

图 4-14　操作步骤 9)

10）按功能键（Fn 键）后，面板显示 r0000，再次按下编程键（P 键），可进入 r0000 的显示状态，如图 4-15 所示。

11）再次按下编程键（P 键），可进入 r0000 的显示状态，显示当前参数，如图 4-16 所示。

图 4-15　操作步骤 10)

图 4-16　操作步骤 11)

4.1.3 西门子 MM420 变频器常用参数简介

(1) 驱动装置的显示参数 r0000

功能：显示用户选定的由 P0005 定义的输出数据。

说明：按下 Fn 键并持续 2s，用户就可看到直流回路电压输出电流和输出频率的数值以及选定的 r0000（设定值在 P0005 中定义）。

注意：电流、电压的大小只能通过设定 r0000 参数显示读取，不能使用万用表测量。这是因为万用表只能测量频率为 50Hz 的正弦交流电，变频器输出的不是 50Hz 的正弦交流电，所以万用表的读数是没有意义的。

(2) 用户访问级参数 P0003

功能：用于定义用户访问参数组的等级。

说明：对于大多数简单的应用对象，采用缺省设定值标准模式就可以满足要求的可能的设定值，但若要 P0005 显示转速设定，必须设定 P0003＝3。

设定范围：0～4。

P0003＝0：用户定义的参数表，有关使用方法的详细情况请参看 P0013 的说明。

P0003＝1：标准级，可以访问最经常使用的一些参数。

P0003＝2：扩展级，允许扩展访问参数的范围，如变频器的 I/O 功能。

P0003＝3：专家级，只供专家使用。

P0003＝4：维修级，只供授权的维修人员使用，具有密码保护。

出厂默认值：1。

(3) 过滤器参数 P0004

功能：按功能的要求筛选过滤出与该功能有关的参数，这样可以更方便地进行调试。

说明：变频器可以在 P0004 的任何一个设定值时起动。

设定范围：0～22。

P0004＝0：全部参数。

P0004＝2：变频器参数。

P0004＝3：电动机参数。

P0004＝7：命令二进制 I/O。

P0004＝8：ADC 模-数转换和 DAC 数-模转换。

P0004＝10：设定值通道/RFG 斜坡函数发生器。

P0004＝12：驱动装置的特征。

P0004＝13：电动机的控制。

P0004＝21：报警/警告/监控。

出厂默认值：0

注意：参数的标题栏中标有快速调试时的参数只能在 P0010＝1 快速调试时进行设定。

(4) 显示选择参数 P0005

功能：选择参数 r0000（驱动装置的显示）要显示的参量，任何一个只读参数都可以显示。

说明：设定值21 25…对应的是只读参数号r0021 r0025…。

设定范围：2～2294。

P0005＝21：实际频率。

P0005＝22：实际转速。

P0005＝25：输出电压。

P0005＝27：输出电流。

出厂默认值：21。

注意： 若要P0005显示转速设定，必须设定P0003＝3。

（5）调试参数过滤器P0010

功能：对与调试相关的参数进行过滤，只筛选出那些与特定功能组有关的参数。

设定范围：0～30。

P0010＝0：准备。

P0010＝1：快速调试。

P0010＝2：变频器。

P0010＝29：下载。

P0010＝30：工厂的设定值。

出厂默认值：0

注意： 在变频器投入运行之前应设置P0010＝0。

（6）使用地区参数P0100

功能：用于确定功率设定值，如铭牌的额定功率P0307的单位是kW还是hp。

说明：除了基准频率P2000，铭牌的额定频率缺省值P0310和最大电动机频率P1082的单位也都在这里自动设定。

设定范围：0～2。

P0100＝0：欧洲频率［kW］，缺省值50Hz。

P0100＝1：北美频率［hp］，缺省值60Hz。

P0100＝2：北美频率［kW］，缺省值60Hz。

出厂默认值：0。

注意： 本参数只能在P0010＝1快速调试时进行修改。

（7）电动机的额定电压参数P0304

功能：设置电动机铭牌数据中的额定电压。

说明：设定值的单位为V。

设定范围：10～2000。

出厂默认值：400。

注意： 本参数只能在P0010＝1快速调试时进行修改。当电动机为Y型接法时设定为U_N，电动机为△型接法时设定为$U_N/\sqrt{3}$，以保证电动机的相电压。

（8）电动机额定电流参数P0305

功能：设置电动机铭牌数据中的额定电流。

说明：

1）设定值的单位为 A。

2）对于异步电动机，电动机电流的最大值定义为变频器的最大电流 r0209。

3）对于同步电动机，电动机电流的最大值定义为变频器最大电流 r0209 的两倍。

4）电动机电流的最小值定义为变频器额定电流 r0207 的 1/32。

设定范围：0.01～10000.00。

出厂默认值：3.25。

注意：本参数只能在 P0010=1 快速调试时进行修改。当电动机为 Y 型接法时设定为 I_N，电动机为△型接法时设定为 $\sqrt{3}I_N$，以保证电动机的相电流。

（9）电动机额定功率参数 P0307

功能：设置电动机铭牌数据中的额定功率。

说明：设定值的单位为 kW。

设定范围：0.01～2000.00。

出厂默认值：0.75。

注意：本参数只能在 P0010=1 快速调试时进行修改。

（10）电动机的额定功率因数参数 P0308

功能：设置电动机铭牌数据中的额定功率。

设定范围：0.000～1.000。

出厂默认值：0.000。

注意：本参数只能在 P0010=1 快速调试时进行修改。当参数的设定值为 0 时将由变频器内部来计算功率因数。

（11）电动机的额定频率参数 P0310

功能：设置电动机铭牌数据中的额定频率。

说明：设定值的单位为 Hz。

设定范围：12.00～650.00。

出厂默认值：50。

注意：本参数只能在 P0010=1 快速调试时进行修改。如果这一参数进行了修改，变频器将自动重新计算电动机的极对数。

（12）电动机的额定转速参数 P0311

功能：设置电动机铭牌数据中的额定转速。

说明：

1）设定值的单位为 rpm。

2）参数的设定值为 0 时将由变频器内部来计算电动机的额定速度。

3）带有速度控制器的矢量控制和 V/f 控制方式必须有这一参数值。

4）在 V/f 控制方式下需要进行滑差补偿时必须要有这一参数才能正常运行。

5）如果这一参数进行了修改，变频器将自动重新计算电动机的极对数。

设定范围：0～40000。

出厂默认值：1390。

注意：本参数只能在 P0010＝1 快速调试时进行修改。

（13）选择命令源参数 P0700

功能：选择数字的命令信号源。

设定范围：0～99。

P0700＝0：工厂的缺省设置。

P0700＝1：BOP 键盘设置。

P0700＝2：由端子排输入。

P0700＝4：通过 BOP 链路的 USS 设置。

P0700＝5：通过 COM 链路的 USS 设置。

P0700＝6：通过 COM 链路的通讯板 CB 设置。

出厂默认值：2。

注意：改变 P0700 这一参数的同时也使所选项目的全部设置值复位为工厂的缺省设置值。

（14）频率设定值的选择参数 P1000

功能：设置选择频率设定值的信号源。

设定范围：0～66。

P1000＝1：MOP 设定值。

P1000＝2：模拟设定值。

P1000＝3：固定频率。

出厂默认值：2。

（15）禁止 MOP 反向参数 P1032

功能：用于确定是否选择反向。

说明：可用电动电位计的设定来改变电动机的转向。

设定范围：0～1。

P1032＝0：允许反向。

P1032＝1：禁止反向。

出厂默认值：1。

注意：本参数必须在电动电位计 P1040 已经由 P1000 选作设定时才有意义。

（16）MOP 设定值参数 P1040

功能：确定电动电位计设定（P1000＝1）时的频率设定值。

说明：设定值的单位为 Hz。

设定范围：－650.00～650.00。

出厂默认值：5.00。

（17）最低频率参数 P1080

功能：本参数设定最低的电动机运行频率。

说明：设定值的单位为 Hz。

设定范围：0.00～650.00。

出厂默认值：0.00。

注意： 这里设定的数值既适用于顺时针方向转动也适用于反时针方向转动。在一定条件下，如正在按斜坡函数曲线运行，电流达到极限，电动机运行的频率可以低于最低频率。

（18）最高频率参数 P1082

功能：本参数设定最高的电动机运行频率。

说明：设定值的单位为 Hz。

设定范围：0.00～650.00。

出厂默认值：50.00。

注意： 这里设定的数值既适用于顺时针方向转动也适用于反时针方向转动。电动机可能达到的最高运行速度受到机械强度的限制。

（19）斜坡上升时间参数 P1120

功能：斜坡函数曲线不带平滑圆弧时电动机从静止状态加速到最高频率 P1082 所用的时间，如图 4-17 所示。

说明：如果设定的斜坡上升时间太短，有可能导致变频器跳闸过电流。

设定范围：0.00～650.00。

出厂默认值：10.00。

（20）斜坡下降时间参数 P1121

功能：斜坡函数曲线不带平滑圆弧时电动机从最高频率 P1082 减速到静止停车所用的时间，如图 4-18 所示。

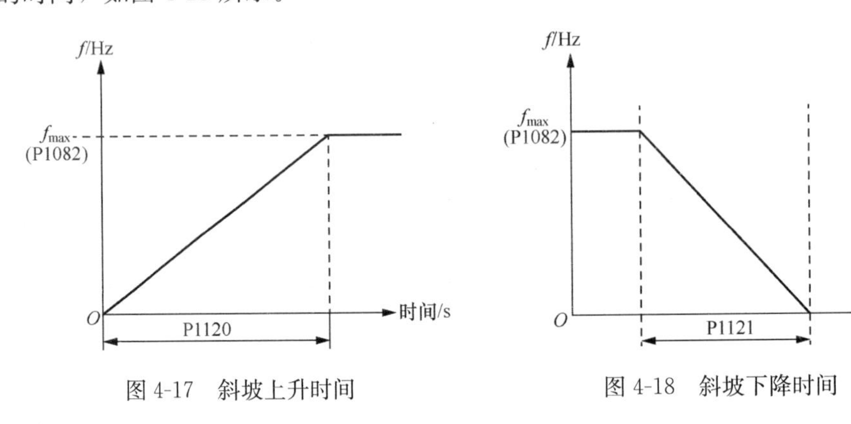

图 4-17　斜坡上升时间　　图 4-18　斜坡下降时间

说明：如果设定的斜坡下降时间太短，有可能导致变频器跳闸过电流、过电压。

设定范围：0.00～650.00。

出厂默认值：10.00。

（21）正向点动频率参数 P1058

功能：选择正向点动时由这一参数确定变频器正向点动运行的频率。

说明：所谓点动，是指以很低的速度驱动电动机转动。点动操作由面板上的点动键（Jog 键）控制，或由连接在一个数字输入端的不带锁的按钮控制，按下时接通，松开时自动复位。设定值的单位为 Hz。

设定范围：0.00～650.00。

出厂默认值：5.00。

注意：点动时采用的上升和下降斜坡时间分别在参数 P1060 和 P1061 中设定。

(22) 反向点动频率参数 P1059

功能：选择反向点动时由这一参数确定变频器正向点动运行的频率。

说明：设定值的单位为 Hz。

设定范围：0.00～650.00。

出厂默认值：5.00。

注意：点动时采用的上升和下降斜坡时间分别在参数 P1060 和 P1061 中设定。

(23) 点动的斜坡上升时间参数 P1060

功能：设定点动斜坡曲线的上升时间。

说明：设定值的单位为 s。

设定范围：0.00～650.00。

出厂默认值：10.00。

(24) 点动的斜坡下降时间参数 P1061

功能：设定点动斜坡曲线的下降时间。

说明：设定值的单位为 s。

设定范围：0.00～650.00。

出厂默认值：10.00。

(25) 数字输入 1 的功能参数 P0701

功能：选择数字输入 1 (5# 引脚) 的功能。

设定范围：0～99。

P0701＝0：禁止数字输入。

P0701＝01：接通正转/停车命令 1。

P0701＝02：接通反转/停车命令 1。

P0701＝010：正向点动。

P0701＝011：反向点动。

P0701＝012：反转。

P0701＝013：MOP（电动电位计）升速（增大频率）。

P0701＝014：MOP 降速（减小频率）。

P0701＝015：固定频率设置（直接选择）。

P0701＝016：固定频率设置（直接选择＋起动命令）。

P0701＝017：固定频率设置（二进制编码选择＋起动命令）。

出厂默认值：1。

(26) 数字输入 2 的功能参数 P0702

功能：选择数字输入 2 (6# 引脚) 的功能。

设定范围：0～99。

P0702＝0：禁止数字输入。

P0702＝01：接通正转/停车命令 1。

P0702＝02：接通反转/停车命令 1。

P0702＝010：正向点动。

P0702＝011：反向点动。

P0702＝012：反转。

P0702＝013：MOP（电动电位计）升速（增大频率）。

P0702＝014：MOP 降速（减小频率）。

P0702＝015：固定频率设置（直接选择）。

P0702＝016：固定频率设置（直接选择＋起动命令）。

P0702＝017：固定频率设置（二进制编码选择＋起动命令）。

出厂默认值：12。

（27）数字输入 3 的功能参数 P0703

功能：选择数字输入 3（7# 引脚）的功能。

设定范围：0～99。

P0703＝0：禁止数字输入。

P0703＝01：接通正转/停车命令 1。

P0703＝02：接通反转/停车命令 1。

P0703＝09：故障确认。

P0703＝010：正向点动。

P0703＝011：反向点动。

P0703＝012：反转。

P0703＝013：MOP（电动电位计）升速（增大频率）。

P0703＝014：MOP 降速（减小频率）。

P0703＝015：固定频率设置（直接选择）。

P0703＝016：固定频率设置（直接选择＋起动命令）。

P0703＝017：固定频率设置（二进制编码选择＋起动命令）。

出厂默认值：9。

注意：P0701、P0702、P0703 的设置参数是相同的，分别控制 5#、6#、7# 引脚的功能。可将 P0701、P0702、P0703 设置为不同功能，独立进行控制。P0701、P0702、P0703 还可设置为多段频率控制。

（28）模拟量输入类型参数 P0756

功能：定义模拟输入的类型，并允许模拟输入的监控功能投入。

设定范围：0～1。

P0756＝0：单极性电压输入 0～＋10V。

P0756＝1：带监控的单极性电压输入 0～＋10V。

出厂默认值：0。

注意：如果模拟标定框编程的结果得到负的设定值输出（见 P0757～P0760），则本功能被禁止。投入监控功能并定义一个死区 P0761 时，如果模拟输入电压低于 50% 死区电压，将产生故障状态 F0080。

(29) 标定模拟量输入的 X1 值参数 P0757

功能：配置模拟量输入最小电压值，如图 4-19 所示。

说明：设定值的单位为 V。

设定范围：0～10。

出厂默认值：0。

(30) 标定模拟量输入的 Y1 值参数 P0758

功能：配置模拟量输入最小电压值，对应的输出模拟量设定值，如图 4-19 所示。

说明：模拟量设定值是标称化以后采用基准频率的百分数表示的。

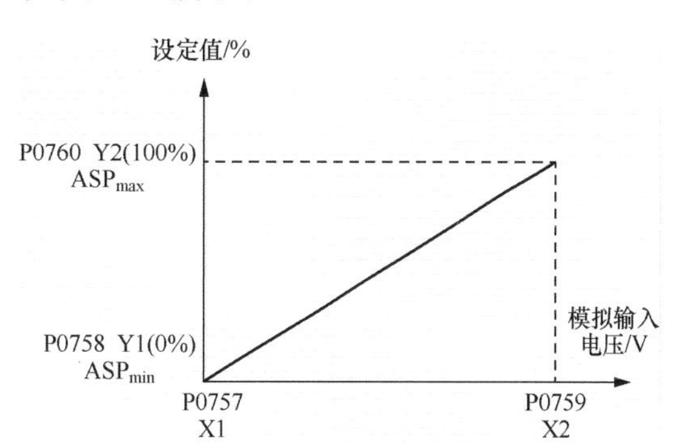

图 4-19　配置模拟量输入的标定

设定范围：－99999.9～99999.9。

出厂默认值：0.0。

(31) 标定模拟量输入的 X2 值参数 P0759

功能：配置模拟量输入最大电压值，如图 4-19 所示。

说明：设定值的单位为 V。

设定范围：0～10。

出厂默认值：10。

(32) 标定模拟量输入的 Y2 值参数 P0760

功能：配置模拟量输入最大电压值，对应的输出模拟量设定值，如图 4-19 所示。

说明：模拟量设定值是标称化以后采用基准频率的百分数表示的。

设定范围：－99999.9～99999.9。

出厂默认值：100.0。

(33) P2000 基准频率

功能：模拟设定采用的满刻度频率设定值。

设定范围：1.00～650.00。

出厂默认值：50.00。

(34) 固定频率 1 参数 P1001

功能：定义固定频率 1 的设定值。

说明：设定值的单位为 Hz。

设定范围：－650.00～650.00。

出厂默认值：0.00。

(35) 固定频率 2 参数 P1002

功能：定义固定频率 2 的设定值。

说明：设定值的单位为 Hz。

设定范围：－650.00～650.00。

出厂默认值：5.00。

（36）固定频率 3 参数 P1003

功能：定义固定频率 3 的设定值。

说明：设定值的单位为 Hz。

设定范围：－650.00～650.00。

出厂默认值：10.00。

（37）固定频率 4 参数 P1004

功能：定义固定频率 4 的设定值。

说明：设定值的单位为 Hz。

设定范围：－650.00～650.00。

出厂默认值：15.00。

（38）固定频率 5 参数 P1005

功能：定义固定频率 5 的设定值。

说明：设定值的单位为 Hz。

设定范围：－650.00～650.00。

出厂默认值：20.00。

（39）固定频率 6 参数 P1006

功能：定义固定频率 6 的设定值。

说明：设定值的单位为 Hz。

设定范围：－650.00～650.00。

出厂默认值：25.00。

（40）固定频率 7 参数 P1007

功能：定义固定频率 7 的设定值。

说明：设定值的单位为 Hz。

设定范围：－650.00～650.00。

出厂默认值：30.00。

4.1.4 西门子 MM420 变频器的各种控制形式

在确定接线无误的情况下经教师检查后通电。

1. 将变频器复位为工厂的缺省设定值

1）设定 P0010＝30。

2）设定 P0970＝1，恢复出厂设置。

大约需要 10s 才能完成复位的全部过程，将变频器的参数复位为工厂的缺省设置值。

2. 设置电动机参数

用于参数化的电动机铭牌数据如图 4-20 所示。

P0010＝1：快速调试。

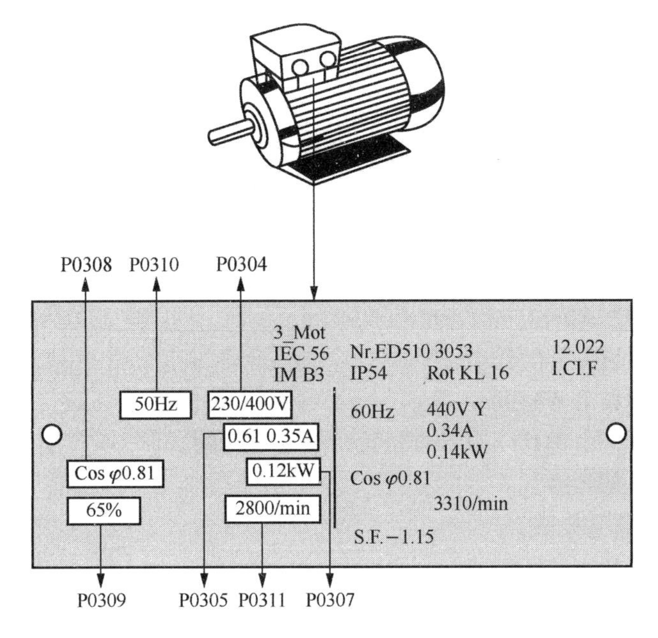

图 4-20　电动机铭牌数据

P0100＝0：功率，单位为 kW，频率默认为 50Hz。
P0304＝220：电动机额定电压，单位为 V。
P0305＝1.81：电动机额定电流，单位为 A。
P0307＝0.37：电动机额定功率，单位为 kW。
P0310＝50：电动机额定功率，单位为 Hz。
P0311＝1400：电动机额定转速，单位为 rpm。

3. 面板操作控制

P0010＝1：快速调试。
P1120＝5：斜坡上升时间。
P1121＝5：斜坡下降时间。
P0700＝1：选择由键盘输入设定值（选择命令源）。
P1000＝1：选择由键盘（电动电位计）输入设定值。
P1080＝0：最低频率。
P1082＝50：最高频率。
P0010＝0：准备运行。
P0003＝2：用户访问等级为扩展级。
P0004＝10：选择“设定值通道及斜坡发生器”。
P1032＝0：允许反向。
P1040＝30：设定键盘控制的频率。
在变频器的操作面板上按下运行键，变频器将驱动电动机在 P1120 设定的上升时间升速，并运行在由 P1040 设定的频率值上。

如果需要，可直接通过操作面板上的增加键或减少键来改变电动机的运行频率及旋转方向。

在变频器的操作面板上按下停止键，变频器将驱动电机在 P1121 设定的下降时间驱动电机减速至零。

4. 开关量操作控制

P0010＝1：快速调试。

P1120＝5：斜坡上升时间。

P1121＝5：斜坡下降时间。

P1000＝1：选择由键盘（电动电位计）输入设定值。

P1080＝0：最低频率。

P1082＝50：最高频率。

P0010＝0：准备运行。

P0003＝2：用户访问等级为扩展级。

P0004＝7：选择“数字和 I/O 通道”。

P1032＝0：允许反向。

P1058＝10：正向点动频率为 10Hz。

P1059＝8：反向点动频率为 8Hz。

P1060＝5：点动斜坡上升时间为 5s。

P1061＝5：点动斜坡下降时间为 5s。

P7000＝2：命令源选择“由端口输入”。

P0003＝2：用户访问级选择“扩展级”。

P1040＝30：设定键盘控制的频率。

P0701＝1：ON 接通正转，OFF 停止。

按下带锁按钮 SB14（5# 引脚）接通，变频器将驱动电机正转，在 P1120 设定的上升时间升速，并运行在由 P1040 设定的频率值上。断开 SB14（5# 引脚），则变频器将驱动电机在 P1121 所设定的下降时间驱动电机减速至零。

将 P0701 设置为 2，按下带锁按钮 SB14（5# 引脚）接通，变频器将驱动电机反转，在 P1120 所设定的上升时间升速，并运行在由 P1040 设定的频率值上。断开 SB14（5# 引脚），则变频器将驱动电机在 P1121 所设定的下降时间驱动电机减速至零。

将 SB14 设置为不带锁的按钮，将 P0701 设置为 10，按下按钮 SB14（5# 引脚）接通，变频器将驱动电机正转点动，在 P1060 所设定的点动上升时间升速，并运行在由 P1058 所设定的频率值上。断开 SB14（5# 引脚），则变频器将驱动电机在 P1061 所设定的点动下降时间驱动电机减速至零。

将 SB14 设置为不带锁的按钮，将 P0701 设置为 11，按下按钮 SB14（5# 引脚）接通，变频器将驱动电机反转点动，在 P1060 所设定的点动上升时间升速，并运行在由 P1059 所设定的频率值上。断开 SB14（5# 引脚），则变频器将驱动电机在 P1061 所设定的点动下降时间驱动电机减速至零。

将P0701设置为0，则按下SB14按钮无效。

依次将P0701替换为P0702、P0703，则外部控制交由SB15（6#）、SB16（7#）控制。

可分别设置P0701、P0702、P0703，分别做不同功能的控制。

5. 模拟量操作控制

P0010＝1：快速调试。

P1120＝5：斜坡上升时间。

P1121＝5：斜坡下降时间。

P1000＝2：选择由模拟量输入设定值。

P1080＝0：最低频率。

P1082＝50：最高频率。

P0010＝0：准备运行。

P0003＝2：用户访问等级为扩展级。

P0004＝10：选择“设定值通道和斜坡发生器”。

P0003＝3：用户访问级选择“专家级”。

P2000＝50：基准频率设定为50Hz。

P0701＝1：ON接通正转，OFF停止。

P0757＝0：标定模拟量输入的X1值。

P0758＝0：标定模拟量输入的Y1值。

P0759＝10：标定模拟量输入的X2值。

P0760＝100：标定模拟量输入的Y2值。

按下带锁按钮SB14（5#引脚）接通，则变频器使电动机的转速由外接电位器R_{W1}控制。断开SB14（5#引脚），则变频器将驱动电动机减速至零。

设置P0005＝22，按下带锁按钮SB14（5#引脚）接通，变频器显示当前R_{W1}控制的转速，可通过Fn键分别显示，直流环节电压、输出电压、输出电流、频率、转速循环切换。

设置P0757＝2，P0761＝2，则变频器使电动机的转速由外接电位器R_{W1}控制，同时2V以下变为模拟量控制的死区。

可分别改变P0757、P0758、P0759、P0760、P0761，观察模拟量控制的现象。

6. 二进制编码选择＋起动命令的固定频率控制

P0010＝1：快速调试。

P1120＝5：斜坡上升时间。

P1121＝5：斜坡下降时间。

P1000＝3：选择由模拟量输入设定值。

P1080＝0：最低频率。

P1082＝50：最高频率。

P0010＝0：准备运行。

P0003＝3：用户访问等级选择“专家级”。

P0004＝10：选择“设定值通道和斜坡发生器”。

P0701＝17：固定频率设置（二进制编码选择＋起动命令）。

P0702＝17：固定频率设置（二进制编码选择＋起动命令）。

P0703＝17：固定频率设置（二进制编码选择＋起动命令）。

P1001＝－15：第一段固定频率为－15Hz。

P1002＝10：第二段固定频率为10Hz。

P1003＝30：第三段固定频率为30Hz。

P1004＝18：第四段固定频率为18Hz。

P1005＝36：第五段固定频率为30Hz。

P1006＝20：第六段固定频率为20Hz。

P1007＝－32：第七段固定频率为－32Hz。

按下不同组合方式的SB14（5#引脚）、SB15（6#引脚）、SB16（7#引脚），选择P1001～P1007所设置的频率，如表4-2所示。

断开SB14（5#引脚）、SB15（6#引脚）、SB16（7#引脚），则电动机减速为0，停止运行。

设置P0005＝22，按下不同组合方式的带锁按钮SB14（5#引脚）、SB15（6#引脚）、SB16（7#引脚），变频器显示当前控制的转速，可通过Fn键分别显示，直流环节电压、输出电压、输出电流、频率、转速循环切换。

表4-2　二进制编码选择固定频率表

引脚	7#（P0703＝17）	6#（P0702＝17）	5#（P0701＝17）
FF1（P1001）	0	0	1
FF2（P1001）	0	1	0
FF3（P1003）	0	1	1
FF4（P1004）	1	0	0
FF5（P1005）	1	0	1
FF6（P1006）	1	1	0
FF7（P1007）	1	1	1
OFF（停止）	0	0	0

4.2　松下VF0变频器应用技术

课题分析

图4-21所示为常用的VF0变频器面板控制接线原理图。要求接线并设定参

数，实现 VF0 变频器面板控制、开关量操作控制、模拟量操作控制和多段固定频率控制。

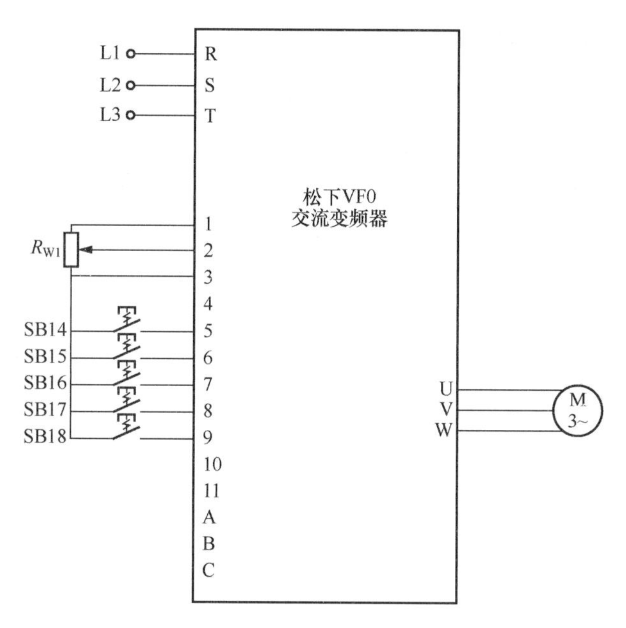

图 4-21　常用的 VF0 变频器接线原理图

4.2.1　松下 VF0 变频器的安装、接线

通常松下 VF0 变频器在控制柜中应垂直安装，如图 4-22（a）所示。其在控制柜中的安装位置应保证与周围空间有一定距离，如图 4-22（b）所示。

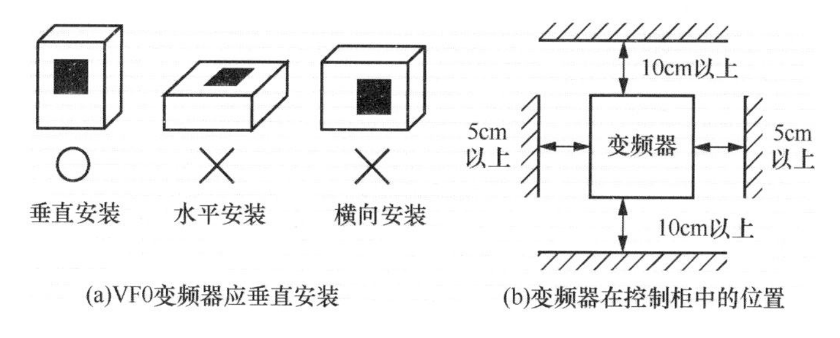

图 4-22　变频器的安装

安装时应注意：

1）应安装在金属等不易燃物品上，以避免发生火灾。

2）请勿置于可燃物品附近，以避免发生火灾。

3）搬运时请勿手持端子外壳，以免发生掉落而受伤。

4）不要让金属屑等异物落入，以避免发生火灾。

5）根据使用说明书安装在能够耐受其重量的场所，以避免掉落而受伤。

6）请勿安装和运行有损坏或缺少部件的变频器，以避免受伤。

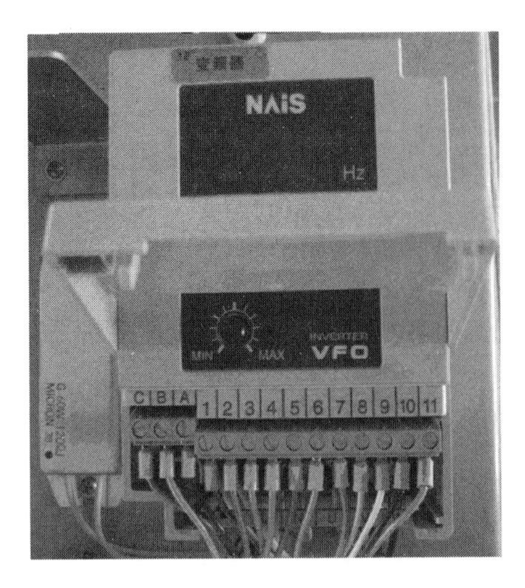

图 4-23　VF0 接线端子图

7）设置在发热物体附近或置于箱内，会使变频器的周围温度变高而降低寿命。如一定要置于箱内，则应充分考虑冷却方法和箱的尺寸。

8）周围容许温度为－10～50℃。

图 4-23 所示为 VF0 接线端子图。其中，$1^{\#}$、$2^{\#}$输出控制电压，$1^{\#}$为＋10V 电压，$2^{\#}$为 0V 电压，$3^{\#}$为模拟量输入＋端，$4^{\#}$为模拟量输入－端；$5^{\#}$～$7^{\#}$为开关量输入端，$8^{\#}$输出开关量控制电压＋24V，$9^{\#}$为开关量外接控制电源的接地端，$10^{\#}$、$11^{\#}$为内部继电器对外输出的常开触点，$12^{\#}$、$13^{\#}$为输出的 A/D 信号端，$14^{\#}$、$15^{\#}$为 RS485 通信端口。VF0 变频器接线端子功能如表 4-3 所示。

表 4-3　VF0 变频器接线端子功能

端子编号	端子功能
1	频率设定用电位器连接端子（＋5V）
2	频率设定模拟信号的输入端子
3	输入信号（$1^{\#}$、$2^{\#}$、$4^{\#}$、$5^{\#}$、$6^{\#}$、$7^{\#}$、$8^{\#}$、$9^{\#}$）的公用端子
4	多功能模拟信号输出端子（0～5V）
5	运行/停止、正转运行信号的输入端子
6	正转/反转、反转运行信号的输入端子
7	多功能控制信号 SW1 的输入端子
8	多功能控制信号 SW2 的输入端子；PWM 控制时的切换用输入端子
9	多功能控制信号 SW3 的输入端子；PWM 控制时的 PWM 信号输入端子
10	开路式集电极输出端子（C 为集电极）
11	开路式集电极输出端子（E 为发射极）
A	继电器接点输出端子（NO 为出厂配置）
B	继电器接点输出端子（NC 为出厂配置）
C	继电器接点输出端子（COM）

接线时应注意：

1）控制信号线应使用屏蔽线，并与动力线和强电电路分离布线，距离保持在 20cm 以上。

2）控制信号线的接线长度应保持在 30m 以下。

3）因为控制电路的输入信号为小信号，为防止接点输入时接触不良，可将两个小信号接点并列，使用双接点。

4）在控制端子 5# ～9# 处应连接无电压接点信号或开路式集电极信号，若外部施加电压会导致产生故障。

5）用开路式集电极输出驱动感应负荷时一定要连接旁路二极管。

4.2.2　松下 VF0 变频器参数设置方法

1. VF0 变频器操作面板

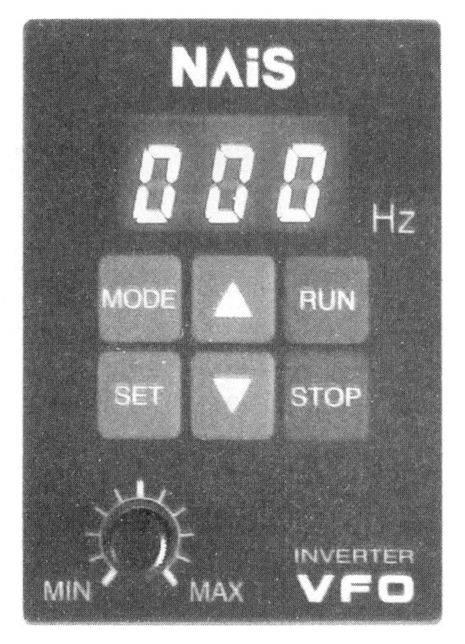

图 4-24　基本操作面板 BOP 上的按键

VF0 基本操作板 BOP 如图 4-24 所示，各按键的作用如表 4-4 所示。

表 4-4　基本操作面板 BOP 上各按键的作用

显示/按钮	功能	功能的说明
显示部位	状态显示	显示输出频率、电流、线速度、异常内容、设定功能时的数据及参数编号
RUN	运行键	使变频器运行
STOP	停止键	使变频器停止
MODE	模式键	切换“输出频率・电流显示”“频率设定、监控”“旋转方向设定”“功能设定”等各种模式，以及将数据显示切换为模式显示
SET	设定键	切换模式和数据显示以及存储数据；在“输出频率・电流显示”模式下进行频率和电流显示的切换
▲	上升键	改变数据或输出频率以及利用操作面板使其正转运行时用于设定正转方向
▼	下降键	改变数据或输出频率以及利用操作面板使其反转运行时用于设定反转方向
MIN MAX	频率设定按钮	用操作面板设定运行频率使用的旋钮

2. VF0 变频器参数设置方法

例如，将参数 P08 设置值由默认的 0 改为 2，操作流程如下。

1）变频器送电后面板显示如图 4-25 所示。

2）按模式键（MODE 键）三次，LED 显示器显示 P01，如图 4-26 所示。

图 4-25　送电后面板显示

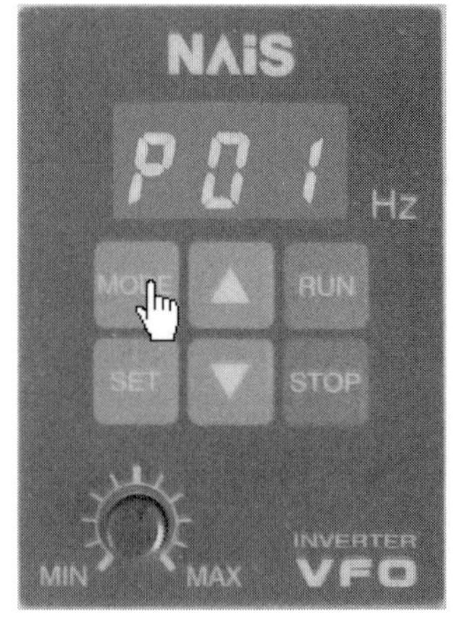

图 4-26　操作步骤 2）

3）按上升键（▲键），直到 LED 显示器显示 P08，如图 4-27 所示。

4）按设定键（SET 键），LED 显示器显示 P08 参数默认的数值 0，如图 4-28 所示。

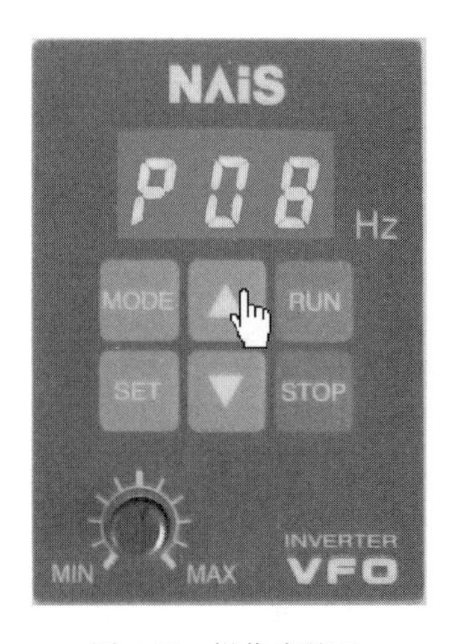

图 4-27　操作步骤 3）

图 4-28　操作步骤 4）

5）按上升键（▲键），直到 LED 显示器的显示值增大，当增大到 2 时如图 4-29 所示。

6）当达到设置的数值时，按设定键（SET 键）确认当前设定值，如图 4-30 所示。

7）按设定键（SET 键）后，LED 显示器显示 P09，此时 P08 参数的数值被修改成 2，如图 4-31 所示。

8）按照上述步骤可对变频器的其他参数进行设置。

9）当所有参数设置完毕后，可按模式键（MODE 键）返回，如图 4-32 所示。

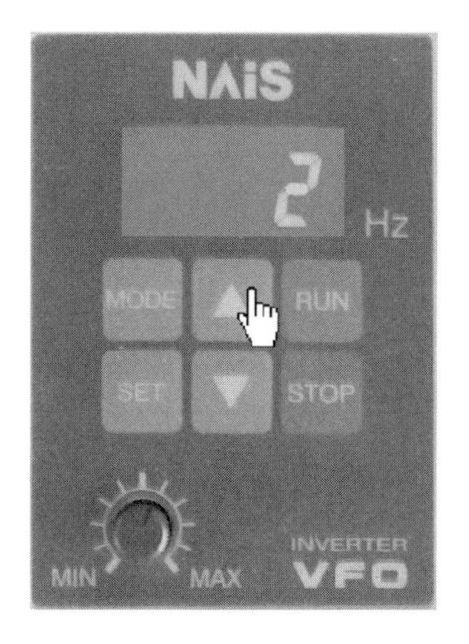

图 4-29　操作步骤 5）

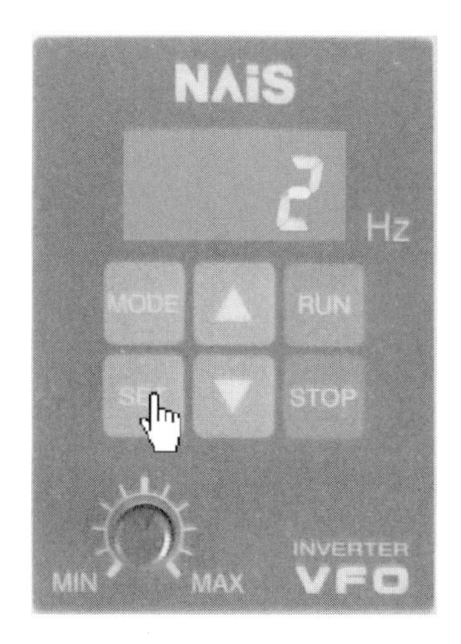

图 4-30　操作步骤 6）

图 4-31　操作步骤 7）

图 4-32　操作步骤 9）

10）按模式键（MODE 键）后面板显示 000，如图 4-33 所示。

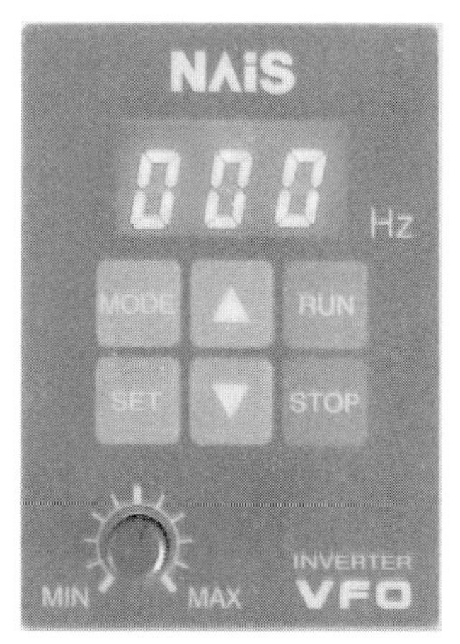

图 4-33　操作步骤 10）

4.2.3　松下 VF0 变频器常用参数简介

（1）第一加速时间参数 P01

功能：可设定从 0.5Hz 到最大输出频率的加速时间。

设定范围：0.04（0.1）～999。

说明：设定 0.04s 时显示“000”。

（2）第一减速时间参数 P02

功能：可设定从最大输出频率到 0.5Hz 的减速时间。

设定范围：0.04（0.1）～999。

说明：设定0.04s时显示“000”。

注意：最大输出频率可用参数P03、P15设定。

（3）V/F方式参数P03

功能：在最大输出频率（50～250Hz）之中可单独设定50～60Hz和50～250Hz的V/F方式。

设定范围：50、60、FF。

P03＝50：50Hz模式。

P03＝60：60Hz模式。

P03＝FF：自由模式。

注意：50Hz模式时，最大输出频率＝基底频率＝50Hz；60Hz模式时，最大输出频率＝基底频率＝60Hz；自由模式时，可用P15设定最大输出频率，用P16设置基底频率。

（4）V/F曲线参数P04

功能：选择设定恒定转矩模式和平方转矩模式。

设定范围：0、1。

P04＝0：恒定转矩模式，用于机械类负载。

P04＝1：平方转矩模式，用于风机、泵类负载。

（5）力矩提升参数P05

功能：设定与负荷特性相应的力矩提升。

设定范围：0～40。

（6）选择电子热敏功能参数P06

功能：设定选择电子热敏功能。

设定范围：0、1、2、3。

P06＝0：无设定功能，但在变频器额定电流的140％电流下1min则会显示OL跳闸。

P06＝1：有设定功能，输出频率不降低。

P06＝2：有设定功能，输出频率降低。

P06＝3：有设定功能，强制风冷电动机规格。

（7）设定热敏继电器电流参数P07

功能：设定电流×100％，不动作；设定电流×125％，动作。

设定范围：0.1～100。

（8）选择运行指令参数P08

功能：可选择用操作面板或用外控操作的输入信号来运行/停止和正转/反转。

设定范围：0、1、2、3、4、5。各自的含义如表4-5所示。

表 4-5　选择运行指令参数 P08 的含义

设定参数	控制方式	操作面板复位功能	操作方法及控制端子连接图
0	面板控制	有	运行，RUN；停止，STOP；正转/反转，用 dr 模式设定
1			正转运行，▲为 RUN；反转运行，▼为 RUN；停止，STOP
2	外部端口控制	无	3 共用端子 5 ON：运行/ OFF：停止 6 ON：反转/ OFF：正转
4		有	
3		无	3 共用端子 5 ON：正转运行/ OFF：停止 6 ON：反转运行/ OFF：停止
5		有	

(9) 频率设定信号参数 P09

功能：可选择利用面板操作或外部操作的输入信号来进行频率设定信号的操作。

设定范围：0、1、2、3、4、5。各自的含义如表 4-6 所示。

表 4-6　频率设定信号参数 P09 的含义

设定参数	控制方式	设定信号内容	操作方法及控制端子连接图
0	面板控制	电位器设定	频率设定旋钮：Max，最大频率；Min，最小频率
1		数字设定	用 MODE、▲、▼、SET 键，利用 Fr 模式进行设定
2	外部端口控制	电位器	端子 1#、2#、3#，将电位器中心抽头接 2#
4		0～5V 电压信号	端子 2#（+）、3#（−）
3		0～10V 电压信号	端子 2#（+）、3#（−）
5		4～20mA 电流信号	端子 2#（+）、3#（−），在 2#、3# 之间连接 200Ω 电阻

(10) 反转锁定参数 P10

功能：禁止反转运行。

设定范围：0、1。

P10=0：能够反转运行。

P10=1：禁止反转运行。

(11) 停止模式参数 P11

功能：选择减速停止或惯性停止。

设定范围：0、1。

P11=0：减速停止，依据停止信号根据减速时间降低频率后停止。

P11=1：惯性停止，依据停止信号即刻停止变频器的输出。

(12) 停止频率参数 P12

功能：减速停止变频器时，可设定停止变频器输出的频率。

设定范围：0.5～60。

(13) DC 制动时间参数 P13

功能：设定直流制动时间。

设定范围：000·0.1～120。

说明：设定为 000 时，无直流制动功能。

(14) DC 制动水平参数 P14

功能：设定直流制动水平。

设定范围：0～100。

说明：设定单位为 5 刻度，数值越大制动力越大。

(15) SW1 功能选择参数 P19

功能：设定控制 7# 端子的控制功能。

设定范围：0～7。

P19=0：多速 SW1 输入。

P19=1：输入复位。

P19=2：输入复位锁定。

P19=3：输入点动选择。

P19=4：输入外部异常停止。

P19=5：输入惯性停止。

P19=6：输入频率信号切换。

P19=7：输入第二特征选择。

(16) SW2 功能选择参数 P20

功能：设定控制 8# 端子的控制功能。

设定范围：0～7。

P20=0：多速 SW1 输入。

P20=1：输入复位。

P20=2：输入复位锁定。

P20=3：输入点动选择。

P20=4：输入外部异常停止。

P20=5：输入惯性停止。

P20=6：输入频率信号切换。

P20=7：输入第二特征选择。

(17) SW3 功能选择参数 P21

功能：设定控制 9# 端子的控制功能。

设定范围：0～8。

P21=0：多速 SW1 输入。

P21=1：输入复位。

P21=2：输入复位锁定。

P21=3：输入点动选择。

P21＝4：输入外部异常停止。
P21＝5：输入惯性停止。
P21＝6：输入频率信号切换。
P21＝7：输入第二特征选择。
P21＝8：设定频率▲、▼。
（18）点动频率参数 P29
功能：设定点动运行频率。
设定范围：0.5～250。
（19）点动加速时间参数 P30
功能：设定点动加速时间。
设定范围：0.04（0.1）～999。
说明：设定 0.04s 时显示“000”。
（20）点动减速时间参数 P31
功能：设定点动减速时间。
设定范围：0.04（0.1）～999。
说明：设定 0.04s 时显示“000”。
（21）第 2～8 速频率参数 P32～P38
功能：设定第 2～8 速频率值。
设定范围：0.00 · 0.5～250。
说明：设定 000 时为 0 位螺栓制动。
（22）初始化参数 P66
功能：将设定数据恢复为出厂值。
设定范围：0、1。
P66＝0：显示通常状态的数据值。
P66＝1：将所有数据恢复为出厂时的数据。

4.2.4　松下 VF0 变频器的各种控制形式

1. 将变频器复位为工厂的缺省设定值

设定 P66＝1，恢复出厂设置。

2. 面板控制

1）P08＝0，面板控制，运行为 RUN，停止为 STOP，正转/反转用 dr 模式设定。
2）P09＝0，电位器设定，频率设定旋钮 Max 为最大频率，Min 为最小频率。
3）正转运行的操作流程如图 4-34 所示。
4）反转运行的操作流程如图 4-35 所示。

3. 外部端口控制

1）将运行/停止、正转/反转变为外部端口控制，即参数 P08 设置不同时，对应端口的功能也不同，如图 4-36 所示。

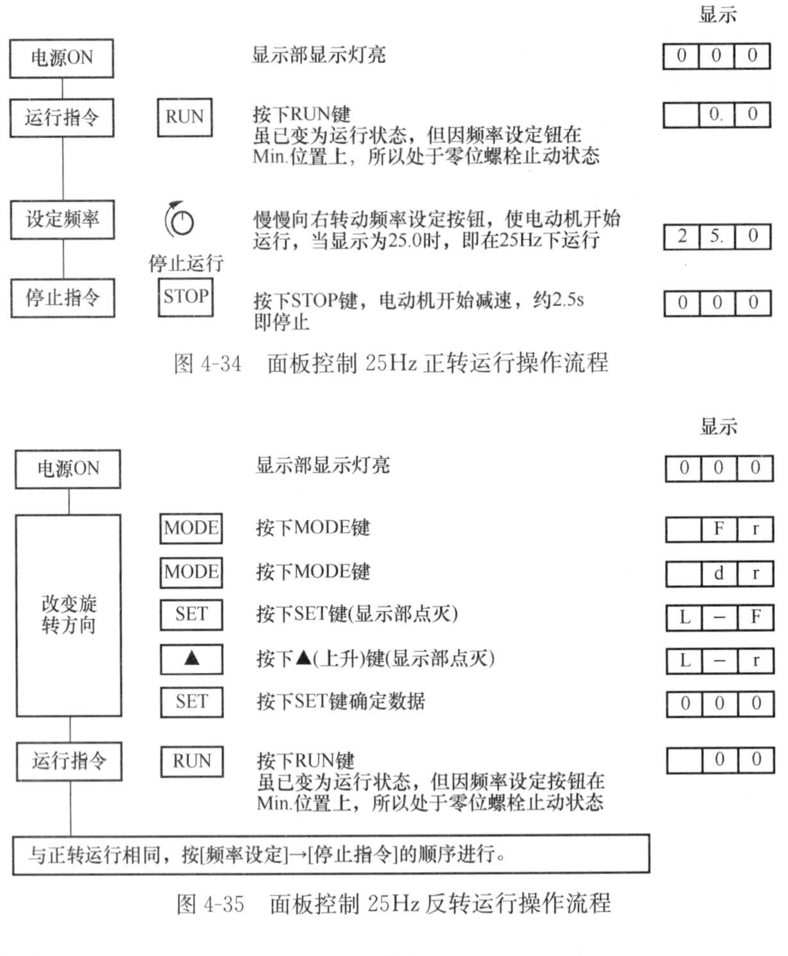

图 4-34　面板控制 25Hz 正转运行操作流程

图 4-35　面板控制 25Hz 反转运行操作流程

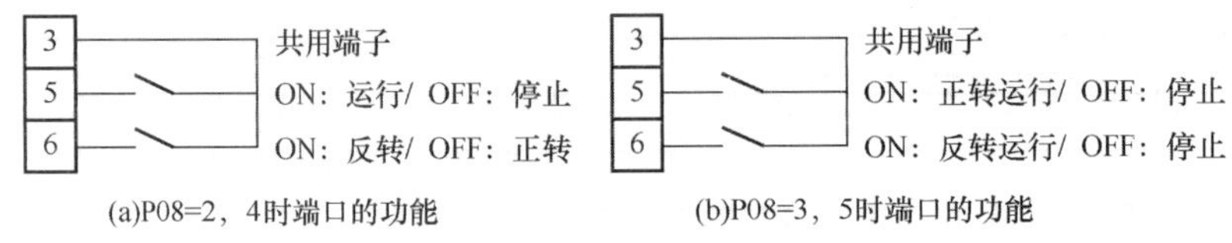

图 4-36　外部端口控制功能

2）将频率设定信号变为外控电位器控制，将参数 P09 的数据由“0”改为“2”。

3）完成数据设定后即可进入运行的状态，具体设置如图 4-37 所示。

4. 多段速频率控制

设置变频器为外部端口控制方式。

P19＝0：7# 端子为多速 SW1 输入功能。

P20＝0：8# 端子为多速 SW2 输入功能。

P21＝0：9# 端子为多速 SW3 输入功能。

P32＝－15：第二段固定频率为－15Hz。

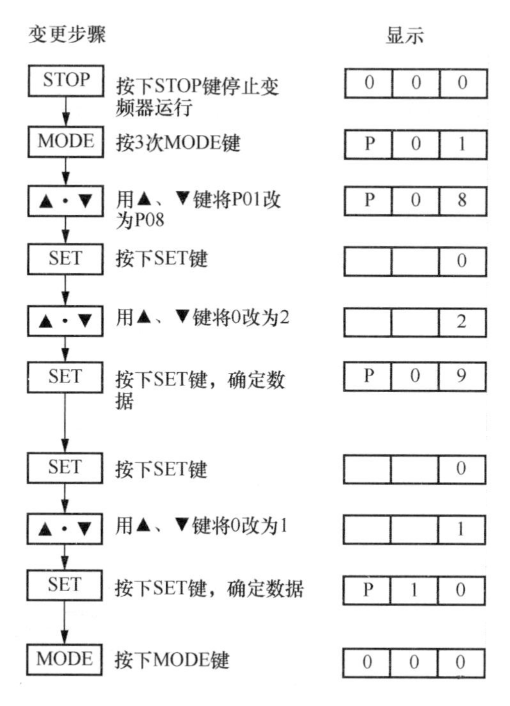

图 4-37　外部端口控制操作流程

P33＝10：第三段固定频率为 10Hz。

P34＝30：第四段固定频率为 30Hz。

P35＝18：第五段固定频率为 18Hz。

P36＝30：第六段固定频率为 30Hz。

P37＝20：第七段固定频率为 20Hz。

P38＝－32：第八段固定频率为－32Hz。

按下不同组合方式的 SB15（7# 引脚）、SB16（8# 引脚）、SB17（9# 引脚），选择 P32～P38 所设置的频率，如表 4-7 所示。

表 4-7　二进制编码选择固定频率表

引脚	9#（P21＝0）	8#（P20＝0）	7#（P19＝0）
第 1 速	0	0	0
第 2 速（P32）	0	0	1
第 3 速（P33）	0	1	0
第 4 速（P34）	0	1	1
第 5 速（P35）	1	0	0
第 6 速（P36）	1	0	1
第 7 速（P37）	1	1	0
第 8 速（P38）	1	1	1

注：第 1 速为 P09 所设置的频率设定信号的指令值。

第 5 章　自动化生产线的安装调试

5.1　自动分拣系统的安装与调试

课题分析

PLC 控制的输送带分拣装置如图 5-1 所示。其控制要求如下：

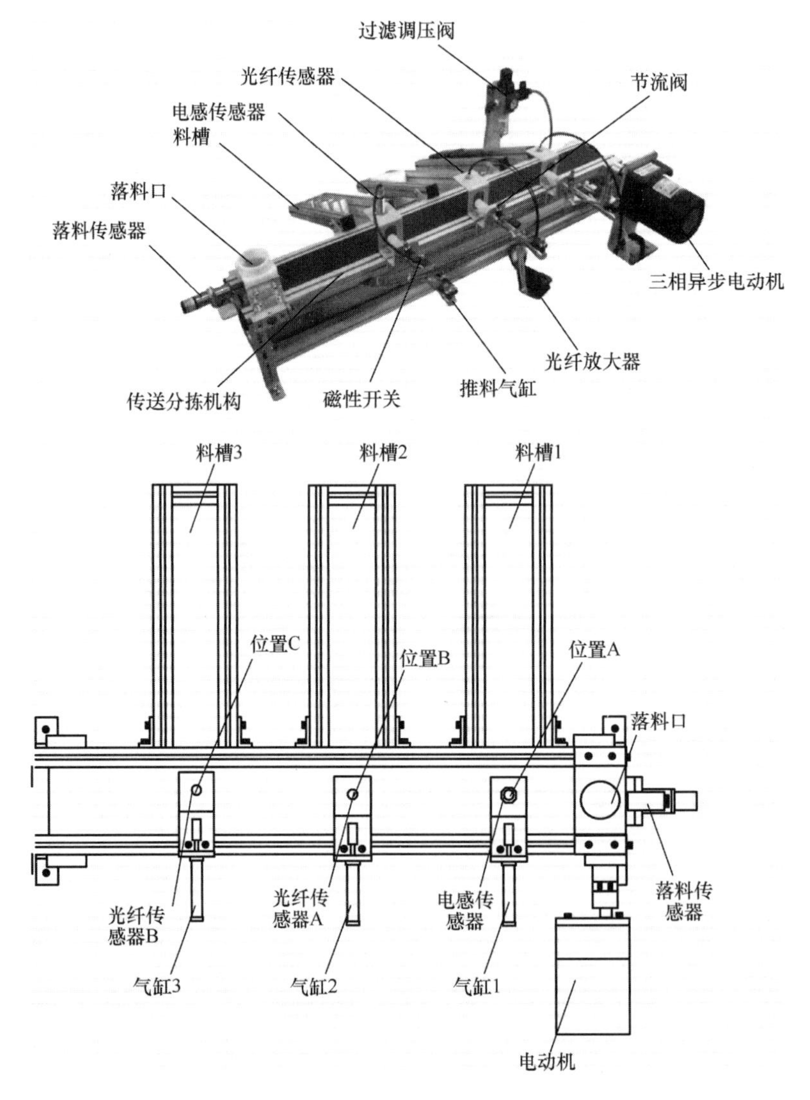

图 5-1　输送带分拣装置

××生产线生产金属圆柱形和塑料圆柱形两种元件，该生产线分拣设备的任务是将金属元件、白色塑料元件和黑色塑料元件进行分拣。

按下起动按钮SB1，设备起动。当落料传感器检测到有元件投入落料口时，皮带输送机按由位置A到位置C的方向运行，拖动皮带输送机的三相交流电动机的运行。

若投入的是金属元件，则送达位置A，皮带输送机停止，位置A的气缸活塞杆伸出，将金属元件推入出料斜槽1，然后气缸活塞杆自动缩回复位。

若投入的是白色塑料元件，则送达位置B，皮带输送机停止，位置B的气缸活塞杆伸出，将白色塑料元件推入出料斜槽2，然后气缸活塞杆自动缩回复位。

若投入的是黑色塑料元件，则送达位置C，皮带输送机停止，位置C的气缸活塞杆伸出，将黑色塑料元件推入出料斜槽3，然后气缸活塞杆自动缩回复位。

在位置A、B或C的气缸活塞杆复位后才可在皮带输送机上放入下一个待分拣的元件。按下停止按钮，则在元件分拣完成后自动停止。

课题目的 ➡

1. 能根据要求进行I/O分配。
2. 能在三菱FX2N系列PLC上进行安装接线。
3. 能根据工艺要求进行程序设计并调试。

课题重点 ➡

1. 能根据工艺要求进行程序设计。
2. 调试程序达到控制要求。

课题难点 ➡

根据不同要求编制控制程序并进行调试。

5.1.1　分拣输送带简单分拣处理程序

设定输入/输出（I/O）分配表，如表5-1所示。

表5-1　PLC控制输送带分拣的I/O分配表

输入		输出	
输入设备	输入编号	输出设备	输出编号
起动按钮SB1	X000	输送带电动机	Y000
停止按钮SB2	X001	气缸1推出开关	Y001
落料传感器	X002	气缸2推出开关	Y002
电感传感器	X003	气缸3推出开关	Y003
光纤传感器A	X004		
光纤传感器B	X005		
气缸1推出磁性开关	X006		
气缸1缩回磁性开关	X007		
气缸2推出磁性开关	X010		
气缸2缩回磁性开关	X011		
气缸3推出磁性开关	X012		
气缸3缩回磁性开关	X013		

要实现上述输送带分拣过程，首先要对传感器进行设定和调整。落料传感器通常采用电容式接近开关，应调整为既能检测到金属元件又能检测到白色塑料元件和黑色塑料元件的状态。通常这类传感器对上述三类元件的敏感程度依次为金属元件、白色塑料元件、黑色塑料元件，因此只需调整为投入黑色塑料元件能检测到即可。电感传感器只能用于检测金属元件，因此调整为检测到金属元件即可。

光纤传感器的放大器如图 5-2 所示，调节其中部的旋转灵敏度高速旋钮可进行放大器灵敏度的调节。调节时可看到“入光量显示灯”发光情况的变化。当检测到物料时，“动作显示灯”会发光，提示检测到物料。

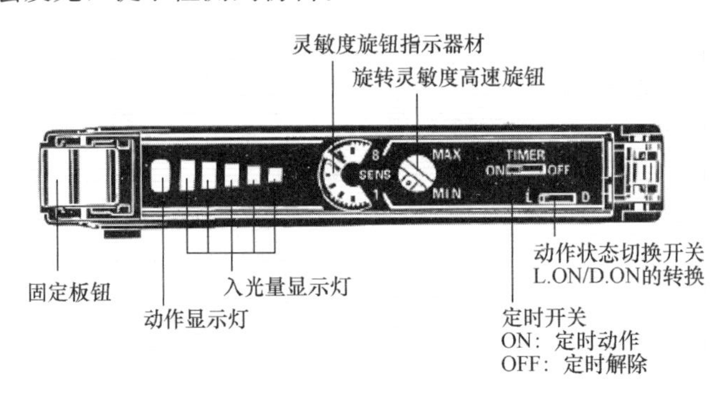

图 5-2　光纤传感器的放大器

光纤传感器 A 调整灵敏度为可检测白色塑料元件，注意此时光纤传感器 A 也能检测到金属元件。光纤传感器 B 调整灵敏度为可检测黑色塑料元件，注意此时光纤传感器 B 也能检测到金属元件和白色塑料元件。

调整好各类传感元件后，由于金属元件推入出料斜槽 1，则光纤传感器 A 只可能检测到白色塑料元件，同理光纤传感器 B 只可能检测到黑色塑料元件，因此编程较为简单，按照工艺控制要求编写状态转移图，如图 5-3 所示。

5.1.2　分拣输送带自检处理程序

若将控制要求改变如下：

按下起动按钮 SB1，设备起动。当落料传感器检测到有元件投入落料口时，皮带输送机按由位置 A 到位置 C 的方向运行，拖动皮带输送机的三相交流电动机的运行。

若投入的是金属元件，则送达位置 B，皮带输送机停止，位置 B 的气缸活塞杆伸出，将金属元件推入出料斜槽 2，然后气缸活塞杆自动缩回复位。

若投入的是白色塑料元件，则送达位置 C，皮带输送机停止，位置 C 的气缸活塞杆伸出，将白色塑料元件推入出料斜槽 3，然后气缸活塞杆自动缩回复位。

若投入的是黑色塑料元件，则送达位置 A，皮带输送机停止，位置 A 的气缸活塞杆伸出，将黑色塑料元件推入出料斜槽 1，然后气缸活塞杆自动缩回复位。

在位置 A、B 或 C 的气缸活塞杆复位后才可向皮带输送机上放入下一个待分拣的元件。按下停止按钮，则在元件分拣完成后自动停止。

根据上述工艺要求，可使用原有的 I/O 分配，但控制程序将麻烦很多。例如，由

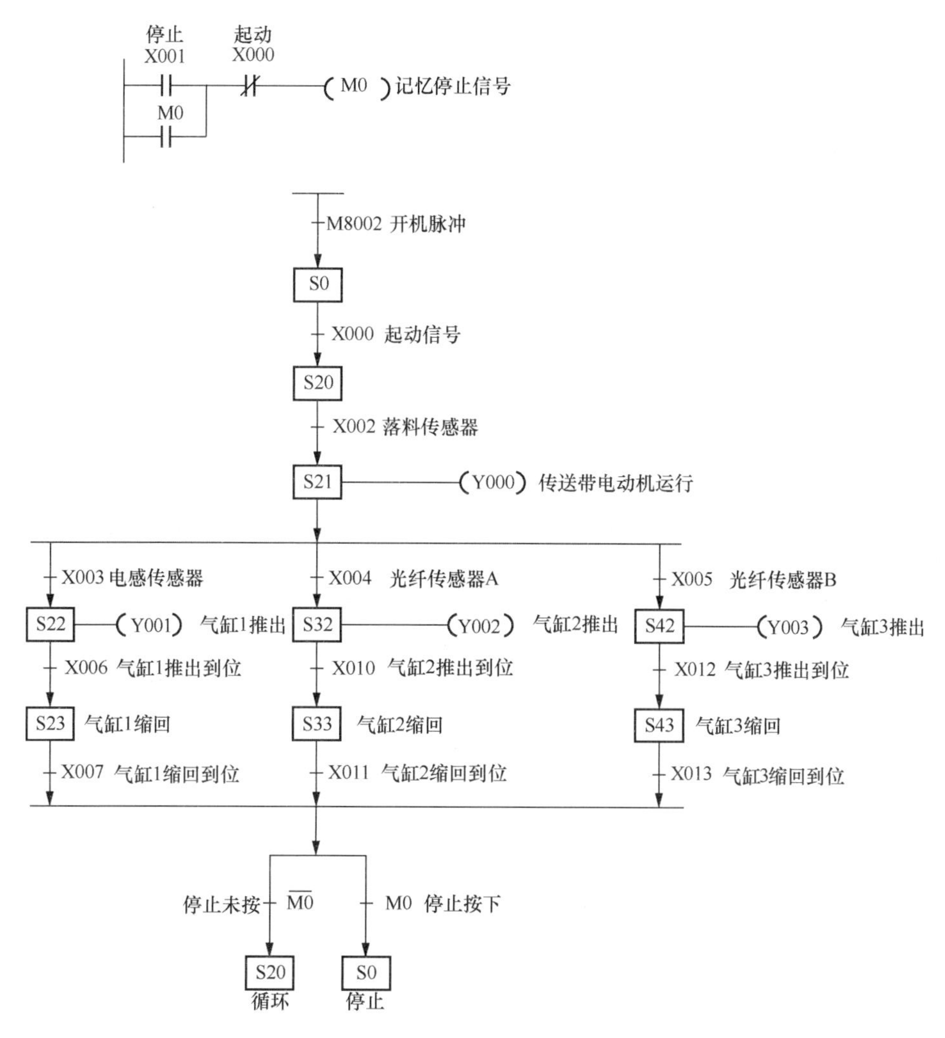

图 5-3　分拣输送带简单分拣处理程序的状态转移图

于黑色塑料元件要在 A 位置推入出料斜槽 1，则必须在 A 位置就判断出投入的元件是否是黑色塑料元件。

此时可借用落料传感器和电感传感器在 A 位置判别元件的属性。落料传感器为电容传感器，它对金属元件与白色塑料元件的敏感度差不多，但对黑色塑料元件的灵敏度明显低于金属元件与白色塑料元件，即黑色塑料元件、白色塑料元件、金属元件分别投入落料口后，随输送带转动而远离电容传感器时，最先消失信号的是黑色塑料元件，其次为金属元件或白色塑料元件。当元件进入电感传感器的下方时，若电感传感器检测出有信号，此时的元件即为金属元件；若检测不到，则此时的元件为白色塑料元件。根据此规则在 A 位置就可判断出投入的元件属性。

假设输送带转动后，黑色塑料元件在 0.4s 后落料传感器就检测不到，而元件在 0.9s 后一定会运行到电感传感器下方，编写控制梯形图如图 5-4 所示。图中，当落料传感器检测到投入元件时置位 M0，利用 M0 保持进行计时，分别用 T0 计时 0.4s、T1

计时 0.9s、T2 计时 1.3s。0.4s 到的瞬间，落料传感器检测不到元件，则该元件为黑色塑料元件；落料传感器仍能检测到元件，则该元件为白色塑料元件或金属元件。0.9s 到的瞬间，对白色塑料元件或金属元件用电感传感器检测，检测不到则为白色塑料元件，检测到则为金属元件。1.3s 到，复位记忆元件 M0。

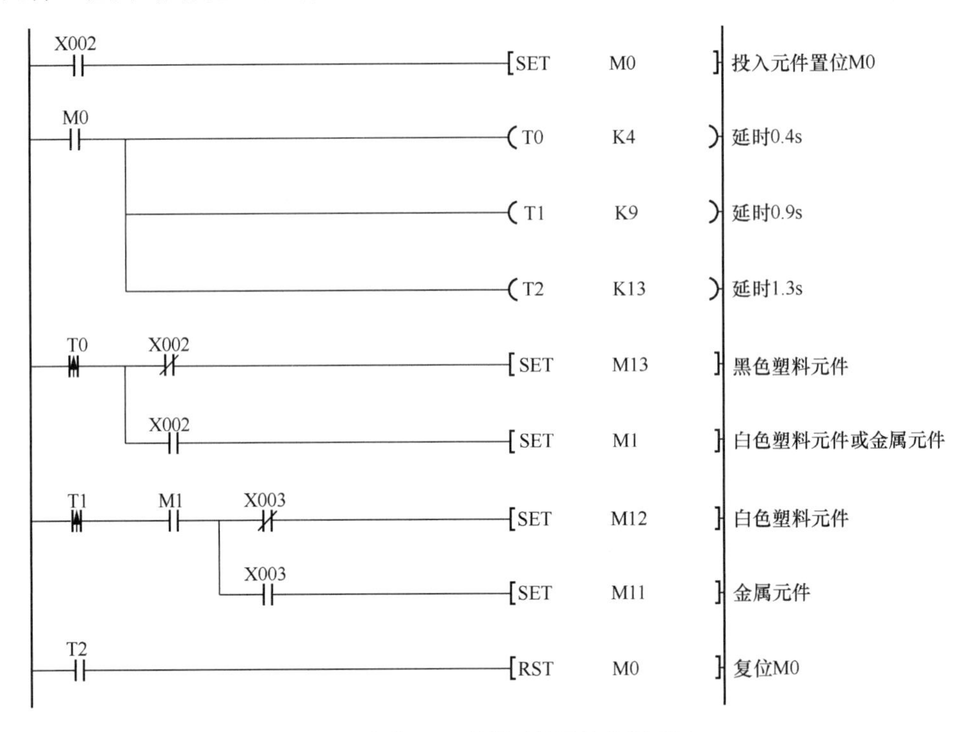

图 5-4　在位置 A 判断元件属性的梯形图

图 5-4 中的检测使用了三个定时器，可采用如图 5-5 所示的形式用一个定时器解决问题。

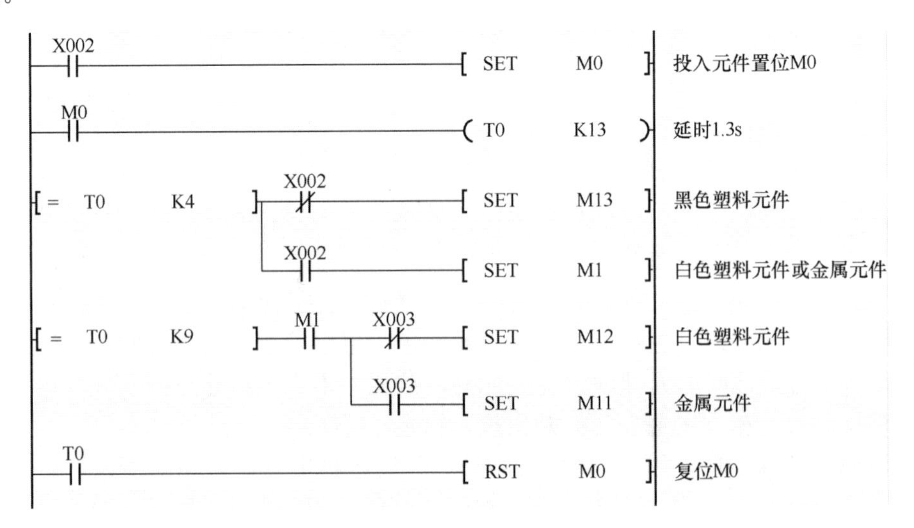

图 5-5　用一个定时器在位置 A 判断元件属性的梯形图

当然，检测的方式多种多样，可换个角度考虑。假定投入元件后落料传感器检测到的元件为黑色塑料元件，若 0.4s 后仍能被落料传感器检测，则认为是白色元件；若 0.9s 时被电感传感器检测到，则为金属元件。按照该思路的控制梯形图如图 5-6 所示。图中，当落料传感器检测到投入元件时置位 M0，利用 M0 保持进行计时，分别用 T0 计时 0.4s、T1 计时 0.9s、T2 计时 1.3s。直接设定该元件为黑色塑料元件，0.4s 到的瞬间，落料传感器仍能检测到元件，则该元件为白色塑料元件，清除原有黑色塑料元件的设定，检测不到则说明设定正确。0.9s 到的瞬间，电感传感器检测，检测到则为金属元件，清除原有白色塑料元件的设定，检测不到则说明设定正确。1.3s 到，复位记忆元件 M0。

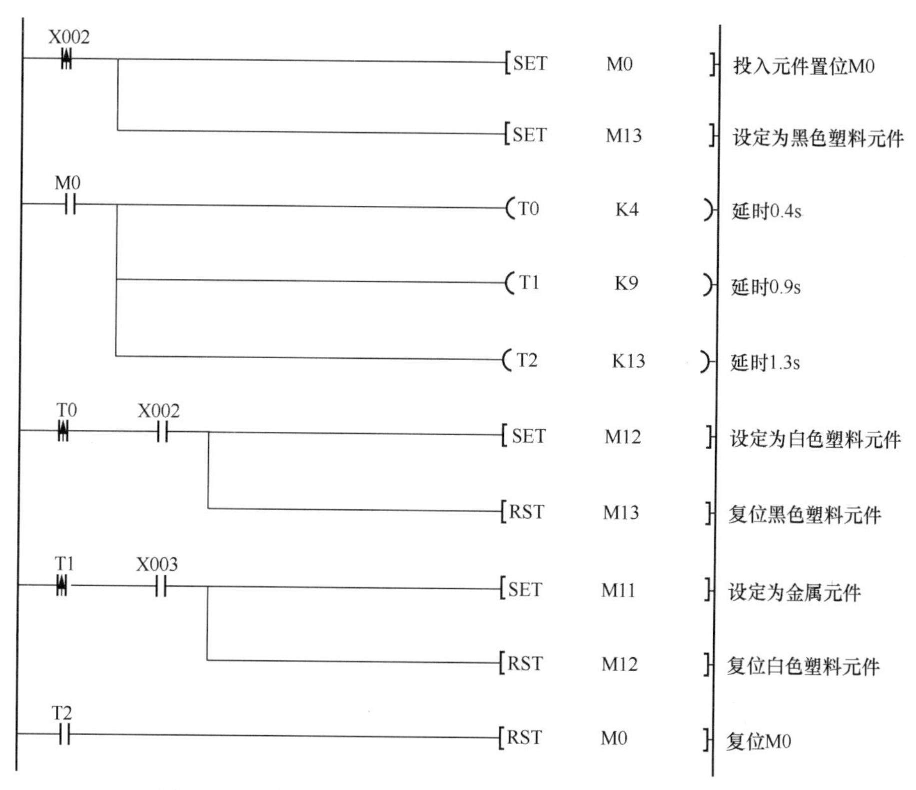

图 5-6　用排除假设的方法在位置 A 判断元件属性的梯形图

上述程序中的两个时间 0.4s、0.9s 是预先假定的。以上的检测方式其准确性来源于时间，而该时间跟传感器的安装位置、调整的灵敏度都有关，想要准确地得到时间值，需反复调试、测试。在实际控制程序中人们通常采用自检的方式用机器来测试时间、调整时间。可采用两次投料检测时间，如图 5-7 所示。只需依次投入金属元件一次、黑色塑料元件一次，即可获取 D0、D1 两个时间数据，将图 5-4～图 5-6 中的 K4 用 D0 替代，K9 用 D1 替代，即可实现时间的自动检测设定。另外，若输送带运行速度太快，则可考虑用 0.01s 的定时器完成该工作。

将自检程序、元件识别程序用 X020 输入进行隔离，按下 X020 输入进行自检，松开 X020 输入进行元件识别，如图 5-8 所示。

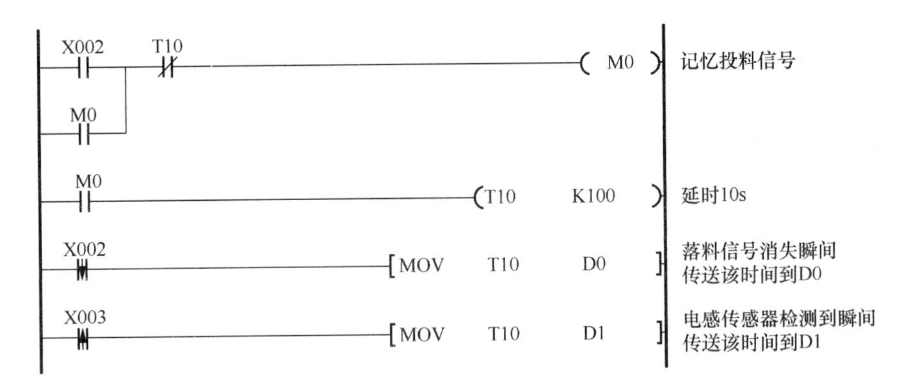

图 5-7 时间自检梯形图

注意：自检时必须依次投入金属元件一次、黑色塑料元件一次，顺序不可颠倒，否则会造成出错。

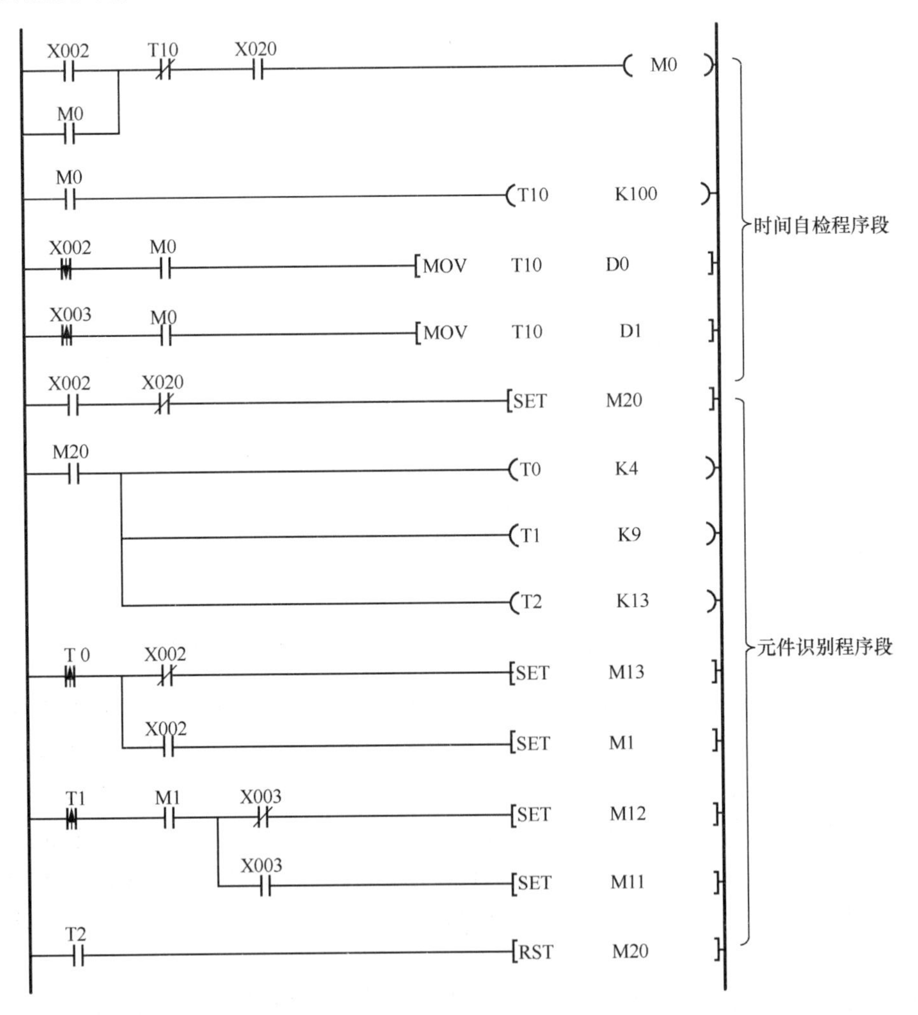

图 5-8 带自检处理程序、在位置 A 判断元件属性的梯形图

图 5-8 配合图 5-9 所示的分拣状态转移图即可实现投入金属元件则送达位置 B、推入出料斜槽 2，投入白色塑料元件则送达位置 C、推入出料斜槽 3，投入黑色塑料元件则送达位置 A、推入出料斜槽 1 的控制要求。

必须指出，图 5-9 的状态图中只是体现了各类元件的到位检测信号。实际应用中，传感器检测的是元件的边缘，因此各类元件若要准确地推入出料斜槽，在各元件进入推料状态后还需进一步调整延时，控制电动机的停止。同时，电动机是惯性负载，停止信号发出后是否立即停止，还跟驱动电动机的变频器的输出频率以及变频器的下降时间参数有关。图 5-9 中假定电动机运行并输送元件到达出料斜槽 1 的位置的时间为 1s。

5.1.3　分拣输送带单料仓包装问题

分拣输送带的单一属性元件分拣通常较为简单，但实际生产中通常提出料仓组合包装的要求。例如，控制功能提出如下要求：

通过皮带输送机位置的进料口到达输送带上的元件，分拣的方式为：放入输送带上金属、白色塑料或黑色塑料中每种元件的第一个，由位置 A 的气缸 1 推入出料斜槽 1；每种元件第二个由位置 B 的气缸 2 推入出料斜槽 2；每种元件第二个以后的则由位置 C 的气缸 3 推入出料斜槽 3。每次将元件推入斜槽，气缸活塞杆缩回后，从进料口放入下一个元件。

当出料斜槽 1 和出料斜槽 2 中各有 1 个金属、白色塑料和黑色塑料元件时，设备停止运行，此时指示灯 HL1（Y004）按亮 1s、灭 1s 的方式闪烁，指示设备正在进行包装。包装时间规定为 5s。完成包装后，设备继续运行，进行下一轮的分拣与包装。

按照该控制要求，则必须进一步知道每根出料斜槽中放入了哪些元件。采用 M11、M12、M13 分别记忆输送带上的金属、白色塑料、黑色塑料元件；采用 M21、M22、M23 分别记忆出料斜槽 1 中的金属、白色塑料、黑色塑料元件；采用 M31、M32、M33 分别记忆出料斜槽 2 中的金属、白色塑料、黑色塑料元件。

出料斜槽 1 的驱动条件为：当元件到达位置 A 时，检测到输送带上的元件为金属元件，当出料斜槽 1 中无金属元件时，则推料气缸 1 动作；检测到输送带上的元件为白色塑料元件，当出料斜槽 1 中无白色塑料元件时，则推料气缸 1 动作；检测到输送带上的元件为黑色塑料元件，当出料斜槽 1 中无黑色塑料元件时，则推料气缸 1 动作；否则推料气缸 1 不动作。

如图 5-10 所示，推料气缸 1 的动作由状态 S22 控制，则可得出进入 S22 状态的条件为

$$S22 = (M11 \cdot \overline{M21} + M12 \cdot \overline{M22} + M13 \cdot \overline{M23}) \cdot T3$$

驱动气缸 1 动作的同时需记忆出料斜槽 1 中的元件性质。

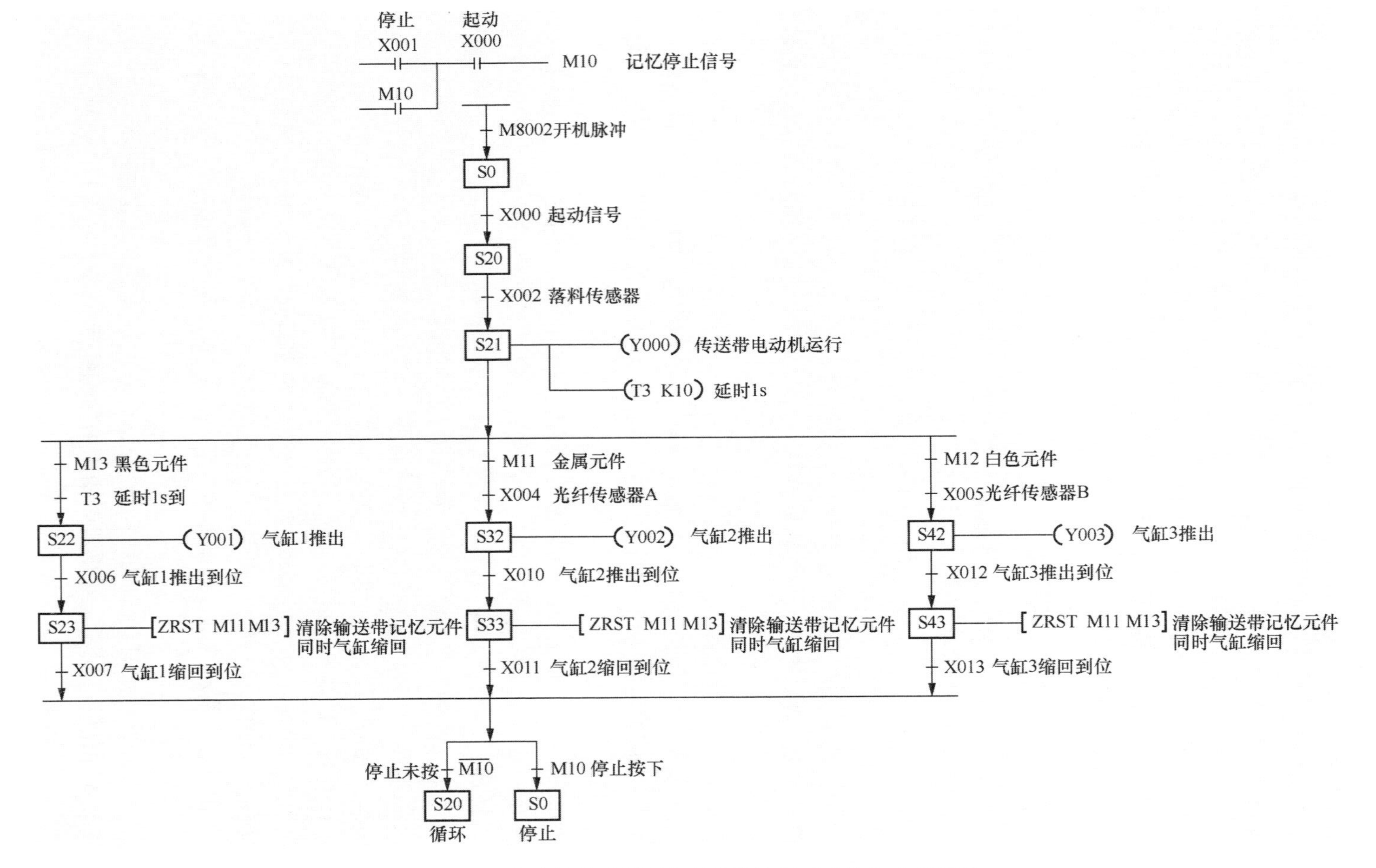

图 5-9　配合检测梯形图可实现分拣控制要求的状态转移图

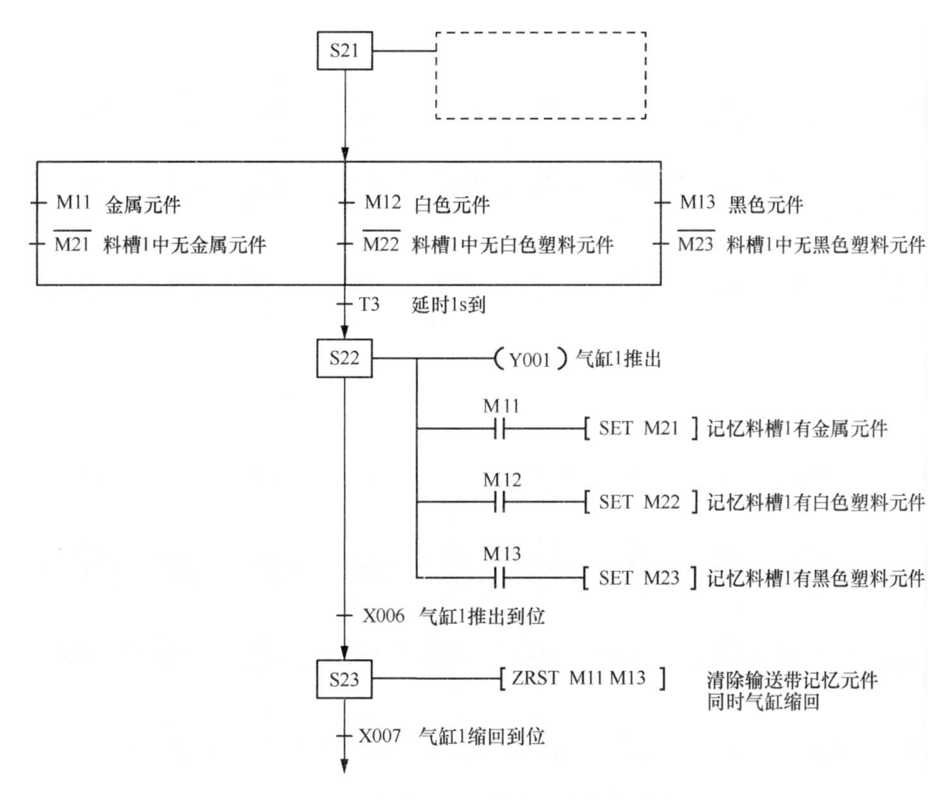

图 5-10　出料斜槽 1 的控制程序状态转移图

此时将位置 B 的光纤传感器 A 调整为可检测到任何属性元件，同理可得出出料斜槽 2 的驱动条件为：当元件到达位置 B 时，检测到输送带上的元件为金属元件，当出料斜槽 2 中无金属元件时，则推料气缸 2 动作；检测到输送带上的元件为白色塑料元件，当出料斜槽 2 中无白色塑料元件时，则推料气缸 2 动作；检测到输送带上的元件为黑色塑料元件，当出料斜槽 2 中无黑色塑料元件时，则推料气缸 2 动作；否则推料气缸 2 不动作。

如图 5-11 所示，推料气缸 2 动作由状态 S32 控制，则可得出进入 S32 状态的条件为

$$S32=(M11\cdot\overline{M31}+M12\cdot\overline{M32}+M13\cdot\overline{M33})\cdot X004$$

驱动气缸 2 动作的同时需记忆出料斜槽 2 中的元件性质。

此时将位置 C 的光纤传感器 B 调整为可检测到任何属性元件，则出料斜槽 3 的驱动条件很简单，只要检测到有元件就可推出，也无需记忆元件的属性。其状态转移图如图 5-12 所示。

将自检程序、元件识别程序仍按图 5-8 所示的梯形图控制，配合检测梯形图将上述三个出料斜槽控制状态转移图合并，完成的状态转移图如图 5-13 所示。

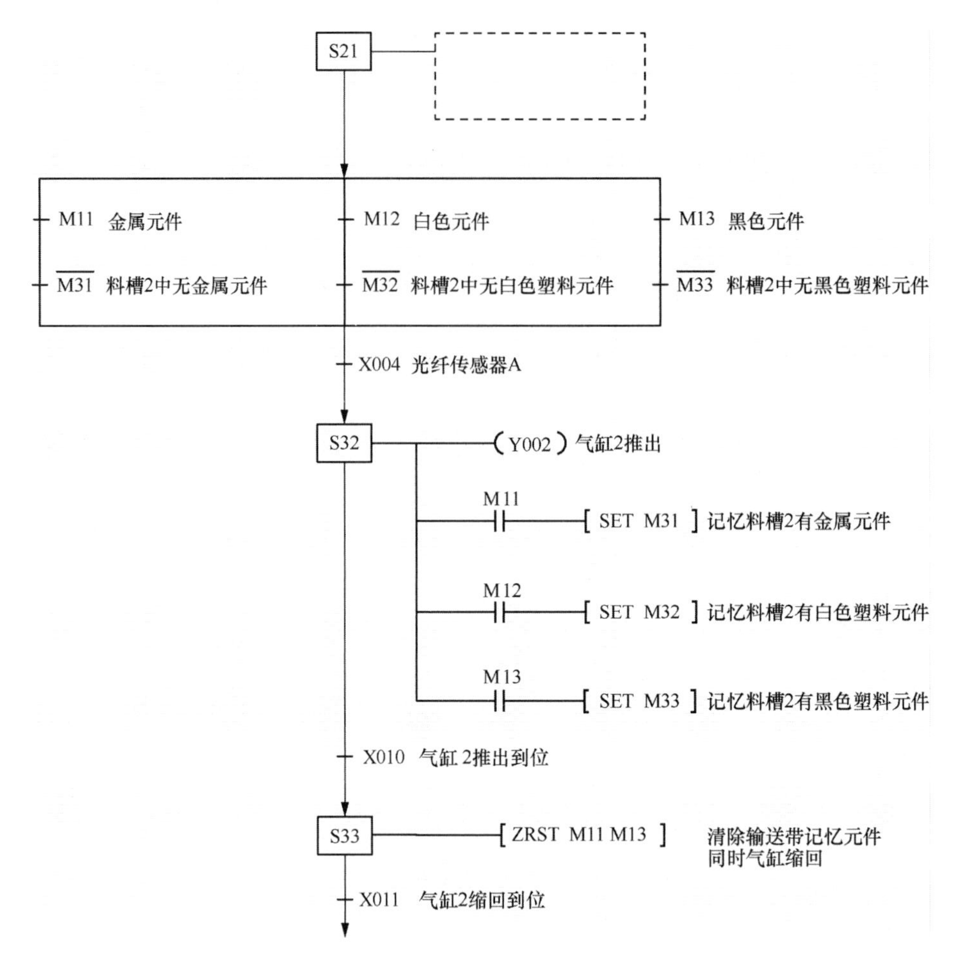

图 5-11 出料斜槽 2 的控制程序状态转移图

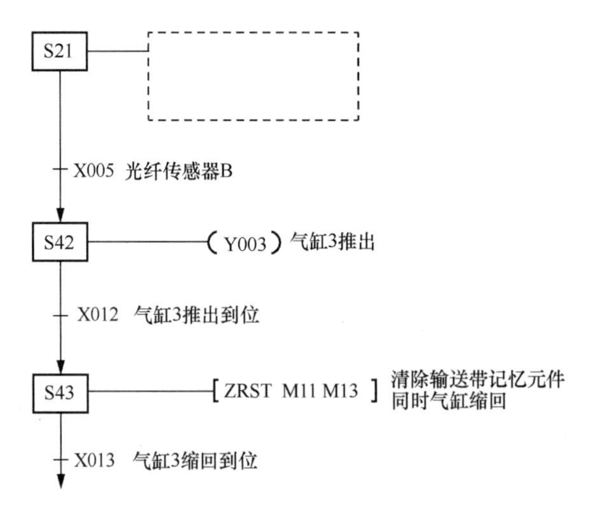

图 5-12 出料斜槽 3 的控制程序状态转移图

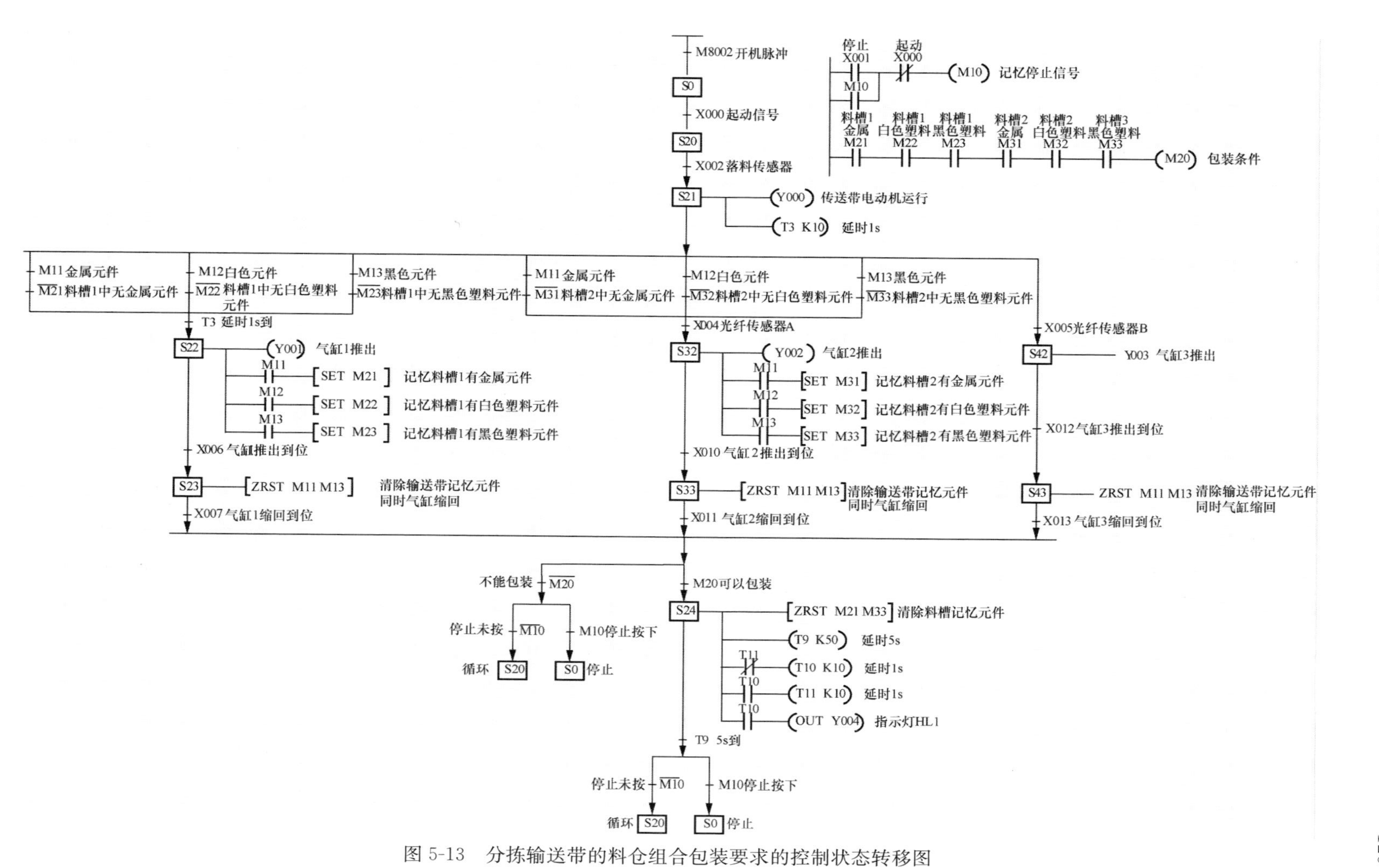

图 5-13　分拣输送带的料仓组合包装要求的控制状态转移图

5.1.4　分拣输送带多料仓包装问题与报警处理问题

实际生产中除了采用上述单出料斜槽包装，为提高包装的效率，通常提出多料仓组合包装的要求。例如，控制功能提出如下要求：

通过皮带输送机位置的进料口到达输送带上的元件，分拣的方式为：白色塑料元件由位置 A 的气缸 1 推入出料斜槽 1；黑色塑料元件由位置 B 的气缸 2 推入出料斜槽 2；金属元件由位置 C 的气缸 3 推入出料斜槽 3。每次将元件推入斜槽，气缸活塞杆缩回后，从进料口放入下一个元件。

当出料斜槽 1～3 中各有 2 个元件时，设备停止运行，此时指示灯 HL1（Y004）按亮 1s、灭 1s 的方式闪烁，指示设备正在进行包装。包装时间规定为 5s。完成包装后，设备继续运行，进行下一轮的分拣与包装。当一个出料斜槽中元件达到 6 个时，报警灯输出 HL2（Y005），提醒操作人员观察出料斜槽元件，投放其他元件。

按控制要求分析，出料斜槽 1 的驱动条件为：当元件到达位置 A 时，检测到输送带上的元件为白色塑料元件，则推料气缸 1 动作；否则推料气缸 1 不动作。

如图 5-14 所示，推料气缸 1 动作由状态 S22 控制，则可得出进入 S22 状态的条件为

$$S22 = M12 \cdot T3$$

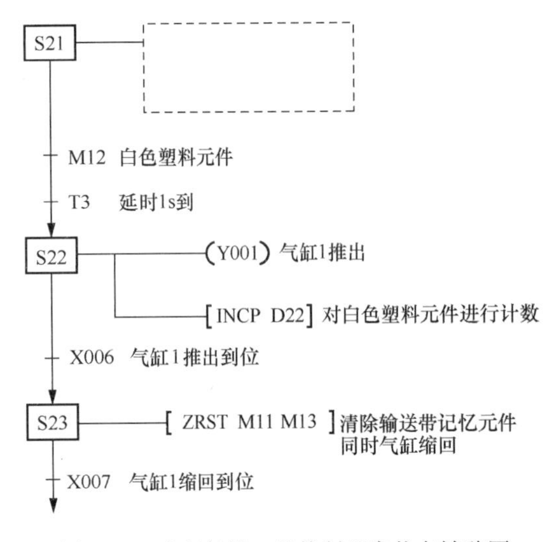

图 5-14　出料斜槽 1 的控制程序状态转移图

驱动气缸 1 动作的同时用数据寄存器 D22 记忆出料斜槽 1 中的元件个数。

此时将位置 B 的光纤传感器 A 调整为可检测到任何属性元件，同理可得出出料斜槽 2 的驱动条件为：当元件到达位置 B 时，检测到输送带上的元件为黑色塑料元件，则推料气缸 2 动作；否则推料气缸 2 不动作。

如图 5-15 所示，推料气缸 2 动作由状态 S32 控制，则可得出进入 S32 状态的条件为

$$S32 = M13 \cdot X004$$

驱动气缸 2 动作的同时用数据寄存器 D23 记忆出料斜槽 2 中的元件个数。

此时将位置 C 的光纤传感器 B 调整为可检测到任何属性元件，则出料斜槽 3 的驱动条件为：当元件到达位置 C 时，检测到输送带上的元件为金属元件，则推料气缸 3 动作；否则推料气缸 3 不动作。

如图 5-16 所示，推料气缸 3 动作由状态 S42 控制，则可得出进入 S42 状态的条件为

$$S42 = M11 \cdot X005$$

驱动气缸 3 动作的同时用数据寄存器 D21 记忆出料斜槽 3 中的元件个数。

这种控制要求实际是要求编程人员对各出料斜槽中的元件进行计数处理，在各出料斜槽都满足要求时进行包装。当某根出料斜槽计数值达到 6 时，产生报警信号。其

控制梯形图如图 5-17 所示。

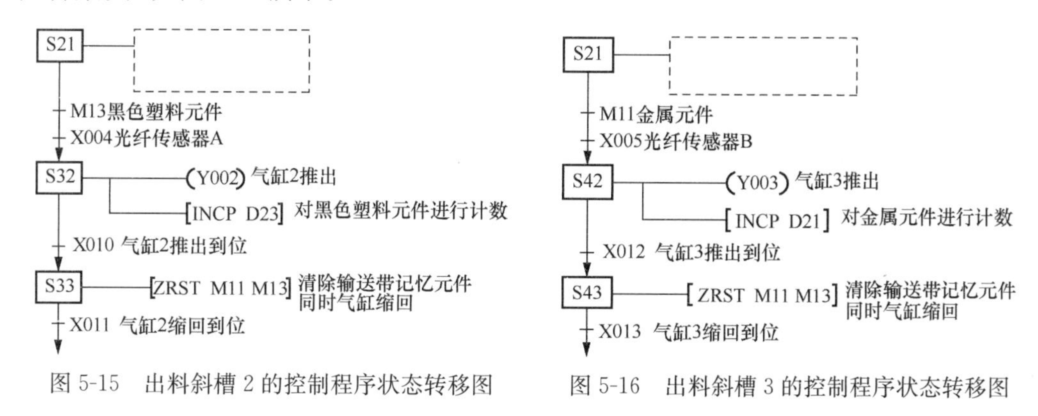

图 5-15　出料斜槽 2 的控制程序状态转移图　　图 5-16　出料斜槽 3 的控制程序状态转移图

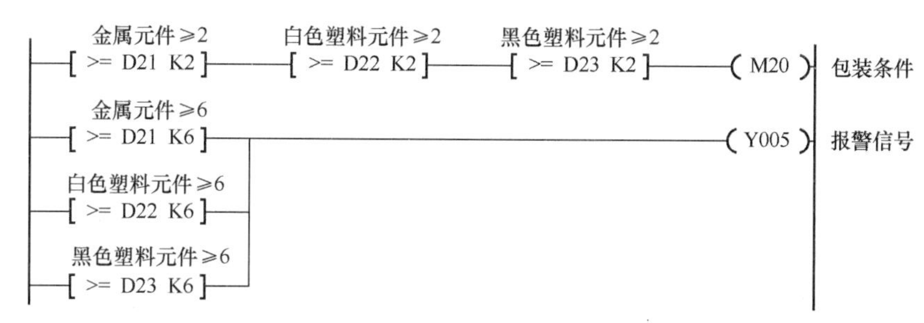

图 5-17　判别包装条件与产生报警信号的梯形图

当出料斜槽 1～3 中各有 2 个元件时，设备停止运行，此时指示灯 HL1（Y004）按亮 1s、灭 1s 的方式闪烁，指示设备正在进行包装。包装时间规定为 5s。完成包装后，设备继续运行，进行下一轮的分拣与包装。当一个出料斜槽中元件达到 6 个时，报警灯输出 HL2（Y005），提醒操作人员观察出料斜槽元件，投放其他元件。

包装时应将出料斜槽的计数值各自减去 2。包装控制的状态转移图如图 5-18 所示。

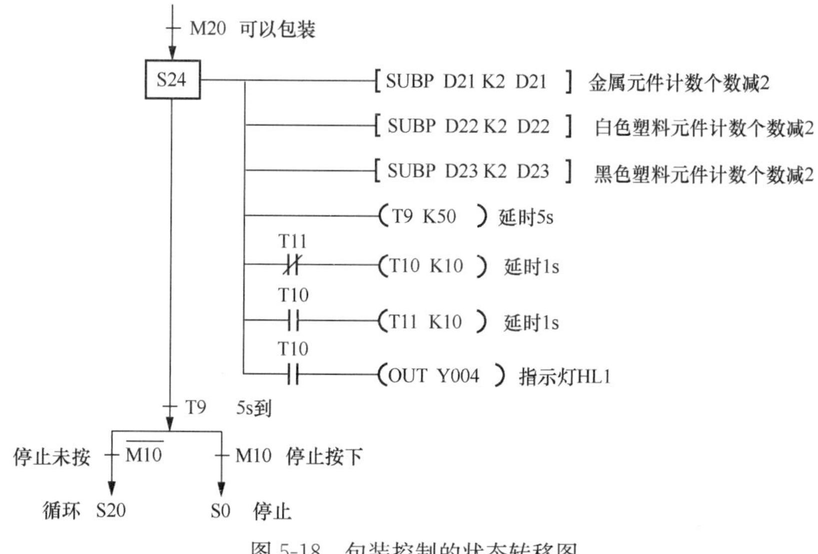

图 5-18　包装控制的状态转移图

将自检程序、元件识别程序仍按图 5-8 所示的梯形图控制，配合检测梯形图将上述三个出料斜槽控制状态转移图合并，完成的状态转移图如图 5-19 所示。

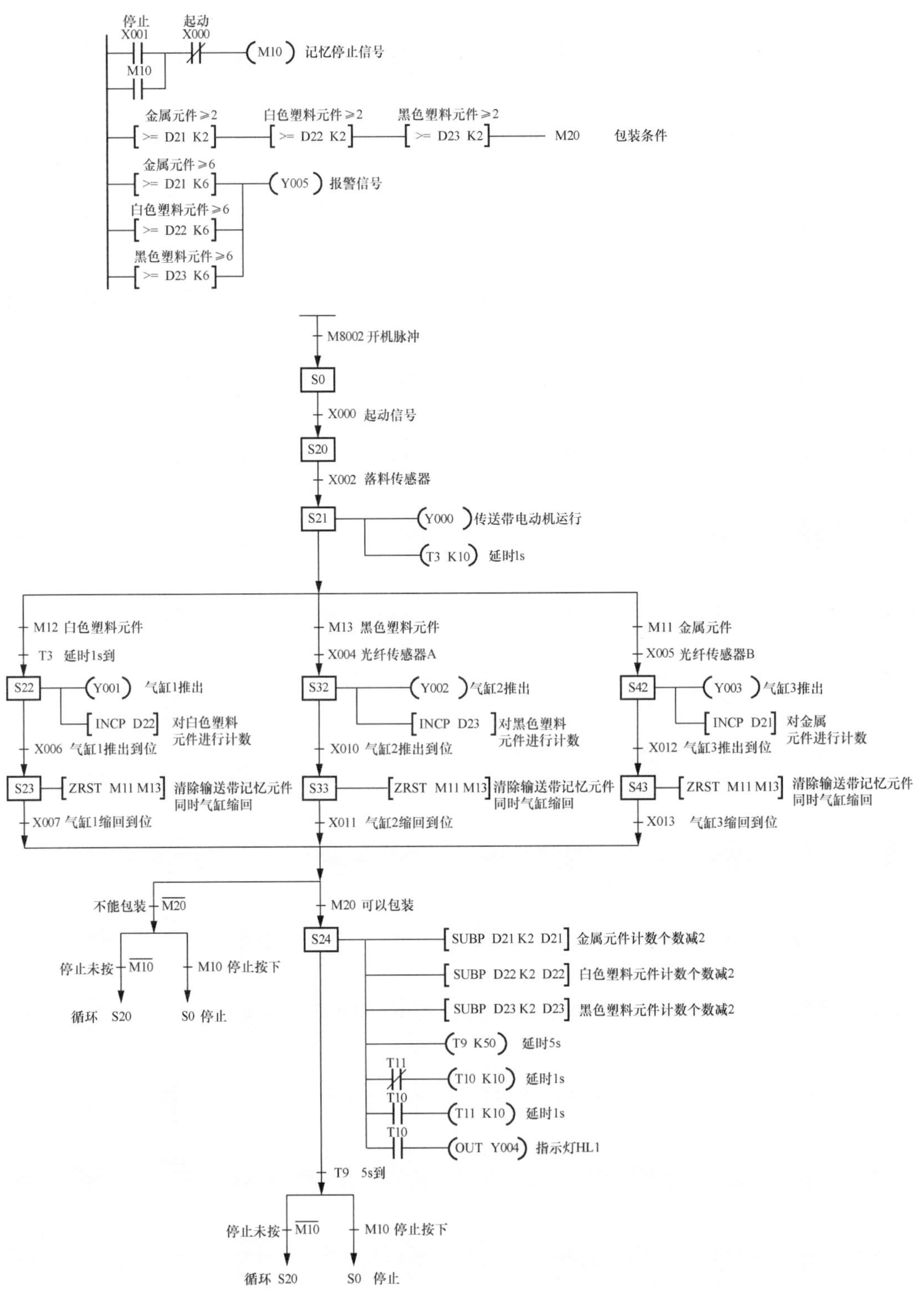

图 5-19 分拣输送带多料仓包装与报警的状态转移图

5.2 机械手系统的安装与调试

课题分析

如图5-20所示，根据控制要求和输入输出端口配置表编制PLC控制程序。控制要求如下。

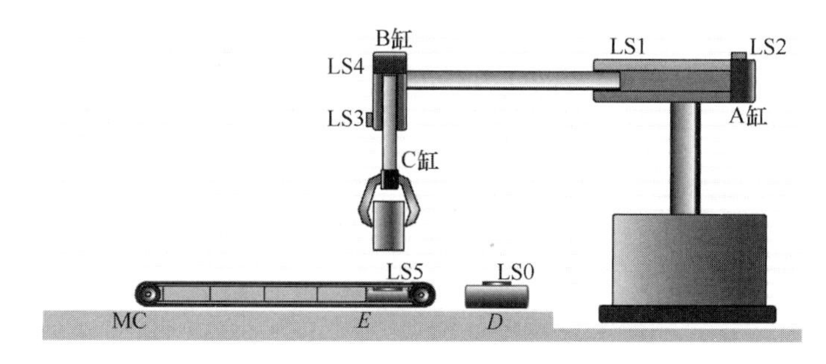

图5-20 PLC控制机械手系统示意图

传送带将工件输送至 E 处，传感器LS5检测到有工件，则停止传送带，由机械手从原点（为右上方所达到的极限位置，其右限位开关闭合，上限位开关闭合，机械手处于夹紧状态）把工件从 E 处搬到 D 处。

当工件处于 D 处上方准备下放时，为确保安全，用光电开关LS0检测 D 处有无工件。只有在 D 处无工件时才能发出下放信号。

机械手工作过程：起动机械手左移到 E 处上方→下降到 E 处位置→夹紧工件→夹住工件上升到顶端→机械手横向移动到右端，进行光电检测→下降到 D 处位置→机械手放松，把工件放到 D 处→机械手上升到顶端→机械手横向移动，返回左端原点处。

课题目的

1. 能根据要求进行I/O分配。
2. 能在三菱FX2N系列PLC上进行安装接线。
3. 能根据工艺要求进行程序设计并调试。

课题重点

1. 能根据工艺要求进行程序设计。
2. 调试程序达到控制要求。

课题难点

不同要求下编制控制程序并调试。

5.2.1 PLC控制简单机械手（单作用气缸）的急停问题

要求按起动按钮SB1后，机械手连续作循环；中途按停止按钮SB2，机械手完成本次循环后停止。为保证操作安全，设定急停按钮 SB3，按下急停按钮机械手立即停止运行，处理完不安全因素再松开急停按钮 SB3，机械手继续将工件搬运至 *D* 处，回到原点后停止。

设定输入输出分配表如表 5-2 所示。

表 5-2　PLC 控制机械手的 I/O 分配表

输入		输出	
输入设备	输入编号	输出设备	输出编号
起动按钮 SB1	X010	传送带	Y000
停止按钮 SB2	X011	左移电磁阀	Y001
急停按钮 SB3（常闭）	X012	下降电磁阀	Y002
光电检测开关 LS0	X000	放松电磁阀	Y003
左移到位 LS1	X001		
右移到位 LS2	X002		
下降到位 LS3	X003		
上升到位 LS4	X004		
工件检测 LS5	X005		
夹紧到位 LS6	X006		
放松到位 LS7	X007		

由输入输出分配表中的输出部分可看出，该机械手采用的是单电控的电磁阀控制，根据控制要求中急停的要求，按下急停按钮 SB3，机械手立即停止运行，此时就造成了麻烦，即急停时必须保证原有的输出继续，而不能简单地将输出信号全部切除。

例如，原本 Y001 得电，机械手左移伸出，若 Y001 失电，则机械手右移缩回，则不是立即停止。更典型的 Y003 控制放松，是从安全的角度考虑，若系统正在搬运工件，系统突然断电，此时只要还有气压，机械手就不会放松物体。若采用的是初始状态放松，Y003 得电为夹紧动作，系统突然断电，机械手松开将造成物体的下落。

可根据控制要求先编写基本工艺中的搬运过程，再重点考虑急停处理问题。按要求按下急停按钮，机械手立即停止，并保持原有的输出情况；再按复位，则运行完停止，实际就是要求机械手的状态保留在原状态，而不再根据条件进行转移，可在每一个转移条件中加入急停信号，用来禁止转移。根据控制要求编写的状态转移图如图 5-21 所示。

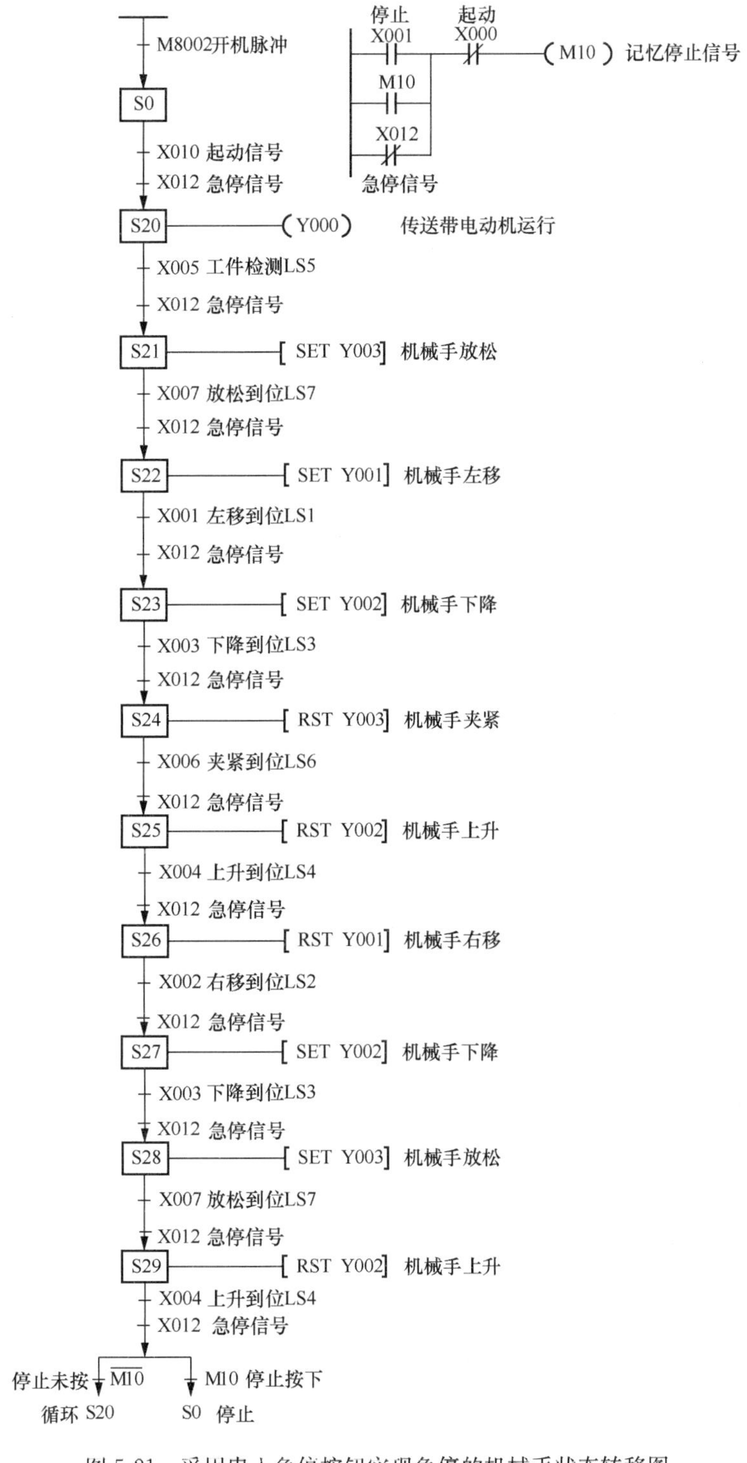

图 5-21　采用串入急停按钮实现急停的机械手状态转移图

在每一个转移条件中加入急停信号，用来禁止转移的方法较为繁琐。三菱 PLC 中提供了 M8040 特殊辅助继电器用来禁止转移，当 M8040 驱动时状态间的转移被禁止。采用 M8040 控制的急停形式如图 5-22 所示。

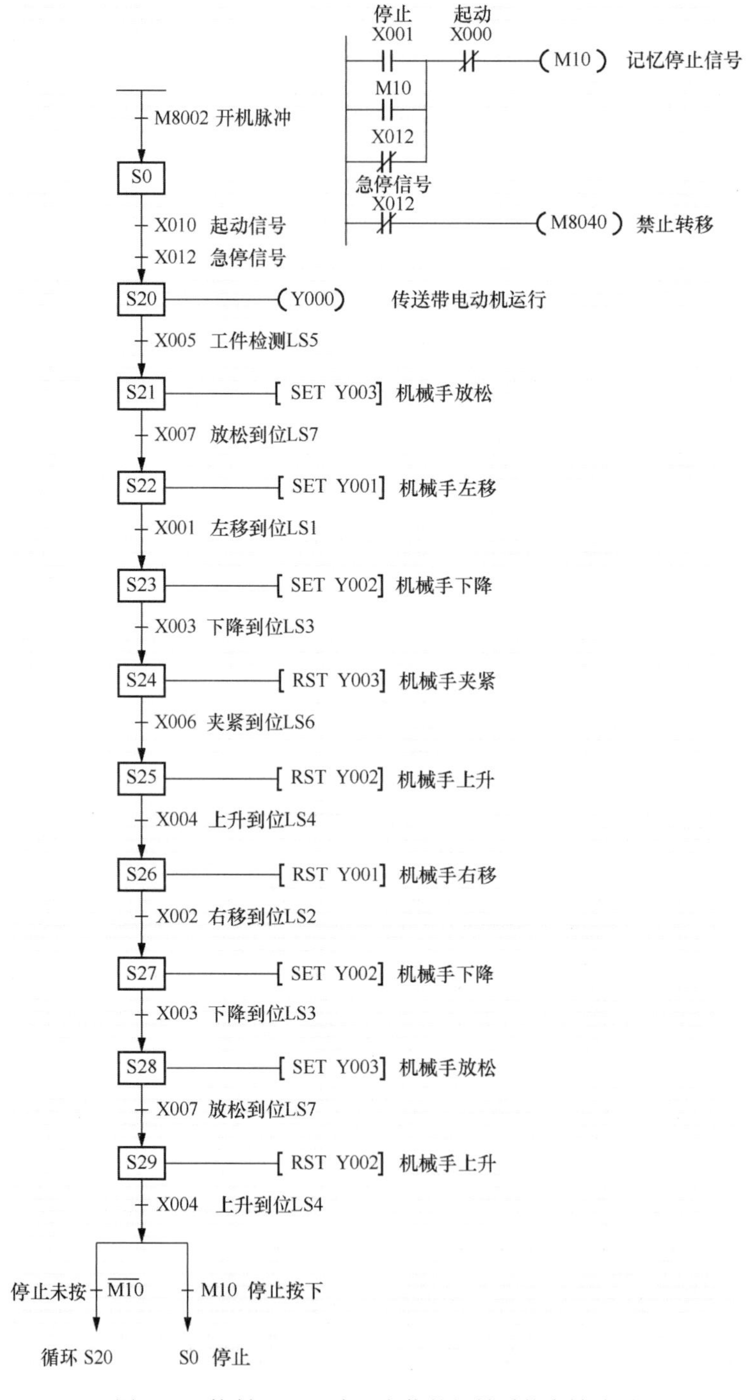

图 5-22 控制 M8040 实现急停的机械手状态转移图

5.2.2　PLC 控制步进电动机驱动的机械手系统的暂停问题处理

采用步进电动机控制的机械手如图 5-23 所示。图 5-23（a）中机械手的上升下降和伸出缩回均由步进电动机控制，图 5-23（b）中机械手的左右移动和转动均由步进电动机控制。两类机械手外形相差很大，但控制的实质是一样的。

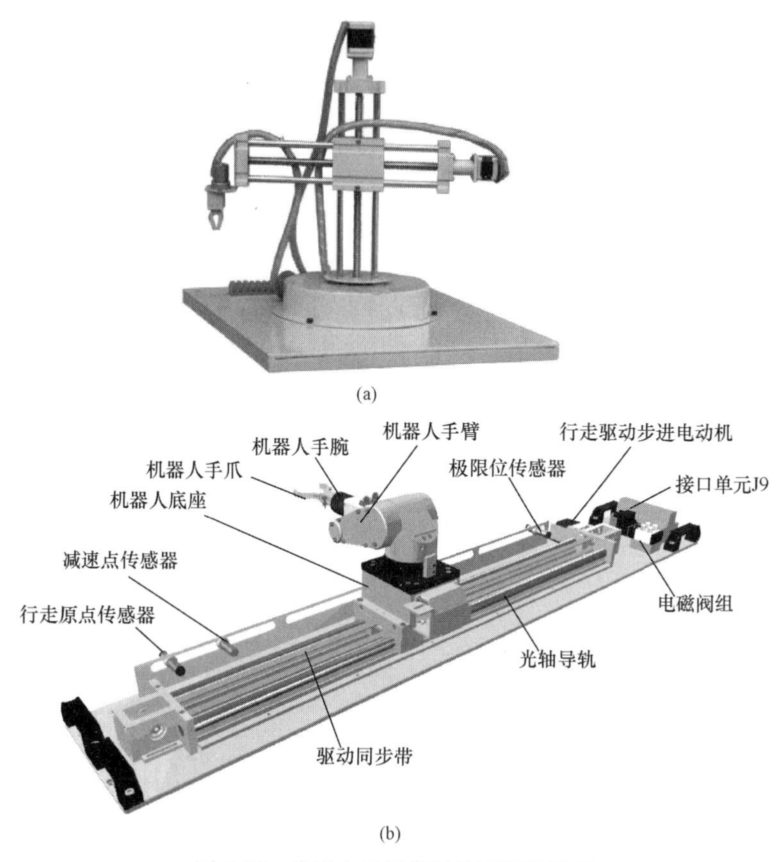

图 5-23　步进电动机控制的两类机械手

三菱 FX2N 系列 PLC 的高速处理指令中有两条可产生高速脉冲的输出指令，一条称为脉冲输出指令 PLSY，另一条称为带加减速脉冲输出指令 PLSR。可以利用这两条指令产生的脉冲作为步进驱动器的脉冲输入信号，控制步进电动机。脉冲输出指令 PLSY 指令格式及功能如图 5-24 所示。

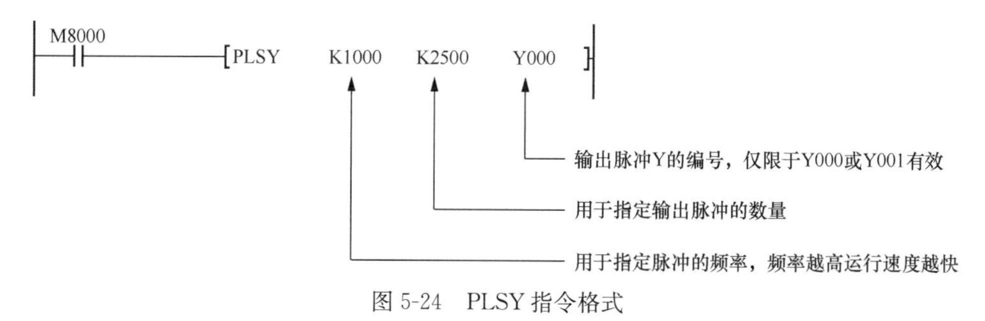

图 5-24　PLSY 指令格式

使用图 5-24 所示的 PLSY 指令时，当 X000 接通（ON）后，Y000 开始输出频率为 1000Hz 的脉冲，其个数为 2500 个脉冲确定。X000 断开（OFF）后，输出中断，Y000 也断开（OFF）。再次接通时，从初始状态开始动作。脉冲的占空比为 50%ON，50%OFF。输出控制不受扫描周期影响，采用中断方式控制。当设定脉冲发完后，执行结束标志，M8029 特殊辅助继电器动作。

从 Y000 输出的脉冲数保存于 D8141（高位）和 D8140（低位）寄存器中，从 Y001 输出的脉冲数保存于 D8143（高位）和 D8142（低位）寄存器中，Y000 与 Y001 输出的脉冲总数保存于 D8137（高位）和 D8136（低位）寄存器中。各寄存器的内容可以采用“DMOV K0 D81××”清零。

注意：使用 PLSY 指令时可编程序控制器必须使用晶体管输出方式。在编程过程中可同时使用 2 个 PLSY 指令，可在 Y000 和 Y001 上分别产生各自独立的脉冲输出。

控制要求：按起动按钮 SB1 后，机械手连续作循环；中途按停止按钮 SB2，机械手立即停止运行；再按起动按钮 SB1，机械手继续运行。

设定输入输出分配表如表 5-3 所示。

表 5-3　PLC 控制机械手的 I/O 分配表

输入		输出	
输入设备	输入编号	输出设备	输出编号
起动按钮 SB1	X010	左右移动步进电动机	Y000
停止按钮 SB2	X011	上下移动步进电动机	Y001
光电检测开关 LS0	X000	左右移动步进电动机方向信号	Y002
左移极限到位 LS1	X001	上下移动步进电动机方向信号	Y003
右移极限到位 LS2	X002	传送带	Y004
下降极限到位 LS3	X003	放松电磁阀	Y005
上升极限到位 LS4	X004		
工件检测 LS5	X005		
夹紧到位 LS6	X006		
放松到位 LS7	X007		

由输入输出分配表中的输出部分可以看出，该机械手左右移动与上下移动均采用步进电动机控制。设左右移动步进电动机的方向信号为“0”时步进电动机控制左移，方向信号为“1”时步进电动机控制右移。设上下移动步进电动机的方向信号为“0”时步进电机控制下降，方向信号为“1”时步进电动机控制上升。此时左、右、上、下四个限位只起保护作用或原点定位作用。

由于使用步进电动机，机械手暂停采用了 PLSY 指令，当控制信号断开后输出中断，即 Y000 或 Y001 也断开，再次接通时将从初始状态开始动作，这就造成了已经发送的脉冲被重复发送，造成机械手走位不准的问题。

要解决上述问题，可在控制信号断开瞬间将已经发送的脉冲存储下来，等再次起动时，用设定脉冲减去已发送的脉冲，二者之差作为机械手新的控制脉冲即可。当采用 16 位指令时从 Y000 输出的脉冲数保存于 D8140 寄存器中，从 Y001 输出的脉冲数保存于 D8142 寄存器中。

设机械手左移脉冲为 D10，下降脉冲为 D12，则脉冲保存与提取的控制梯形图如图 5-25 所示。此时根据设定的 D10 脉冲驱动 Y000 完成剩余的脉冲输出，根据设定的 D12 脉冲驱动 Y001 完成剩余的脉冲输出，则不再会出现位置的偏差。

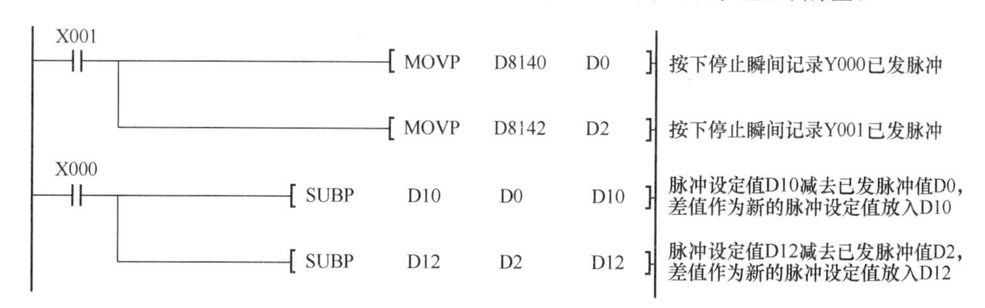

图 5-25　脉冲保存与提取的控制梯形图

根据控制工艺的要求，假定左移 5000 个脉冲到达 *E* 点上方，下降 3000 个脉冲可抓取工件，则控制的状态转移图如图 5-26 所示。

5.2.3　PLC 控制步进电动机驱动的机械手系统的断电问题处理

PLC 控制步进电动机驱动的机械手系统的断电问题实质与暂停问题相类似，断电后所有输出都复位，若上电后按起动按钮要继续运行（通常从安全角度考虑，上电后不允许立即运行，必须按起动按钮后才执行程序），则首先考虑的必须是使用保持型的元件。断电保持型的辅助继电器、状态元件和寄存器通常可通过软件设定，也可使用 PLC 默认的元件范围，如表 5-4 所示。

表 5-4　PLC 控制默认的保持型元件

保持型元件名称	元件编号范围
辅助继电器	M500～M1023
积算型定时器	T246～T249 为 1ms 积算定时器
	T250～T255 为 100ms 积算定时器
保持型计数器	C100～C199
保持型状态元件	S500～S999
保持型寄存器	D200～D511

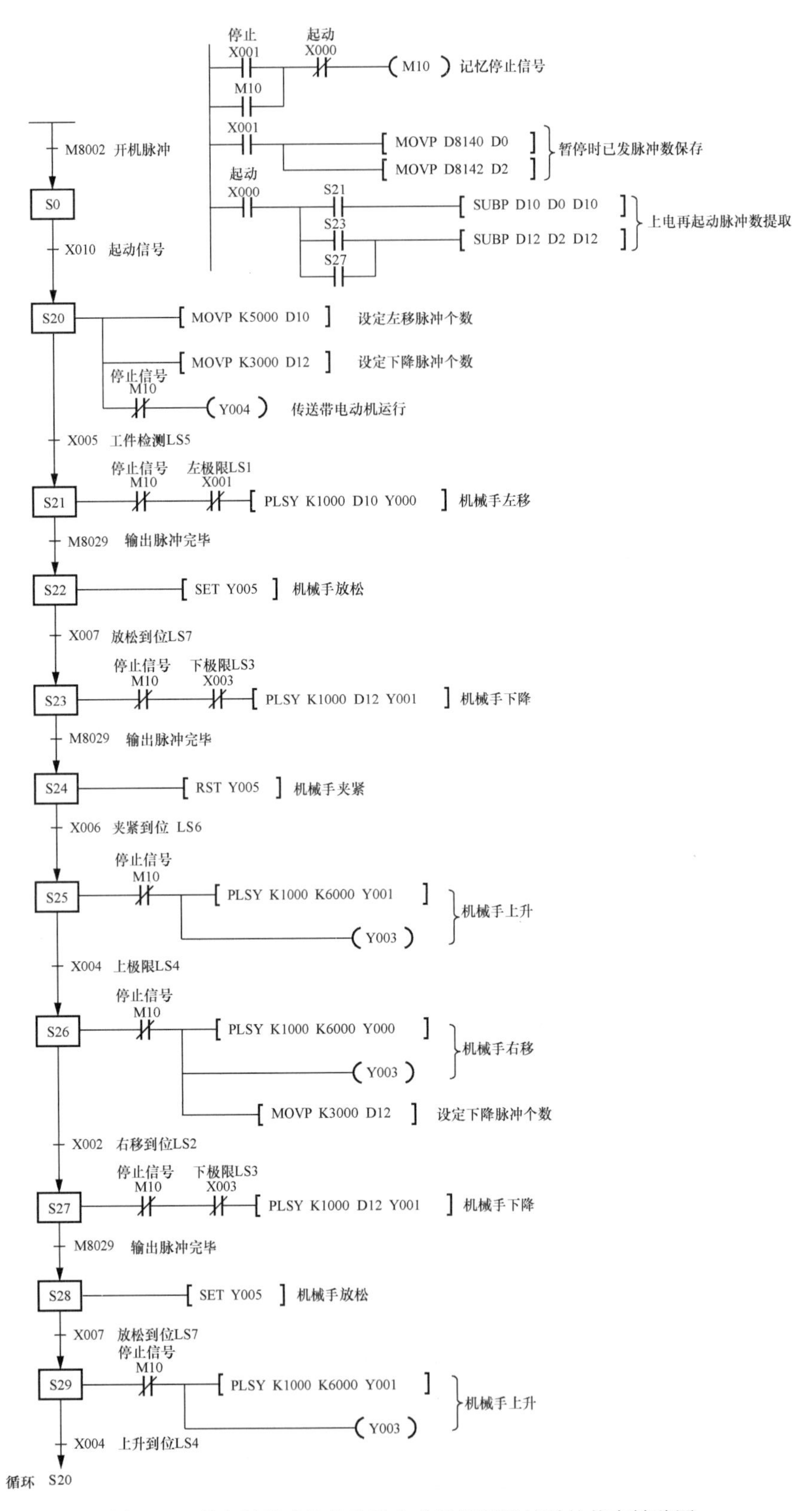

图 5-26　具有暂停功能的步进电动机控制机械手的状态转移图

只要使用表 5-4 中的元件，即使 PLC 断电其信号也不会丢失，只要 PLC 上电，即可立即继续执行原有的程序。

需要特别指出的是，对于步进电动机的脉冲控制指令 PLSY 或 PLSR，当断电后输出中断，再次上电接通时将从初始状态开始动作，这就造成了已经发送的脉冲被重复发送，造成机械手走位不准的问题。

三菱 FX2N 系列 PLC 提供了特殊辅助继电器 M8008 作停电检测，电源关闭瞬间 M8008 接通，上电后只需设机械手左移脉冲为 D510，下降脉冲为 D512。采用 16 位控制时，可利用 M8008 接通的信号将 Y000 输出的脉冲数从 D8140 寄存器传入保持型寄存器 D500 中，Y001 输出的脉冲数 D8142 从寄存器传入保持型 D502 中，以备上电后使用。脉冲保存与提取的控制梯形图如图 5-27 所示。此时根据设定的 D510 脉冲驱动 Y000 完成剩余的脉冲输出，根据设定的 D512 脉冲驱动 Y001 完成剩余的脉冲输出，则不再会出现位置的偏差。

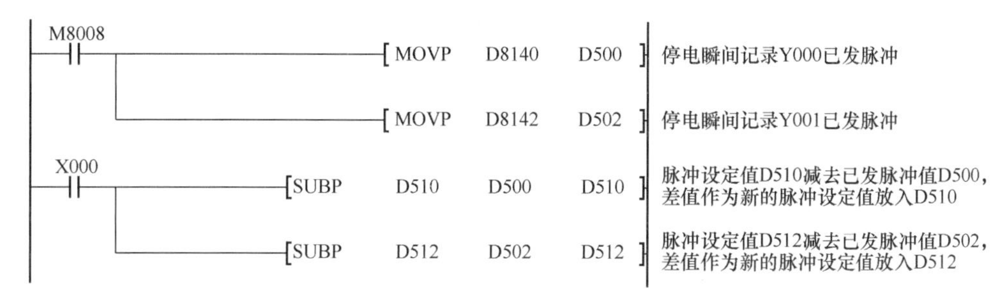

图 5-27　断电时脉冲保存与按起动提取剩余脉冲的控制梯形图

根据控制要求，模仿图 5-26 的暂停控制方式，可得到如图 5-28 所示的 PLC 控制步进电动机驱动的机械手系统的断电问题处理的状态转移图。

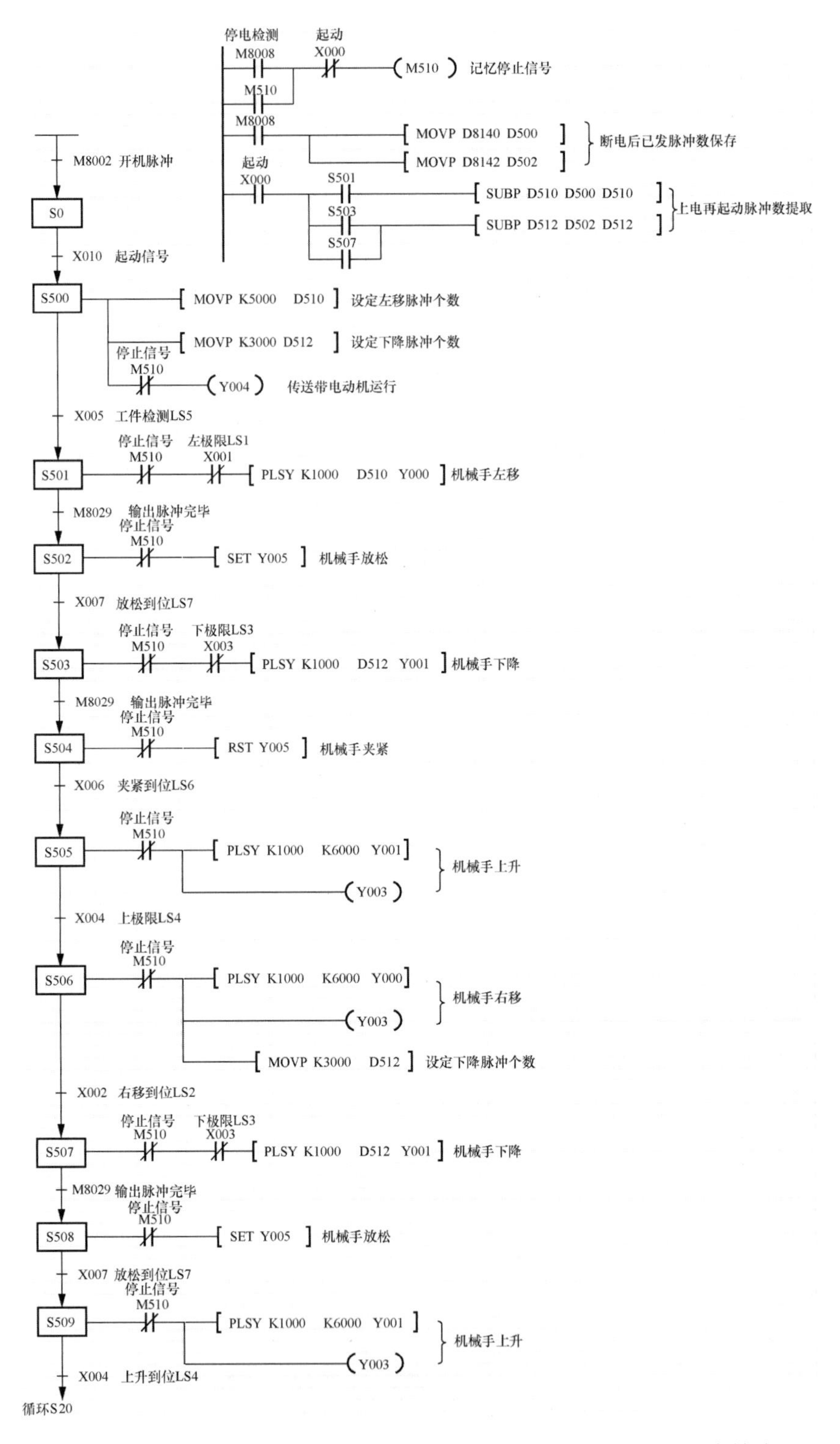

图 5-28　PLC 控制步进电动机驱动的机械手系统的断电问题处理的状态转移图

第6章　数控装调与维修技术

6.1　数控机床硬件接口连接

课题分析

计算机数控系统（简称CNC系统）由程序、输入输出设备、CNC装置、可编程控制器（PLC）、主轴驱动装置和伺服放大器等部分组成。本课题要求熟悉和了解接口的定义并掌握数控系统和伺服系统连接的方法。

课题目的

1. 理解数控系统、伺服驱动接口的定义及作用。
2. 掌握数控系统、驱动器、I/O LINK（I/O模块）的连接方法和原则。
3. 会对数控机床进行简单的操作和调试。

课题重点

1. 能够根据数控系统阅读相应的资料，并能够对数控系统、驱动器、I/O LINK（I/O模块）进行连接。
2. 能对数控机床进行简单的操作和调试。

课题难点

1. 数控系统、驱动器、I/O LINK（I/O模块）的连接方法和原则。
2. 连接和调试过程中常见问题的分析与处理。

6.1.1　各模块接口定义及作用

数控机床从电气硬件上划分可以分为数控系统、伺服驱动、I/O模块等几大部分，其中数控系统为数控机床的核心控制部分，下文以FANUC 0i mate-TD数控车床系统为例进行介绍。

FANUC 0i mate-TD是一款经济型数控车床系统，能够满足教学要求。该数控系统控制单元共分为四个区，分别是MDI键盘区、LCD显示区、软键盘区和存储卡槽。每个区都有其特定的作用：MDI键盘区用于数据的输入和各功能画面的调出；LCD显示区用于显示操作过程及各功能画面；软键盘区用于在各功能画面内进行进一步的操作及完成各内嵌子画面的调入；存储卡槽用于CF卡与CNC系统的连接。数控系统控制单元如图6-1所示。

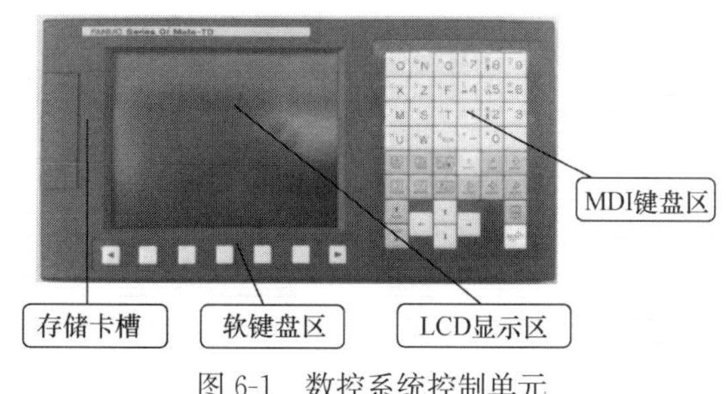

图6-1　数控系统控制单元

1. MDI 面板

FANUC 0i mate -TD 系统 MDI 面板各键的名称及功能说明如表 6-1 所示。

表 6 -1　FANUC 0i mate -TD 系统 MDI 面板各键功能

按键	名称	功能说明
	复位键	按下此键，复位 CNC 系统，包括取消报警、主轴故障复位、中途退出自动操作循环和输入、输出过程等
	地址和数字键	按下这些键，输入字母、数字和其他字符；操作时，用于字符的输入
	输入键	当按地址/数字键后，数据被输入到缓冲器，并在 LCD 屏幕上显示出来；为了把键入到输入缓冲器中的数据拷贝到寄存器，按此键可将字符写入指定的位置
	翻页键	包括上下两个键，分别表示屏幕上页键和屏幕下页键；用于 CRT 屏幕选择不同的页面
	页面切换键	按下功能键 POS 进入位置画面，显示当前坐标轴的位置，可以在绝对、相对、综合显示之间进行切换，按相应的软键可以进入下一级菜单
	程序键	按下功能键 PROG 进入程序画面，显示程序显示画面和程序检查画面，可以在此输入加工程序，以及进行其他操作
	参数设置键	按下功能键 OFS/SET 进入刀具偏置/设定画面，可以查看刀具偏置、设定画面和工件坐标系设定画面，可以对一些常用功能进行设定
	系统键	按下功能键 SYSTEM 进入系统画面，显示参数画面（可以设定相关参数）、诊断画面（查看有关报警信息）和 PMC 画面（进行与 PMC 相关的操作）等

续表

按键	名称		功能说明
ALTER	编辑键	替代键	按地址键/数字键后，数据被输入到缓冲器，并在 LCD 屏幕上显示出来；为了使键入到输入缓冲器中的数据替换掉寄存器中已有且已被选中的数据，按此键可使字符替换掉指定的内容
DELETE		删除键	选中 CF 卡或寄存器中的加工程序，在地址/数字键内键入相应的文件名，按此键可删除指定的文件；在“MDI”或“编辑”方式下，将光标移到想要删除的指令上，按下此键便可删除指定的指令
INSERT		插入键	按地址/数字键后，数据被输入到缓冲器，并在 LCD 屏幕上显示出来；为了把键入到输入缓冲器中的数据输入到寄存器中，按此键可将字符插入到指定的位置
CAN		取消键	取消输入区域内的数据，可删除已输入到缓冲器的最后一个字符
E EOB		回车换行键	结束一行程序的输入并换行
SHIFT	切换键		按下切换键 SHIFT 显示上标图符，再按字符键将输入对应左上角的字符
MESSAGE	信息键		按下功能键 MESSAGE 进入信息画面，查看报警显示和报警履历等画面
HELP	帮助键		按此键显示如何操作机床
CSTM GRPH	辅助图形键		按下功能键 CSTM/GR 进入图形/用户宏画面，显示刀具路径图和用户宏画面
↑ ← → ↓	光标键		分别代表光标的上（↑）、下（↓）、左（←）、右（→）移动

2. FANUC 0i mate -TD 数控系统的接口

图 6-2 和图 6-3 所示为 FANUC 0i mate -TD 数控系统背面和接口图。

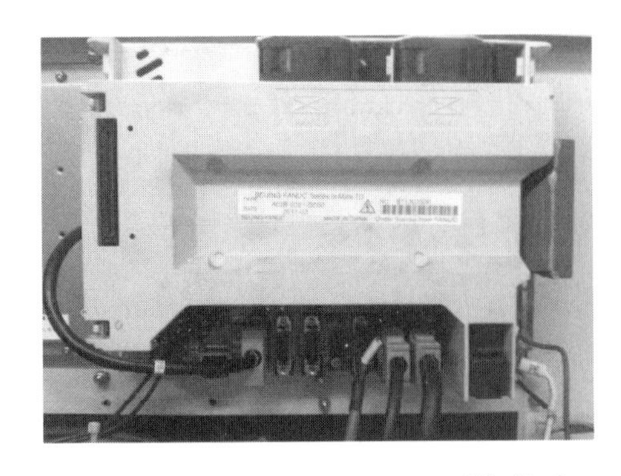

图 6-2　FANUC 0i mate -TD 系统背面

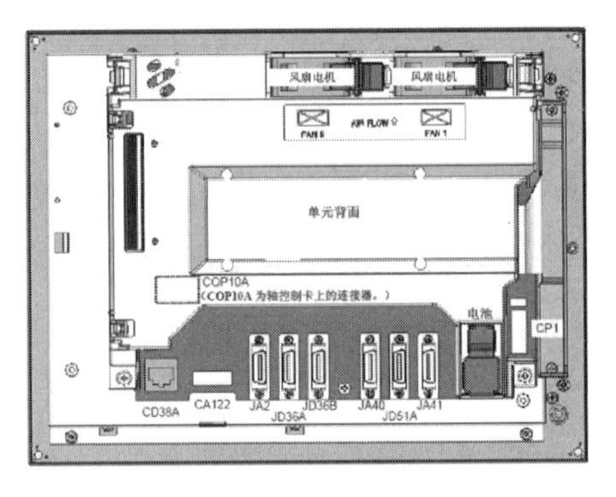

图 6-3　FANUC 0i mate -TD 数控系统接口

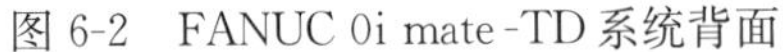

每个接口都有各自的功能和规定的连接方式。下面将对各个接口分别进行介绍。

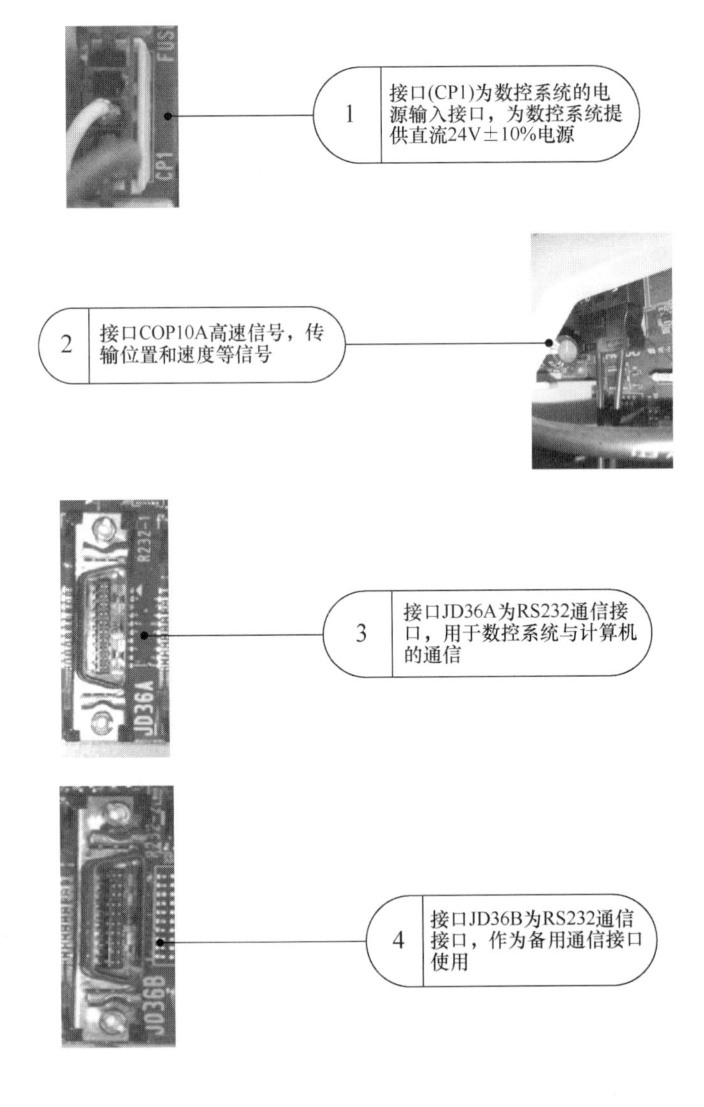

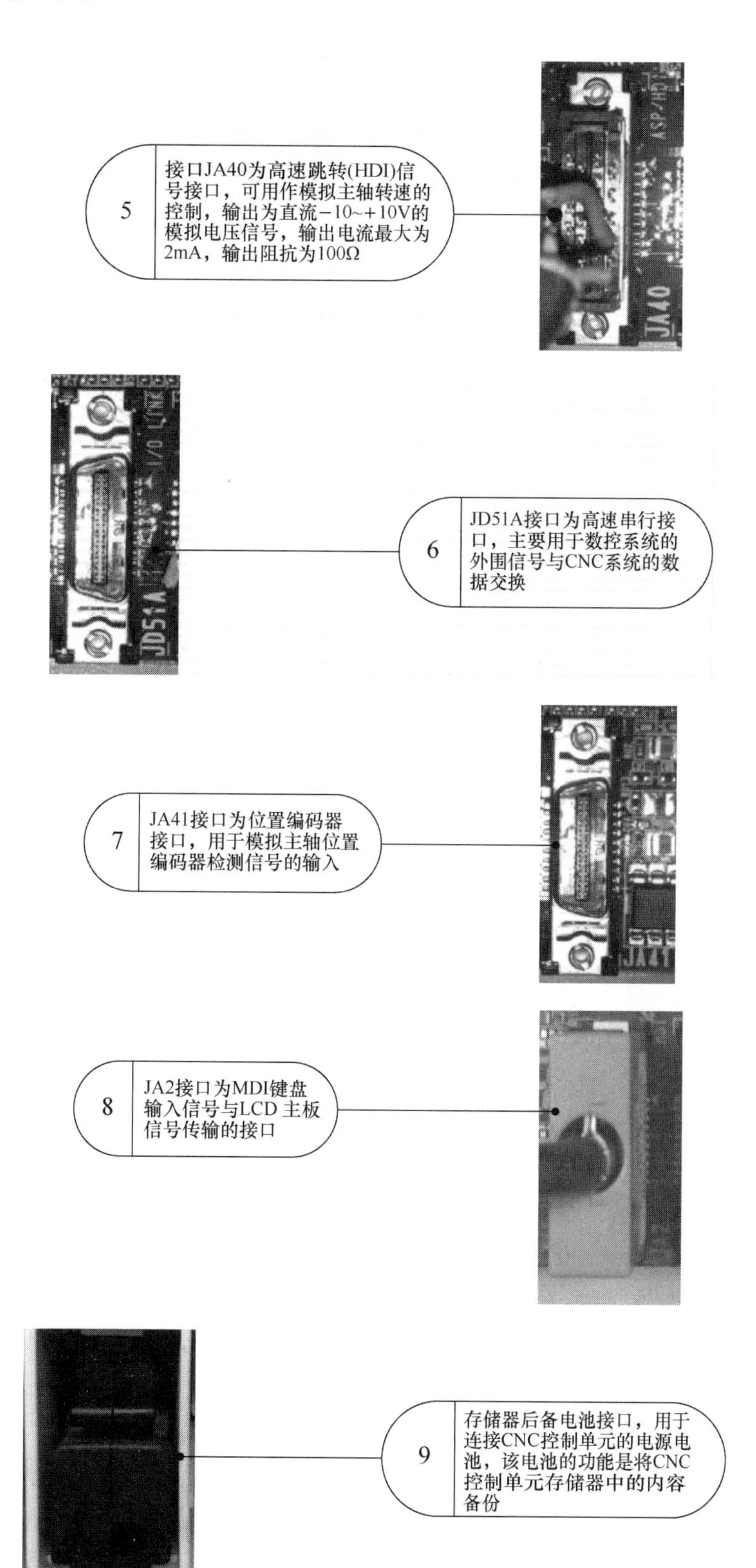

5
接口JA40为高速跳转(HDI)信号接口，可用作模拟主轴转速的控制，输出为直流−10~+10V的模拟电压信号，输出电流最大为2mA，输出阻抗为100Ω
ASP/HDI
JA40
6
JD51A接口为高速串行接口，主要用于数控系统的外围信号与CNC系统的数据交换
I/O LINK
JD51A
7
JA41接口为位置编码器接口，用于模拟主轴位置编码器检测信号的输入
JA41
8
JA2接口为MDI键盘输入信号与LCD 主板信号传输的接口
9
存储器后备电池接口，用于连接CNC控制单元的电源电池，该电池的功能是将CNC控制单元存储器中的内容备份

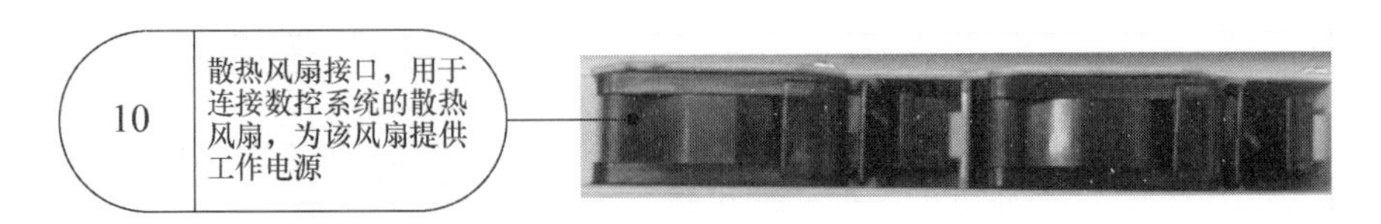

3. 伺服驱动器接口（以 βisv-20 伺服驱动为例）

图 6-4 所示为 βi 系列伺服驱动器控制单元，图 6-5 所示为 βi 系列伺服驱动器接口分布。

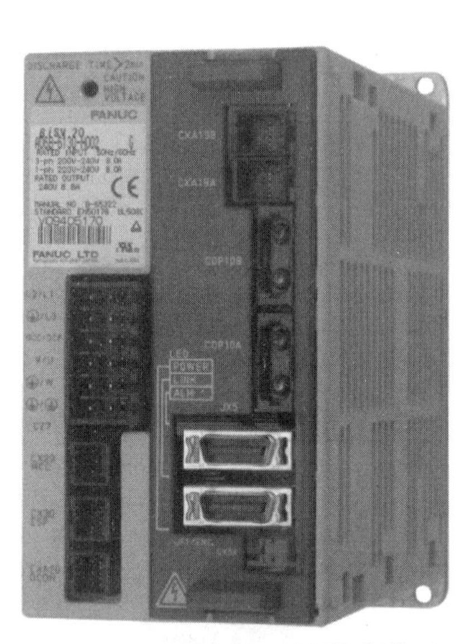

图 6-4　βi 系列伺服驱动器控制单元

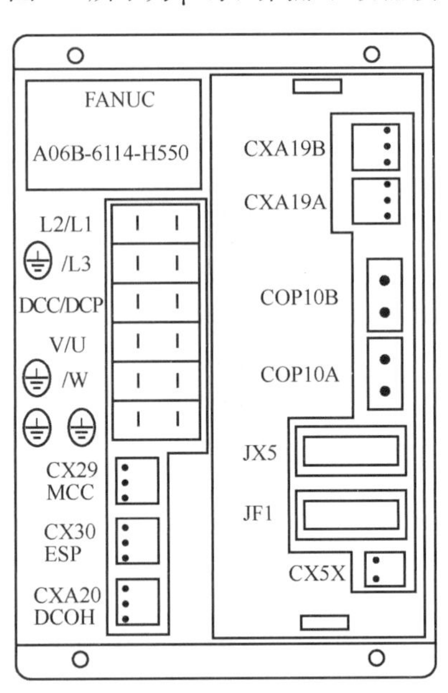

图 6-5　βi 系列伺服驱动器接口分布

以下介绍 βi 系列伺服驱动器接口的具体作用和含义。

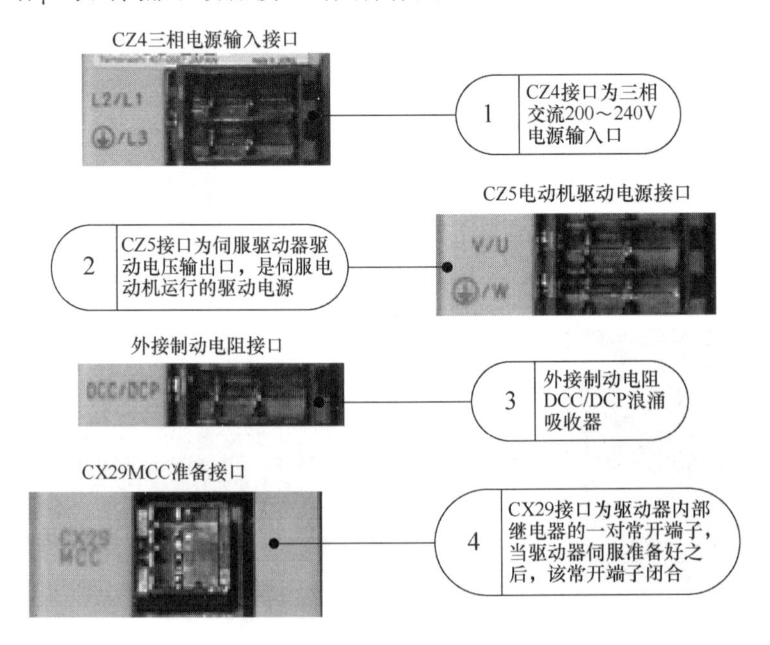

图 6-6 所示为 CX29 接口内部继电器的工作原理图，由图中可以看出，只有内部继电器常开点（internal contact）闭合，主接触器（MCC）的线圈（coil）才能上电。

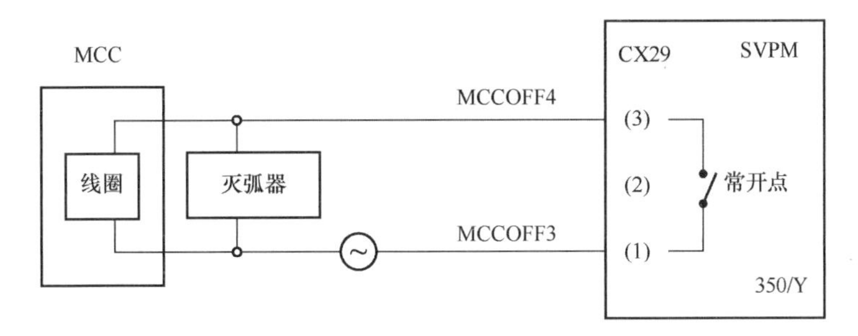

图 6-6　CX29 接口内部继电器的工作原理图

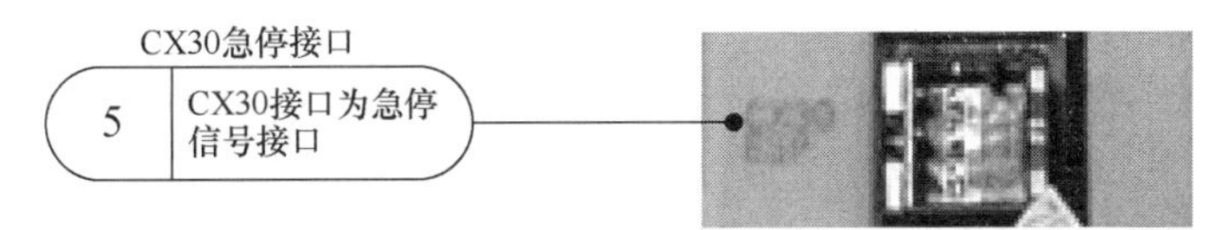

图 6-7 所示为 CX30 接口内部的工作原理图，由图中可以看出，只有 CX30 常开点（emergency stop contact）闭合，系统才能在正常状态下运行。

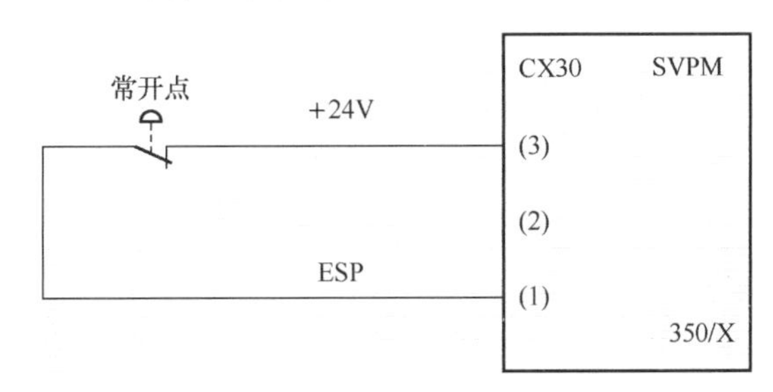

图 6-7　CX30 接口内部的工作原理图

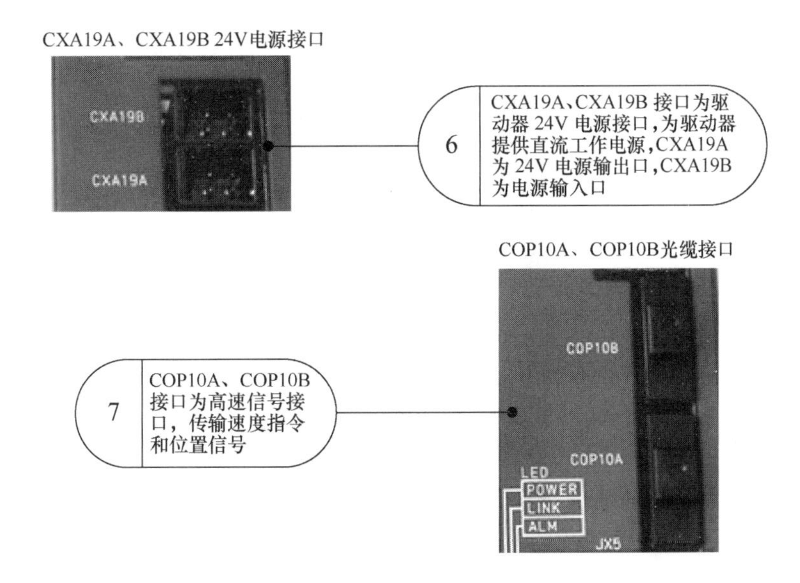

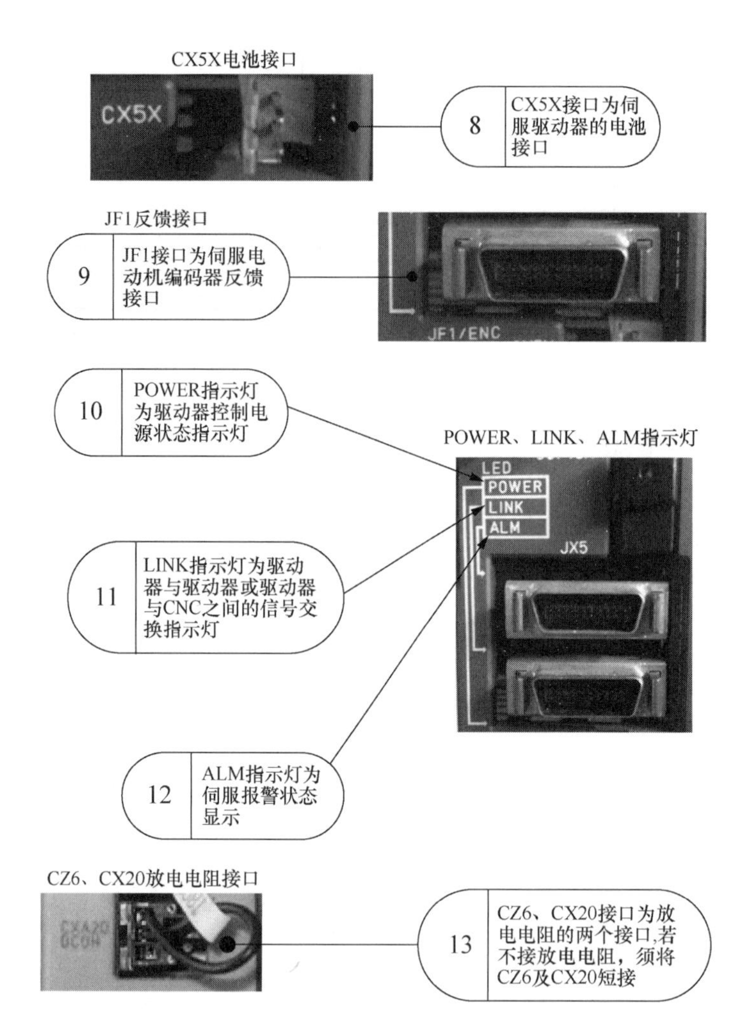

4. I/O 模块的接口

图 6-8 所示为 I/O 模块。

图 6-8　I/O 模块

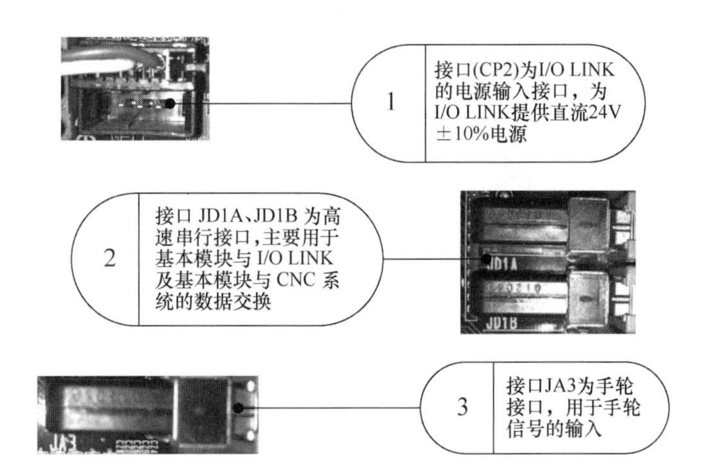

6.1.2　数控机床硬件接口连接

1. 伺服驱动器的连接

FANUC 数控系统伺服放大器的分类如图 6-9 所示。

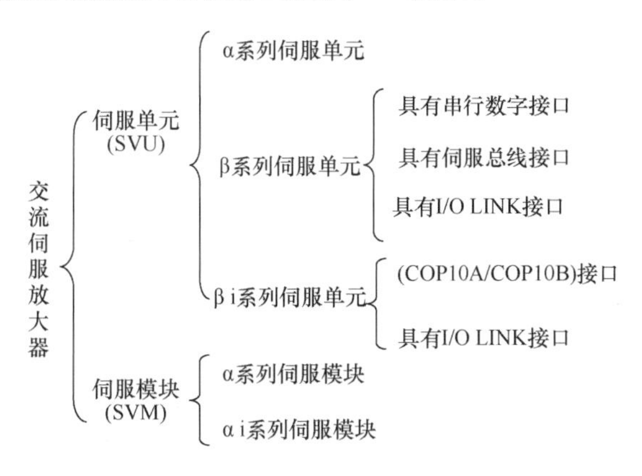

图 6-9　FANUC 数控系统伺服放大器的分类

FANUC 数控系统伺服放大器装置如图 6-10 所示。

图 6-10　FANUC 数控系统伺服放大器装置

（1）βi 系列伺服单元的连接

图 6-11 所示为 βi 系列伺服单元及其接口连接图。

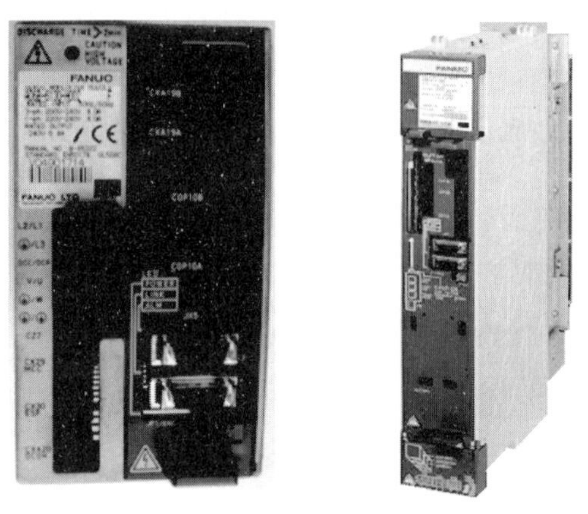

(a) βi系列伺服单元

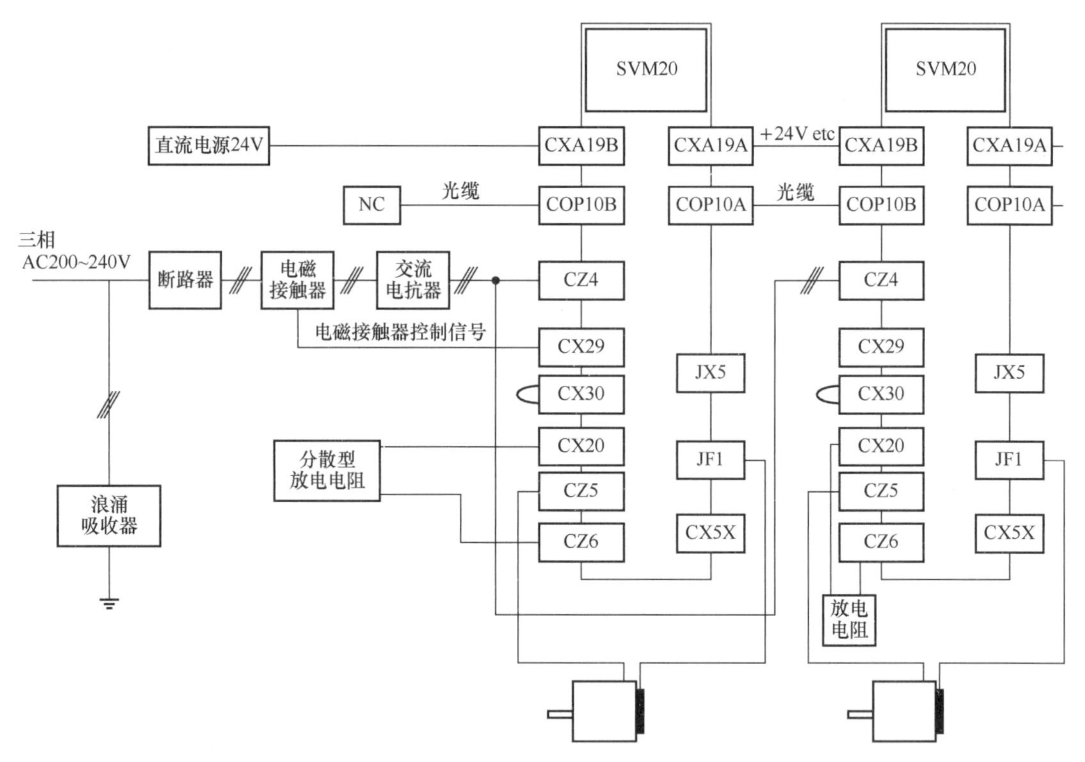

(b) 数控车床βi伺服单元连接图（0i mate）

图 6-11　βi 系列伺服单元与车床 βi 伺服单元连接图

（2）αi 系列伺服模块的连接

图 6-12 所示为 αi 系列伺服模块。

图 6-13 所示为 αi 伺服模块各接口功能介绍。

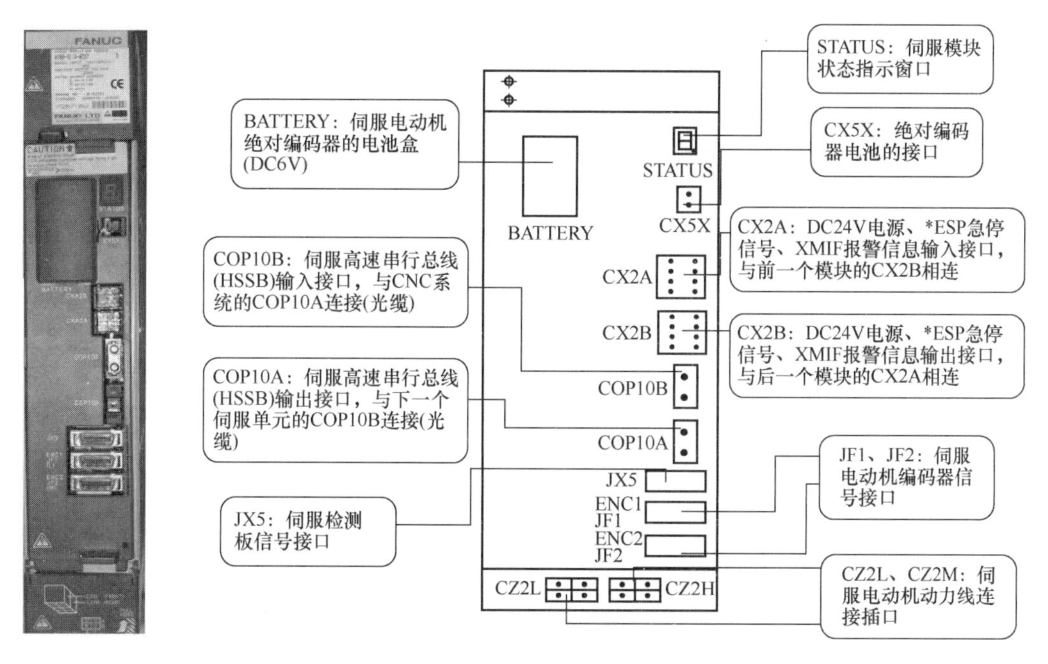

图 6-12　αi 系列伺服模块

图 6-13　αi 伺服模块各接口功能介绍

下面以 FANUC 0i MC 系统（铣床）为例说明伺服模块的具体连接，如图 6-14 所示。从 αi 伺服模块的硬件连接可以看出，通过光缆的连接取代电缆的连接，不仅保证了信号传输的速度，而且保证了传输的可靠性，减小了故障率。各模块之间的信息通过 CXA2A/CXA2B 的串行数据传递。

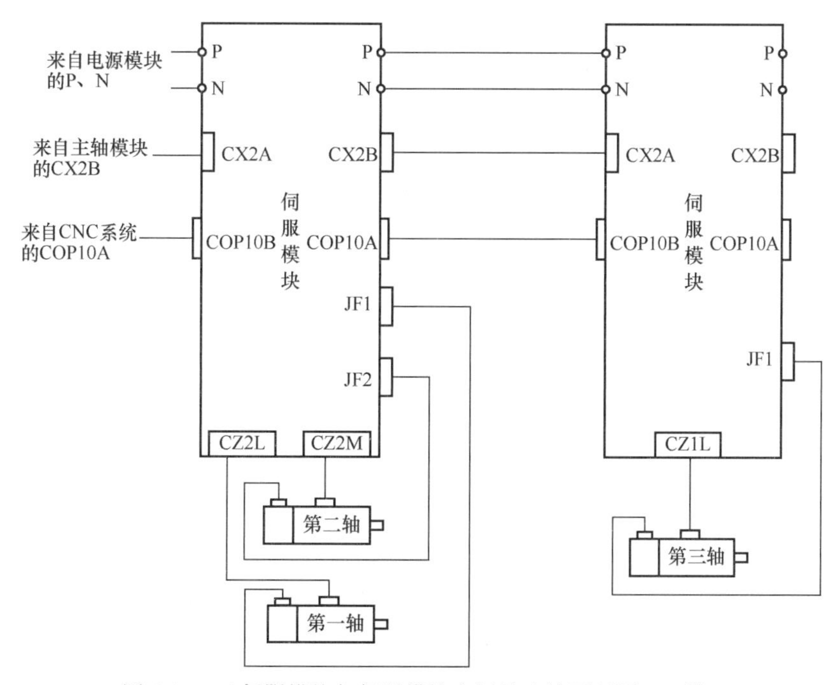

图 6-14　αi 伺服模块与伺服模块之间的连接原理图（三轴）

图 6-15 所示为 αi 伺服模块与伺服模块之间的实际连接。

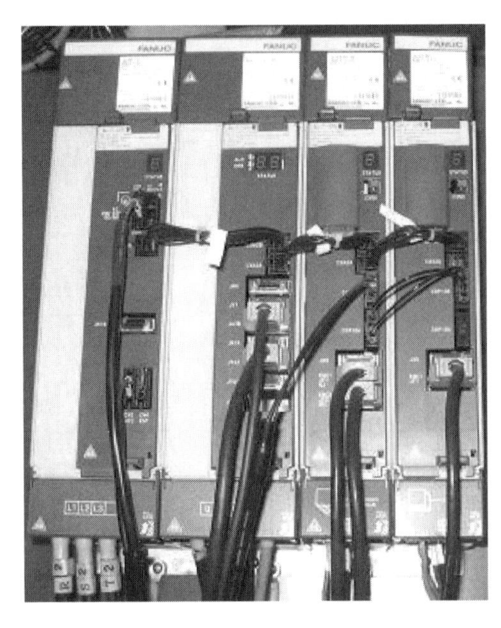

图 6-15　αi 伺服模块与伺服模块之间的实际连接（三轴）

图 6-16 为 αi 系列的放大器连接图（带电源和主轴模块）。

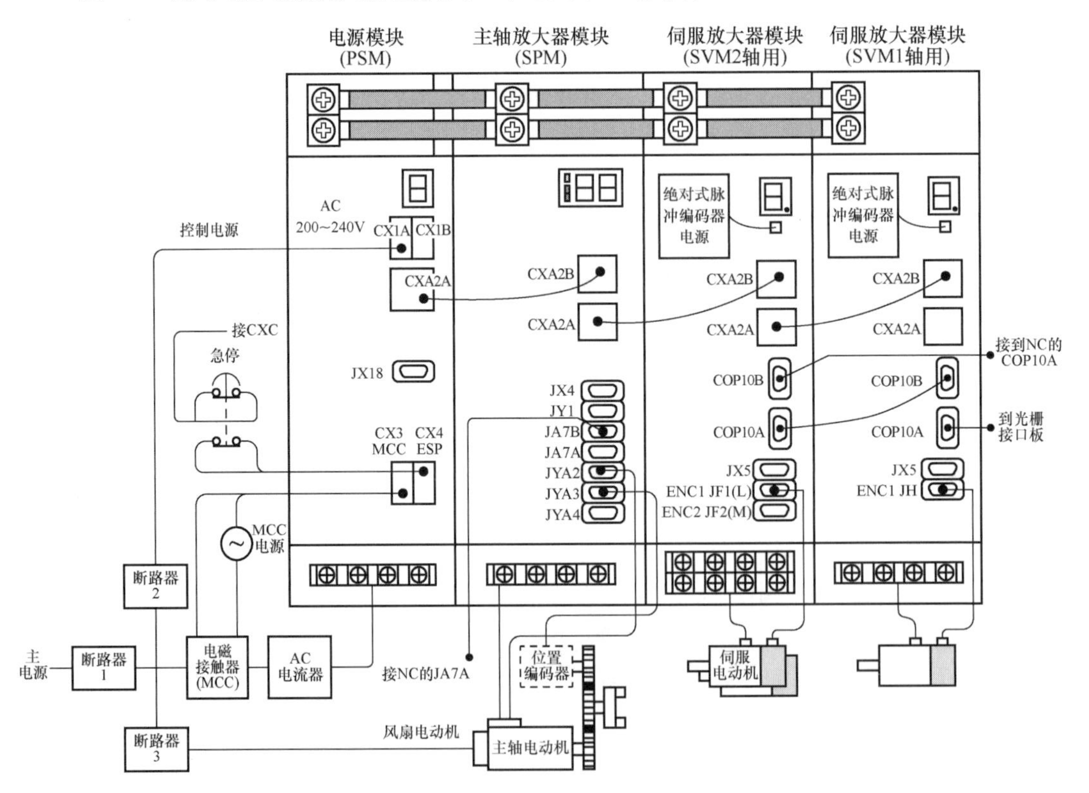

图 6-16　αi 系列的放大器连接图（带电源和主轴模块）

2. I/O 模块的连接

FANUC 系统是以 LINK 串行总线方式通过 I/O 单元与系统通信的。在 LINK 总线上 CNC 是主控端而 I/O 单元是从控端，多 I/O 单元相对于主控端来说是以组的形式来定义的，相对于主控端最近的为第 0 组，以此类推。图 6-17 所示为 0i 系列操作盘 I/O 模块连接原理图。

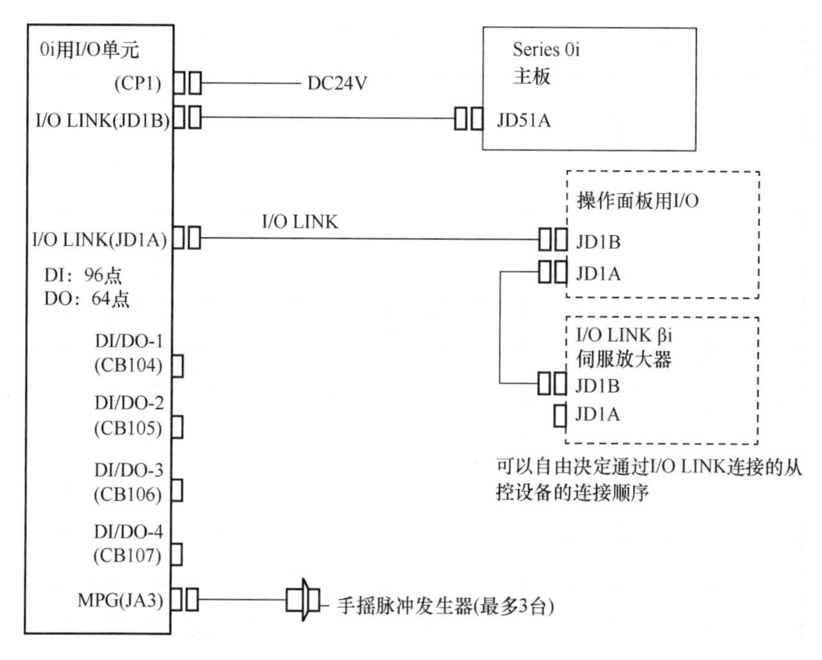

图 6-17　0i 系列操作盘 I/O 模块连接原理图

图 6-18 所示为 0i mate 系列 I/O 模块连接原理图。

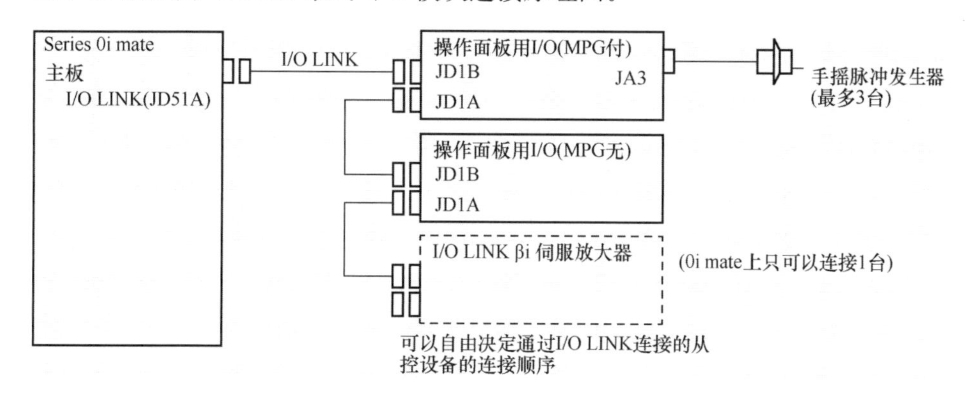

图 6-18　0i mate 系列操作盘 I/O 模块连接原理图

3. 数控系统、驱动器、I/O LINK（I/O 模块）的连接

数控系统、驱动器、I/O LINK（I/O 模块）的连接如图 6-19 所示。

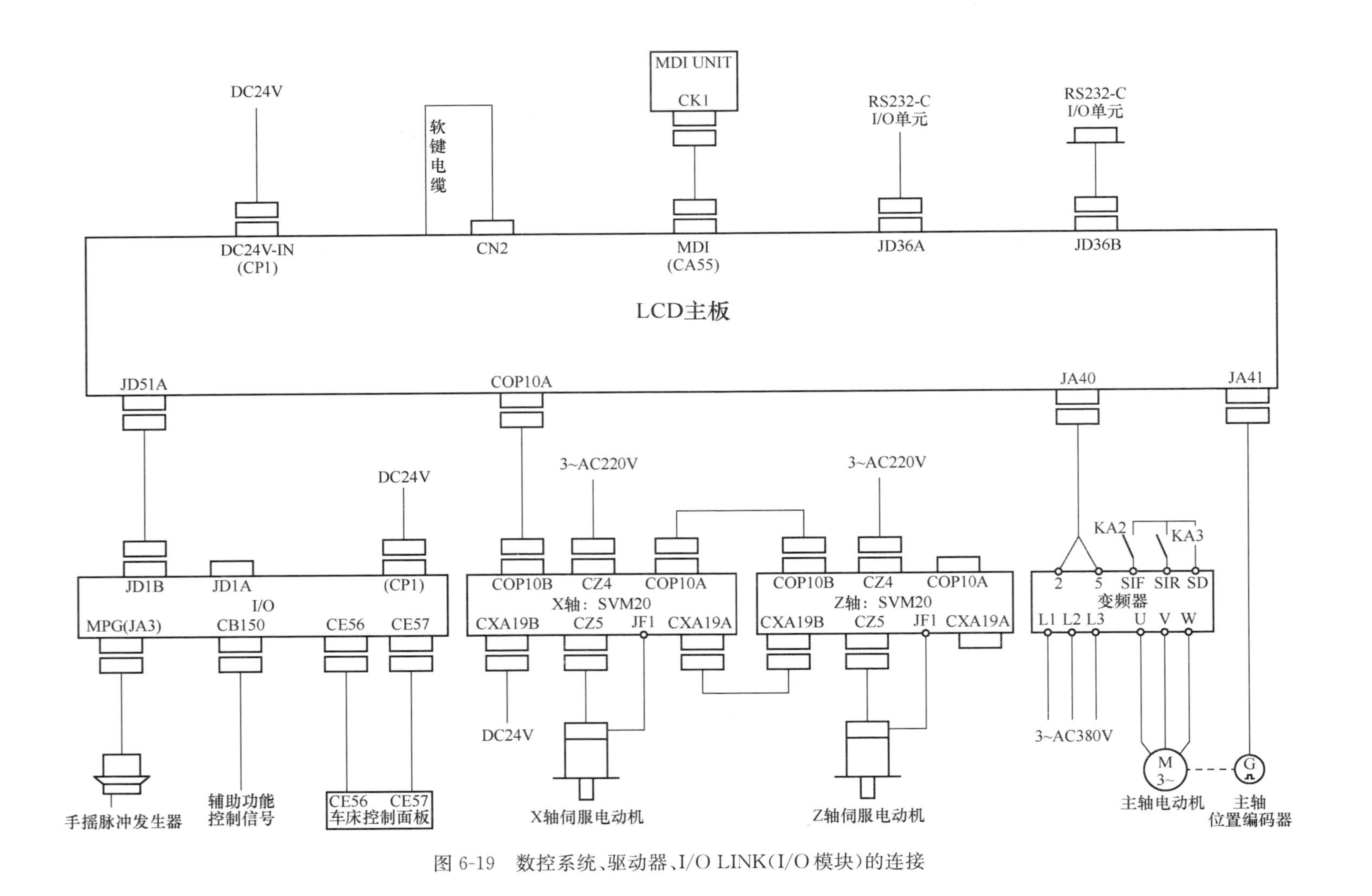

图 6-19　数控系统、驱动器、I/O LINK(I/O模块)的连接

为了方便读者学习数控系统各连接，下文将以 FANUC 0i mate -TD 的实物连接进行介绍。

（1）数控系统与 I/O 的连接

此连接主要是为了对数控机床 I/O 模块的输入输出信号进行接收和处理，也包括数控机床控制面板的信号接收和处理，如图 6-20 所示。

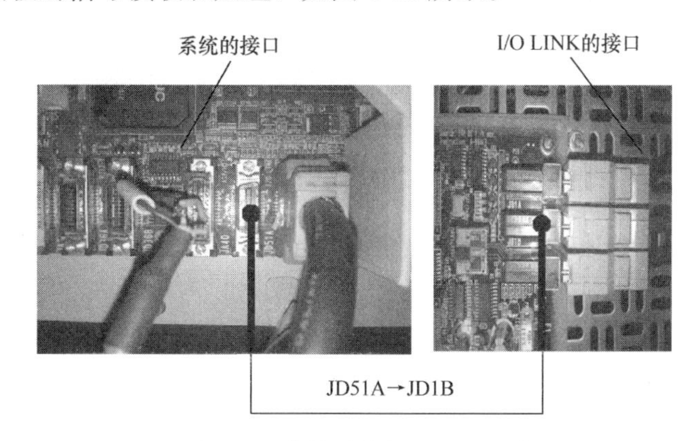

图 6-20　数控系统与 I/O 的连接

（2）数控系统与主轴的连接

图 6-21 所示为系统与主轴编码器的连接。此连接主要是为了测量主轴转速。主轴编码器为分离型编码器。

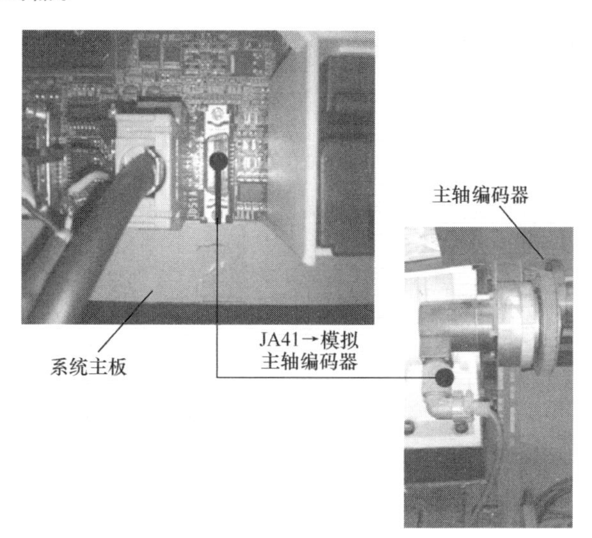

图 6-21　系统与主轴编码器的连接

图 6-22 所示为系统与变频器的连接（模拟量主轴）。此连接主要是为了数控系统对变频器发送脉冲信号。

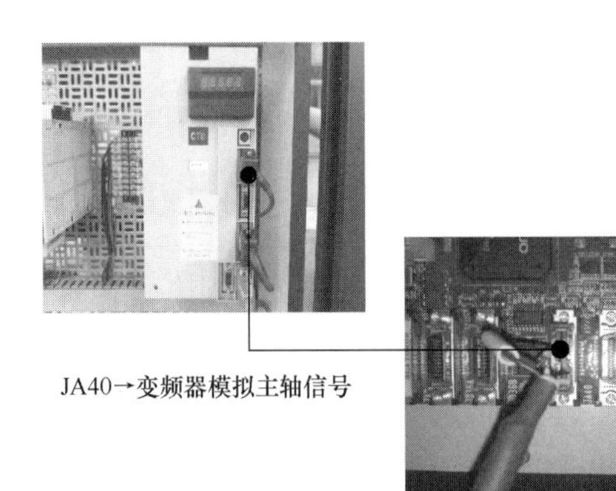

图 6-22　系统与变频器的连接（模拟量主轴）

6.2　数控机床参数的设定与修改

课题分析

数控参数是数控系统所用软件的外在装置，它决定了机床的功能、控制精度等。机床参数使用正确与否直接影响机床的正常工作及机床性能的充分发挥。

课题目的

1. 理解数控系统参数调出的方法。
2. 理解数控系统常用的参数及其作用。
3. 会对数控机床常用参数进行修改与调整。
4. 会利用 Servo Guide 软件进行伺服参数的调整。

课题重点

1. 掌握数控系统常用的参数及其作用。
2. 能对数控机床常用参数进行修改与调整。
3. 能利用 Servo Guide 软件进行伺服参数的调整。

课题难点

1. 对数控机床常用参数进行修改与调整。
2. 伺服参数的优化和调整。

6.2.1　数控机床常用参数的认知

CNC 系统控制参数涉及 CNC 系统功能的各个方面，它们使系统与机床的配接更加灵活、方便，适用范围更广。不同系统控制参数的数量不同。CNC 系统制造厂对每一个参数的含义均有严格的定义，并在其安装与调试手册中详细说明。这些参数由机床厂在机床与系统机电联调时设置，一般不允许机床使用厂家改变。这些参数存放在 CNC 系统的掉电保护 RAM 区中，机床使用者应将所有参数的设置抄录下来，作为备份。以下就以 FANUC 0i mate -D 或 mate -TD 数控系统的常用参数为例进行简单的介绍。

1. 数控系统参数调出的方法

在开机界面（图 6-23）选择 MDI 方式，并按面板上的 SYSTEM 功能键数次，或者按 SYSTEM 功能键一次，再按【参数】软键，选择参数画面，如图 6-24 所示。

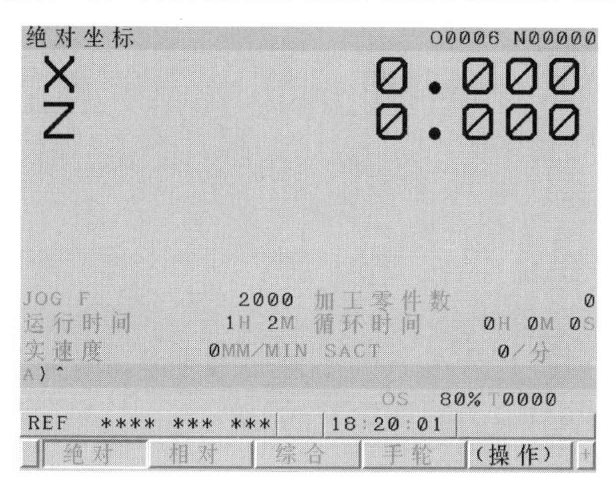

图 6-23　数控机床的开机界面

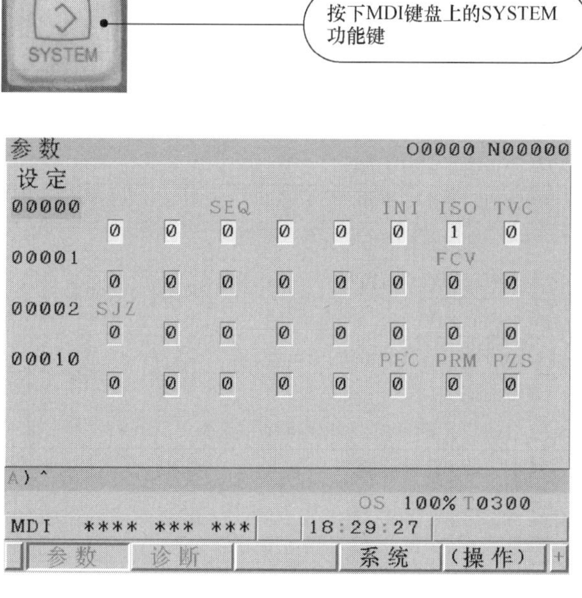

图 6-24　参数显示界面

参数画面由多页组成，可以通过以下两种方法选择需要显示的参数所在的画面：

1）用光标移动键或翻页键，显示需要的画面。

2）由键盘输入要显示的参数号，然后按下【搜索】软键，可以显示指定参数所在的页面，光标同时处于指定参数的位置，如图 6-25 所示。

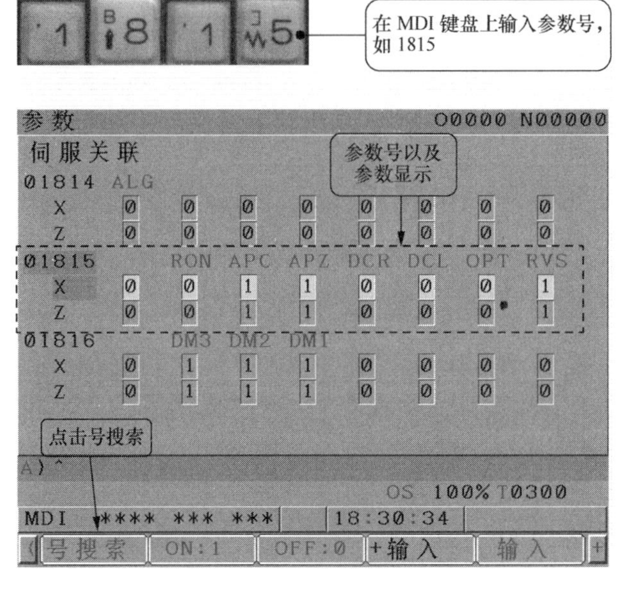

图 6-25　参数 1815 显示页面

2. FANUC 0i mate -TD 数控系统常用参数

系统常用参数如表 6-2 所示。

表 6-2　FANUC 0i mate -TD 数控系统常用参数

参数号	数值	参数说明
20	4	存储卡接口
3003＃0	1	使所有轴互锁信号无效
3003＃2	1	使各轴互锁信号无效
3003＃3	1	使不同轴向的互锁信号无效
3004＃5	1	不进行超程信号的检查
3105＃0	1	显示实际速度
3105＃2	1	显示实际主轴速度和 T 代码
3106＃5	1	显示主轴倍率值
3108＃7	1	在当前位置显示画面和程序检查画面上显示 JOG 进给速度或者空运行速度
3708＃0	1	检测主轴速度到达信号
3716＃0	0	模拟主轴
3720	4096	位置编码器的脉冲数
3730	995	用于主轴速度模拟输出的增益调整的数据
3731	－14	主轴速度模拟输出的偏置电压的补偿量
3741	2800	与齿轮 1 对应的各主轴的最大转速
7113	100	手轮进给倍率
8131＃0	1	使用手轮进给

6.2.2 数控机床常用参数的修改与调整

下面以 FANUC 0i mate-TD 数控系统为例介绍参数的修改与调整。

1. 参数的设置方法

在控制面板上选择 MDI 方式或急停状态。

1）按下 OFS/SET 功能键，再按【设定】软键，显示设定画面如图 6-26 所示。

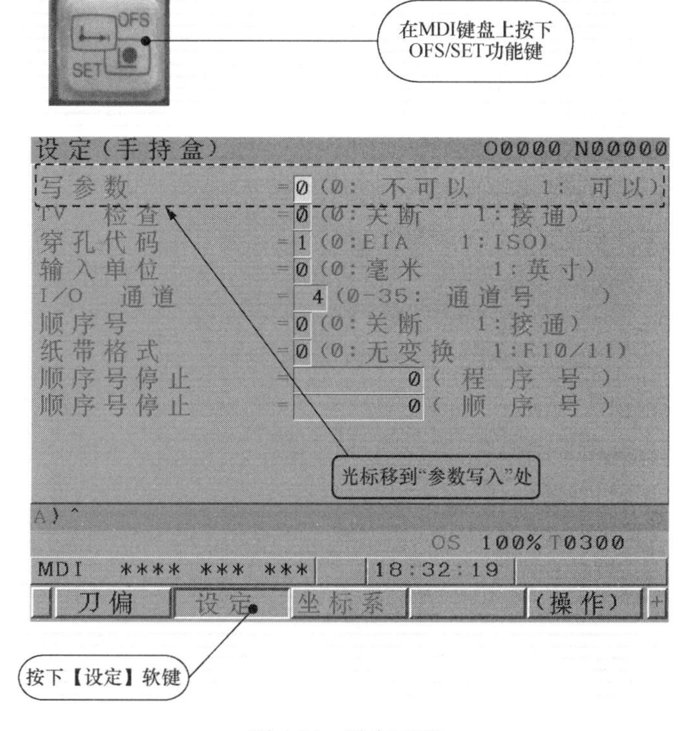

图 6-26 设定画面

2）将光标移动到“参数写入”处，按【操作】软键，进入下一级画面。

3）按【NO :1】软键或输入 1，再按【输入】软键，如图 6-27 所示。将“参数写入”设定为 1，如图 6-28 所示，这样参数处于可写入状态，同时 CNC 发生报警（SW0100）“参数写入开关处于打开”，如图 6-29 所示。

4）找到需要设定参数的画面，将光标置于需要设定的位置。输入参数，然后按 INPUT 键，输入的数据将被设定到光标指定的参数中，存入系统存储器内。

5）参数设定完毕，需要将“参数写入”设置为 0，即禁止参数设定，防止参数被无意更改。同时，按下 RESET 键和 CAN 键，解除 SW0100 报警。有时在参数设定中会出现报警“PW0000 必须关断电源”，此时要关闭数控系统电源再开启。

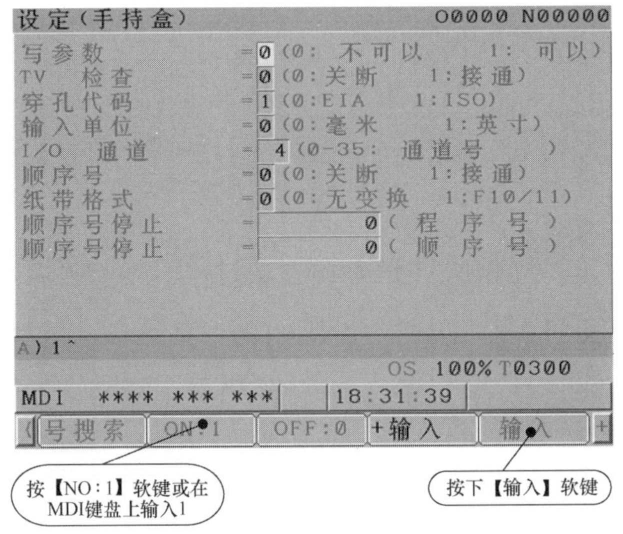

图 6-27　输入 1 设定

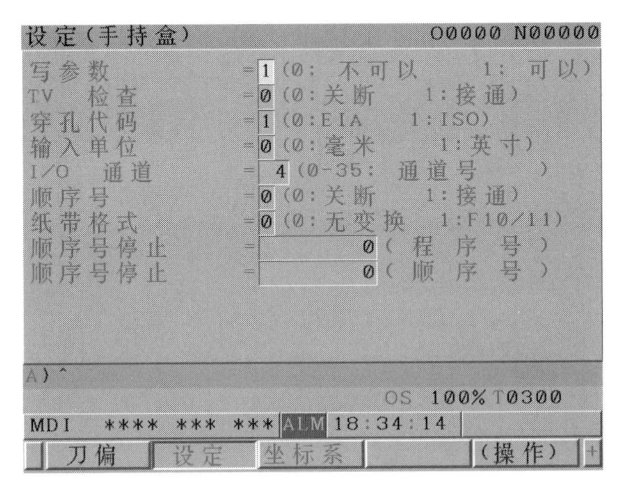

图 6-28　参数写入设定为 1

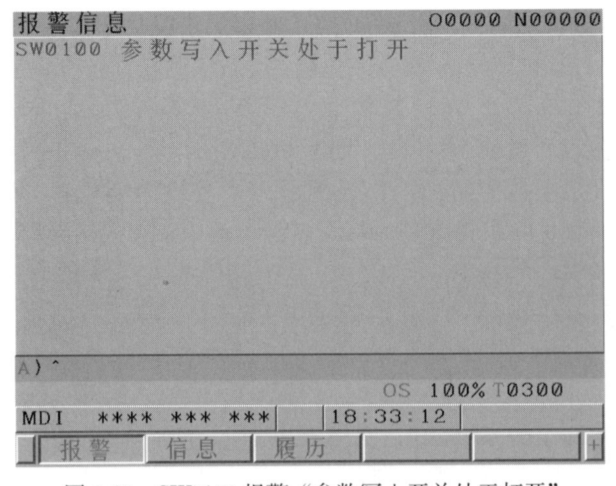

图 6-29　SW0100 报警“参数写入开关处于打开”

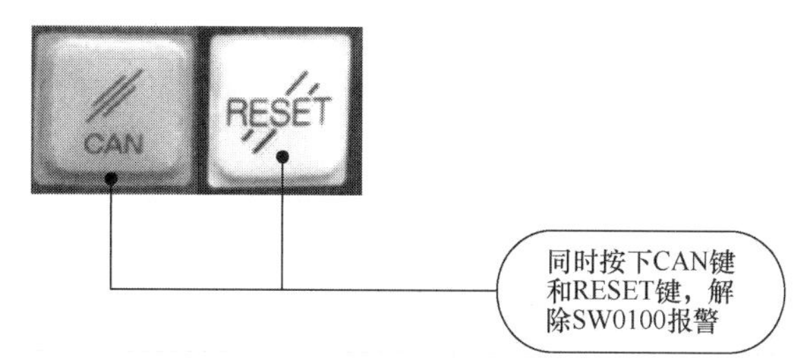

接下来以修改输入单位参数为例介绍参数的修改。

按照图 6-27 所示将光标移动到输入单位参数所在的位置，并将设定值 1 输入到光标所在位置，修改后如图 6-30 所示。

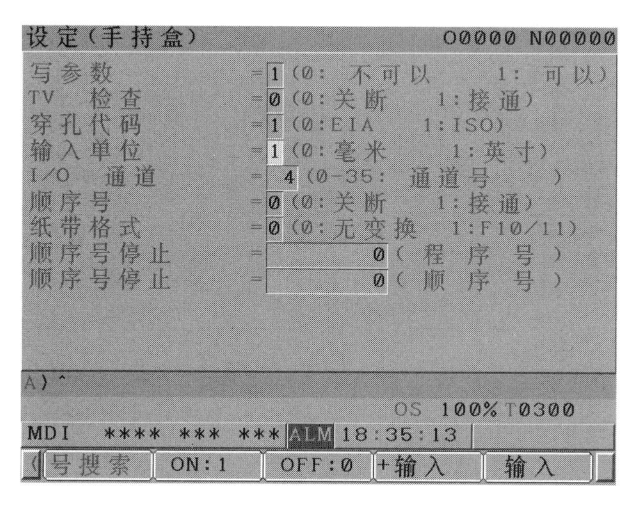

图 6-30　输入单位参数的修改

参数设定完成后，需要将参数写入开关关闭，按照图 6-27 所示将设定值 0 输入到“参数写入”处，输入完成后如图 6-31 所示。

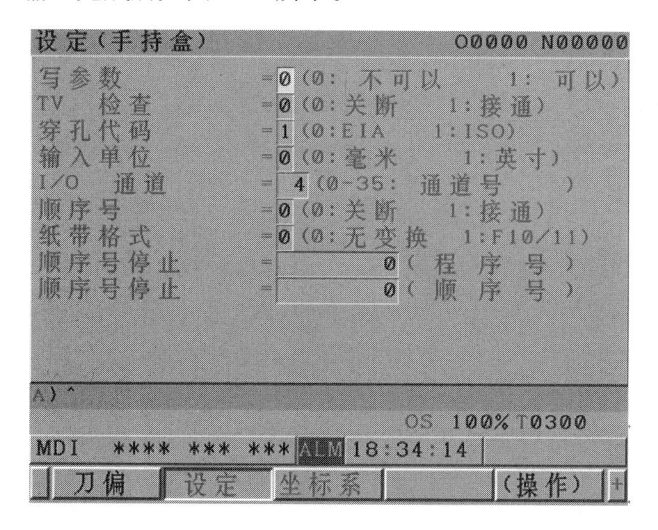

图 6-31　参数写入复位

2. 利用 Servo Guide 软件进行伺服参数的调整

在完成系统的硬件连接，并正确地进行基本参数、FSSB、主轴以及基本伺服参数的初始化设定后，系统即能够正常工作了。为了更好地发挥控制系统的性能，提高加工的速度和精度，还要根据机床的机械特性和加工要求进行伺服参数的优化调整。此处结合 Servo Guide 软件说明伺服参数的调整方法。

（1）Servo Guide 软件的设定

1）打开伺服调整软件后出现以下菜单画面，如图 6-32 所示。

图 6-32　主菜单

2）单击图 6-32 中的【通信设定…】，出现图 6-33 所示的界面。

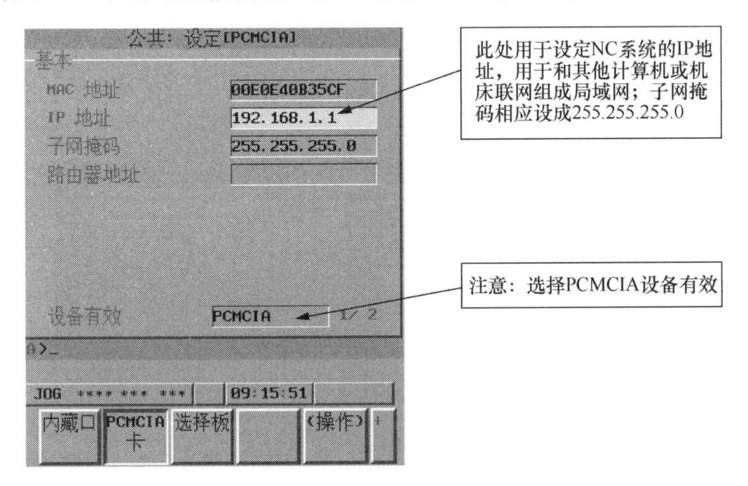

图 6-33　通信设定

图 6-33 中的“IP 地址”为 NC 的 IP 地址，NC 的 IP 地址设定如图 6-34 所示。

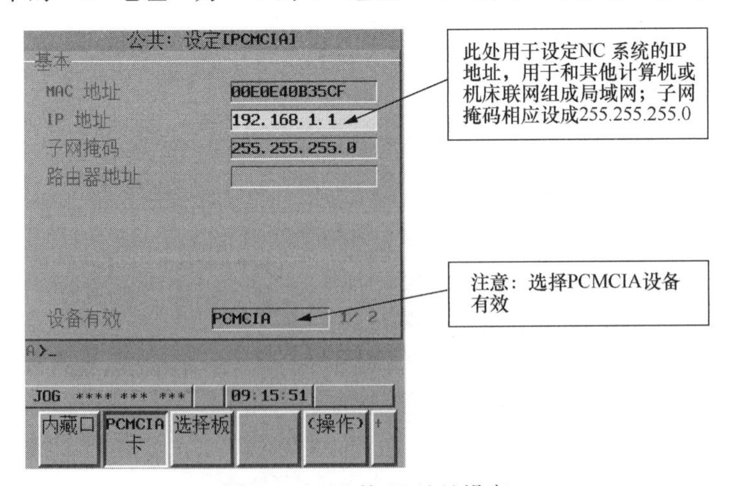

图 6-34　NC 的 IP 地址设定

PC 端的 IP 地址设定如图 6-35 所示。

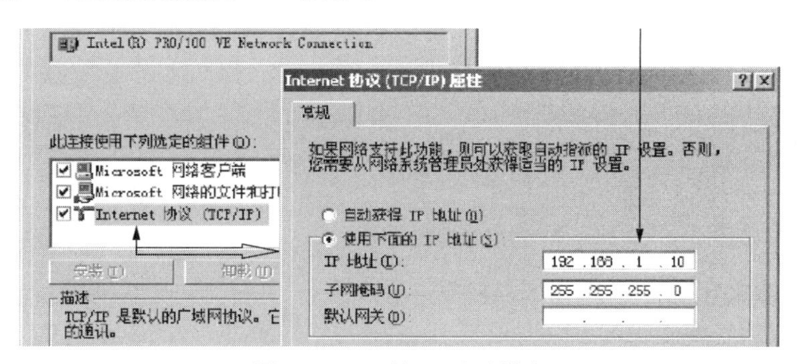

图 6-35　PC 端 IP 地址设定

如果以上设定正确，在单击【测试】后还没有显示“OK”，请检查网络连接是否正确。

对于现在的新型笔记本电脑，内置网卡可以自动识别网络信号，则图 6-36 中的耦合器和交叉网线可以省去，直接连接就可以了。

PCMCIA 卡型号为 A15B-0001-C106（带线）。如果系统有以太网接口，则不需要此卡。

（2）参数画面

将 NC 切换到 MDI 方式，POS 画面，单击主菜单（图 6-32）上的【参数】按钮，则弹出如图 6-37 所示的画面。

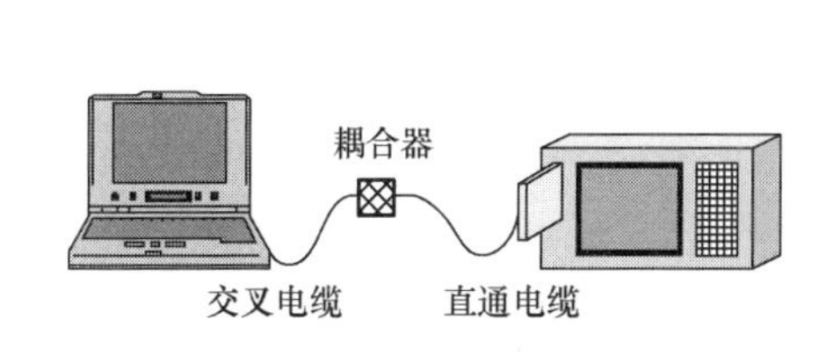

图 6-36　NC-PC 正确连接

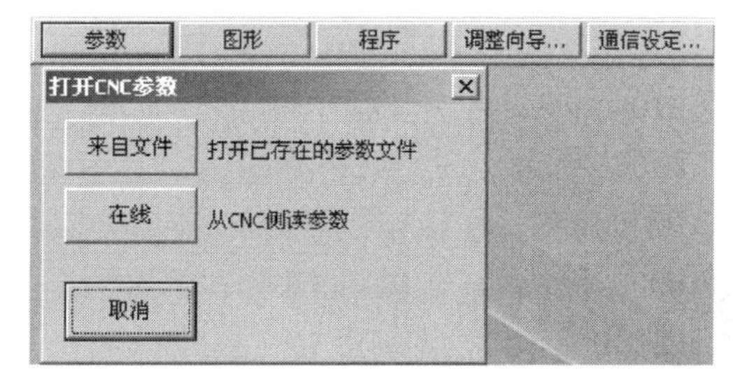

图 6-37　参数初始画面

单击【在线】，则自动读取 NC 的参数，并显示如图 6-38 所示的参数画面。

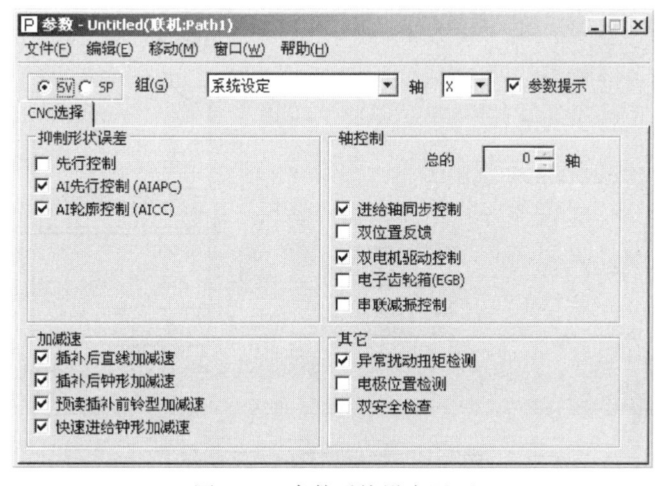

图 6-38　参数系统设定画面

1）系统设定画面。参数画面打开后进入系统设定画面，该画面的内容不能改动，但是可以检查该系统在抑制形状误差、加减速及轴控制等方面都有哪些功能，后面的参数调整可以针对这些功能进行。

2）轴设定，如图 6-39 所示。

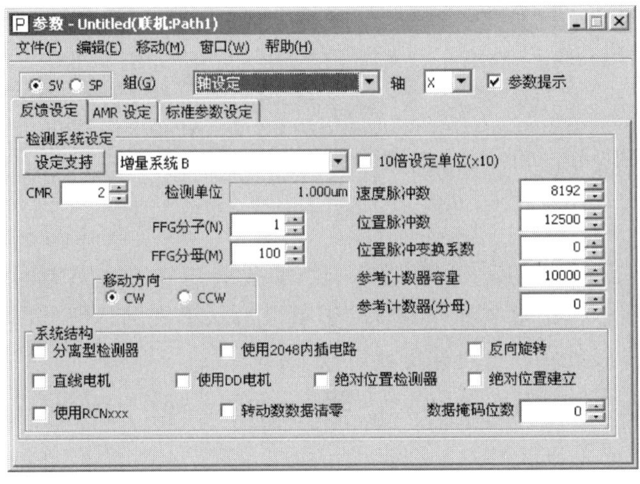

图 6-39　轴设定画面

轴设定画面主要用于分离式检测器的有无、旋转电动机/直线电动机、CMR、柔性进给齿轮比等的设定，这些内容前面已经基本设定完毕，此处只需要检查以下几项：

① 电动机代码是否按 HRV3 初始化（电动机代码大于 250）。

② 电动机型号与实际安装的电动机是否一致。

③ 放大器（安培数）是否与实际的一致。

④ 检查系统的诊断 700＃1 是否为 1（HRV3 OK），如果不为 1，则重新初始化伺服参数，并检查 2013＃0＝1（所有轴）。

3）加减速——一般控制，如图 6-40 所示。

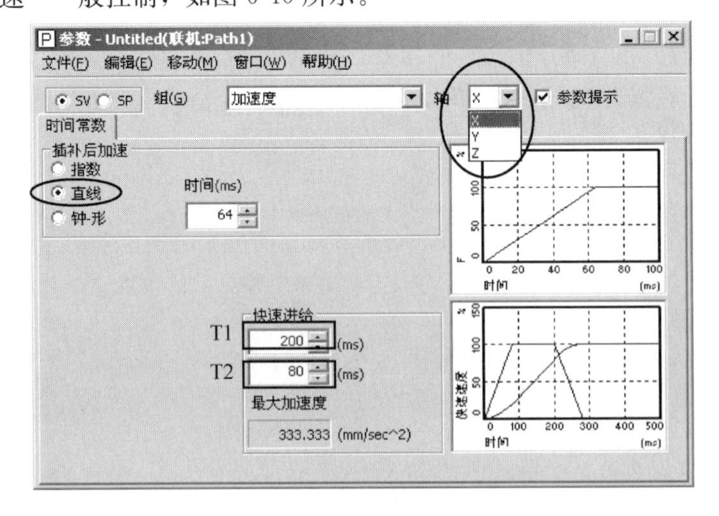

图 6-40　一般控制的时间常数

加减速一般控制用于设定各伺服轴在一般控制时的加减速时间常数和快速移动时间常数。一般情况下，时间常数选择直线型加减速，快速进给选择铃型加减速，即 T1、T2 都进行设定。如果不设定 T2，只设定 T1，则快速进给为直线型加减速，冲击的可能性比较大。

注意：各个轴要分别进行设定，各个轴的时间常数一般设定为相同的数值。

相关参数如表 6-3 所示。

表 6-3　伺服轴加减速时间设定参数表

参数号	意义	标准值	调整方法
1610	插补后直线型加减速	1	
1622	插补后时间常数	50～100	走直线
1620	快速移动时间常数 T1	100～500	走直线
1621	快速移动时间常数 T1	50～200	走直线

4）加减速—AI 先行控制/AI 轮廓控制。如果系统有 AI 轮廓控制功能（AICC），则按照 AICC 的菜单调整；如果没有 AICC 功能，则可以通过“AI 先行控制”（AIAPC）菜单项来调整。二者的参数号及画面基本相同，这里合在一起介绍，在实际调试过程中需要注意区别。

① 时间常数设定，如图 6-41 所示。

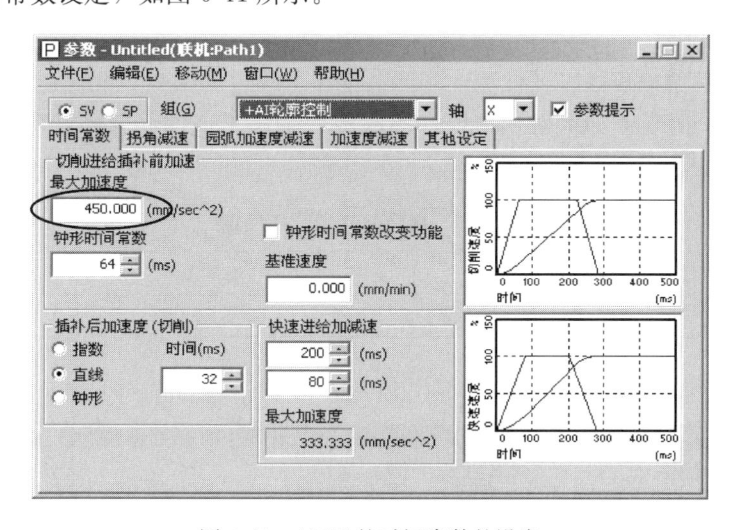

图 6-41　AICC 的时间常数的设定

注意：这里的时间常数和图 6-40 中不同，当系统执行 AICC 或 AIAPC（G5.1Q1 指令生效）时才起作用。

图 6-41 中的最大加速度计算值用于检查加减速时间常数设定是否会导致出现加速度过大的现象，一般计算值不要超过 500。

相关参数如表 6-4 所示。

表 6-4　AICC 的时间常数参数的设定

参数号	意义	标准值	调整方法
1660	各轴插补前最大允许加速度	700	
1769	各轴插补后时间常数	32	
1602#6	插补后直线型加减速有效	1	方带 1/4 圆弧
1602#3	插补后铃型加减速有效	1	
7055#4	钟型时间常数改变功能	1/0	
1772	钟型加减速时间常数 T2	64	AICC 走直线
7066	插补前铃型加减速时间常数改变功能参考速度	10000	

② 拐角减速设定，如图 6-42 所示。

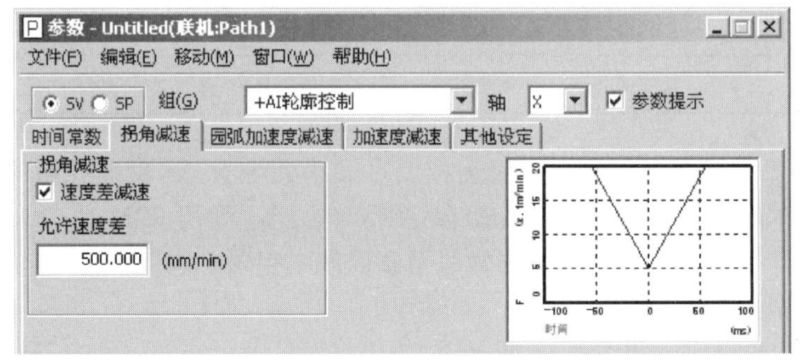

图 6-42　拐角减速设定

通过设定拐角减速可以进行基于方形轨迹加工的过冲调整。允许速度差设定过小，会导致加工时间变长。如果对拐角要求不高或者加工工件曲面较多，应该适当加大设定值。相关参数如表 6-5 所示。

表 6-5　拐角减速参数的设定

参数号	意义	标准值	调整方法
1783	允许的速度差	200～1000	AICC 走方

③ 圆弧加速度减速设定，如图 6-43 所示。

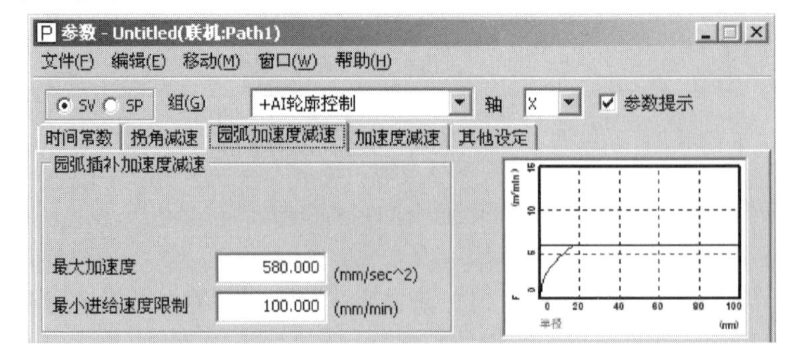

图 6-43　圆弧加速度减速设定

相关参数如表 6-6 所示。

表 6-6　圆弧加速度减速参数设定

参数号	意义	标准值	调整方法
1735	各轴圆弧插补时最大允许加速度	525	方带 1/4 圆弧
1732	各轴圆弧插补时最小允许速度	100	

④ 加速度减速设定，如图 6-44 所示。

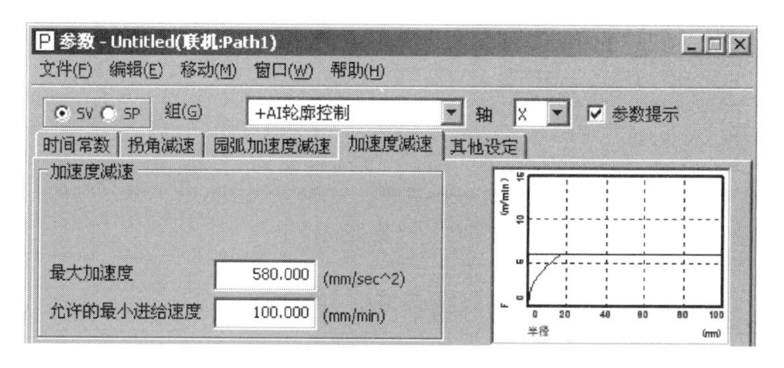

图 6-44　加速度减速设定

相关参数如表 6-7 所示。

表 6-7　加速度减速参数设定

参数号	意义	标准值	调整方法
1737	各轴 AICC/AIAPC 控制中最大允许加速度	525	方带 1/4 圆弧
1738	各轴 AICC/AIAPC 控制中最小允许速度	100	

⑤ 其他设定，如图 6-45 所示。此界面一般采用默认值。

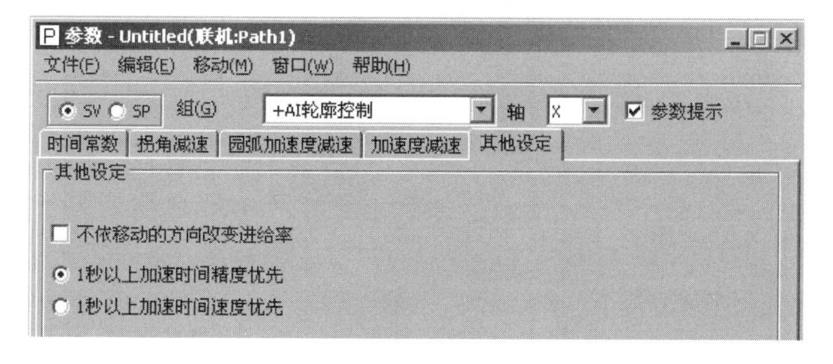

图 6-45　其他设定

5）电流控制设定，如图 6-46 所示。

相关参数如表 6-8 所示。

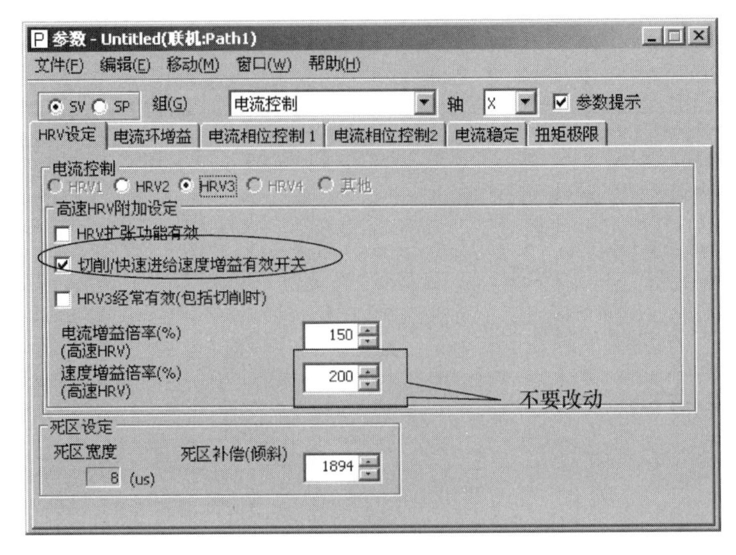

图 6-46　电流控制设定

表 6-8　电流控制参数设定

参数号	意义	标准值	调整方法
2202#1	切削/快速 VG 切换	1	
2334	电流增益倍率提高	150	AICC/HRV3 走直线
2335	速度增益倍率提高	200	AICC/HRV3 走直线

6）速度环控制设定，如图 6-47 所示。如果伺服参数是按照 HRV3 初始化设定的，则图 6-47 中圆圈标记的部分已经设定好了，不需要再设定，只要做一下检查就可以了。速度增益和滤波器在后面的频率响应和走直线程序时需要重新调整。

注意：这些参数都是需要各个轴分别设定的。比例积分增益参数不需要修改，请按标准设定（初始化后的标准值）。

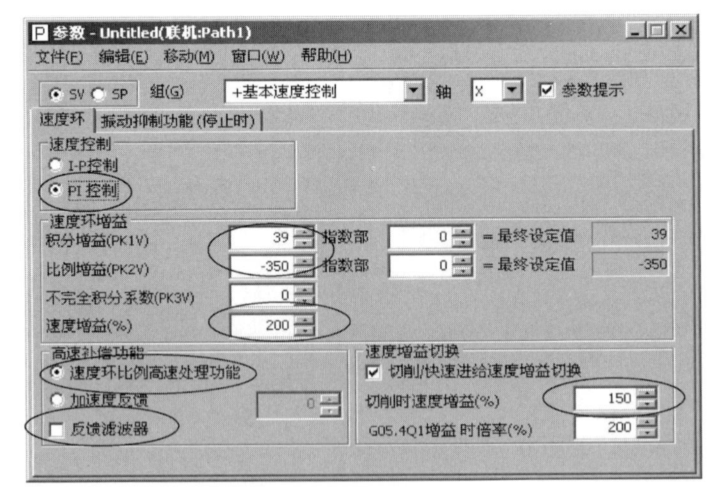

图 6-47　速度控制设定

相关参数如表 6-9 所示。

表 6-9　速度控制参数设定

参数号	意义	标准值	调整方法
(2021 对应)	速度环增益	200	走直线，频率响应
2202＃1	切削/快速进给速度增益切换	1	
2107	切削增益提高	150	走直线

加速度反馈：此功能把加速度反馈增益乘以电动机速度反馈信号的微分值，通过补偿转矩指令 TCMD 抑制速度环的振荡。电动机与机床弹性连接，负载惯量比电动机的惯量要大，在调整负载惯量比时（大于 512）会产生 50～150Hz 的振动，此时不要减小负载惯量比的值，可设定此参数进行改善，如图 6-48 所示。参数 2066 设定在－20～－10，一般设为－10。

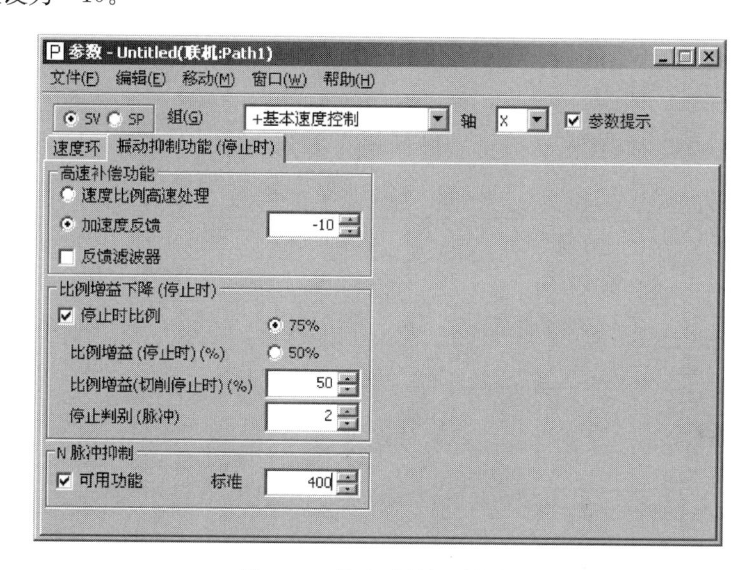

图 6-48　停止时的振动抑制

比例增益下降：通常为了提高系统响应特性或者负载惯量比较大时，应提高速度增益或者负载惯量比，但是设定过大的速度增益会在停止时发生高频振动。此功能可以使停止时的速度环比例增益（PK2V）下降，抑制停止时的振动，进而提高速度增益。

N 脉冲抑制：此功能能够抑制停止时由于电动机的微小跳动引起的机床振动。当调整时，由于提高了速度增益，使机床在停止时也出现了小范围的震荡（低频）。从伺服调整画面的位置误差可以看到，在没有给出指令（停止）时，误差在 0 左右变化。使用单脉冲抑制功能可以将此震荡消除，按以下步骤调整：

① 参数 2003＃4＝1。如果震荡在 0～1 范围变化，设定此参数即可。

② 参数 2099，按以下公式计算，标志设定 400：

$$设定值=\frac{4000000}{电动机一转的位置反馈脉冲数}$$

7）设定形状误差消除—前馈，如图 6-49 所示。

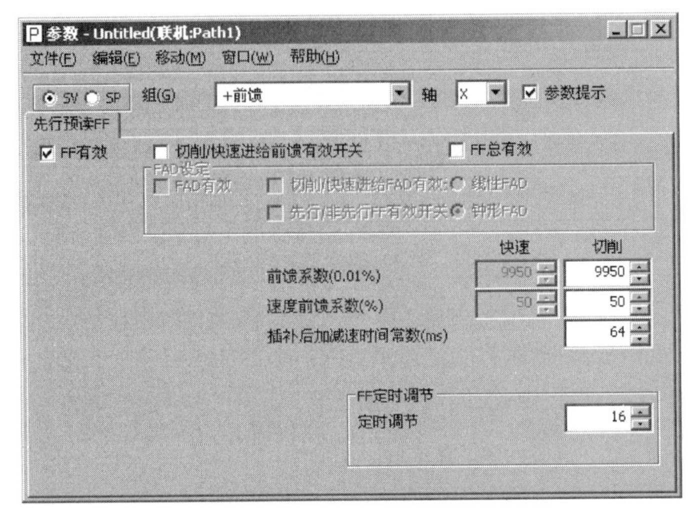

图 6-49　前馈设定

相关参数如表 6-10 所示。

表 6-10　前馈参数设定

参数号	意义	标准值	调整方法
2005＃1	前馈有效	1	
2092	位置前馈系数	9900	走圆弧
2069	速度前馈系数	50～150	走直线，圆弧

8）设定形状误差消除—背隙加速，如图 6-50 所示。

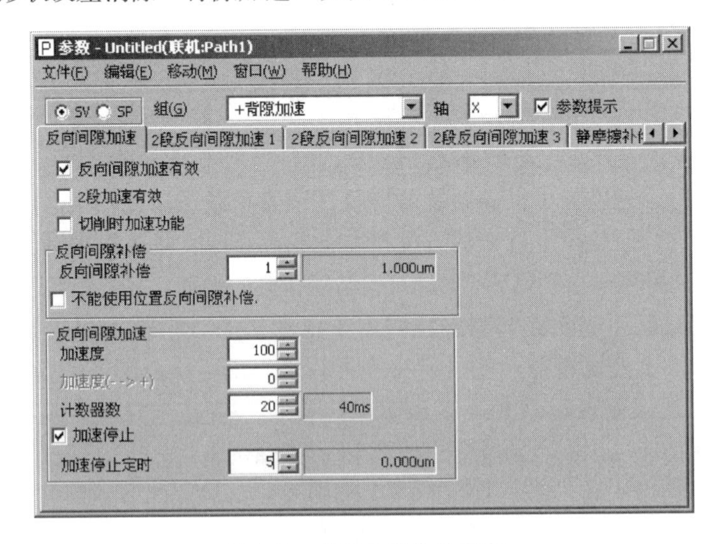

图 6-50　背隙补偿参数设定

相关参数如表 6-11 所示。

表 6-11　背隙补偿参数设定

参数号	意义	标准值	调整方法
2003#5	背隙加速有效	1	
1851	背隙补偿	1	调整后还原
2048	背隙加速量	100	走圆弧
2071	背隙加速计数	20	走圆弧
2048	背隙加速量	100	走圆弧
2009#7	加速停止	1	
2082	背隙加速停止量	5	

注意：背隙补偿（1851）的设定值是通过实际测量机械间隙所得，在调整时为了获得的圆弧（走圆弧程序）直观，可将该参数设定为 1，调整完成后再改回原来的设定值。

9）设定超调补偿，如图 6-51 所示。

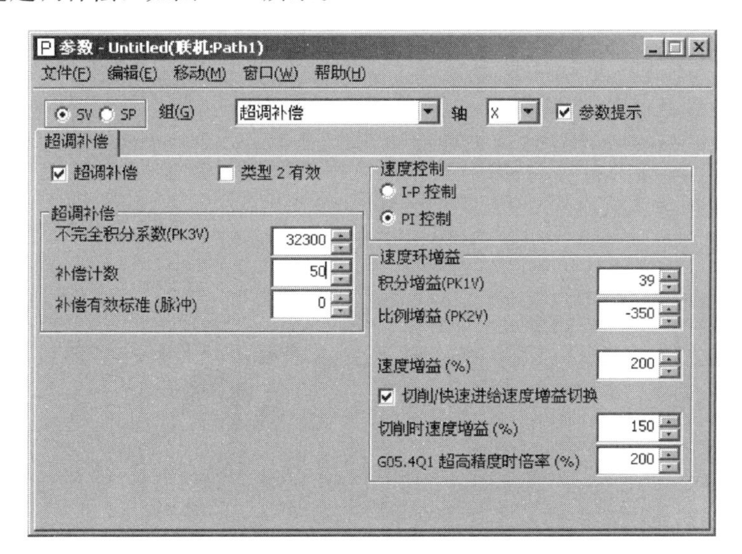

图 6-51　超调补偿设定

在手轮进给或其他微小进给时，发生过冲（指令 1 脉冲，走 2 个脉冲，再回来 1 个脉冲），可按如下步骤调整：

① 单脉冲进给动作原理如图 6-52、图 6-53 所示。

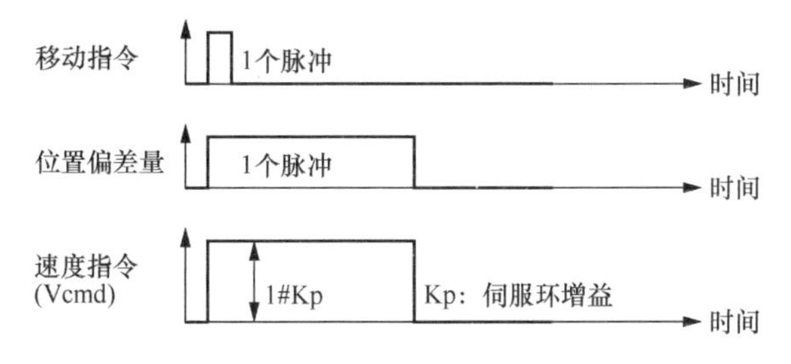

图 6-52　单脉冲进给动作原理（一）

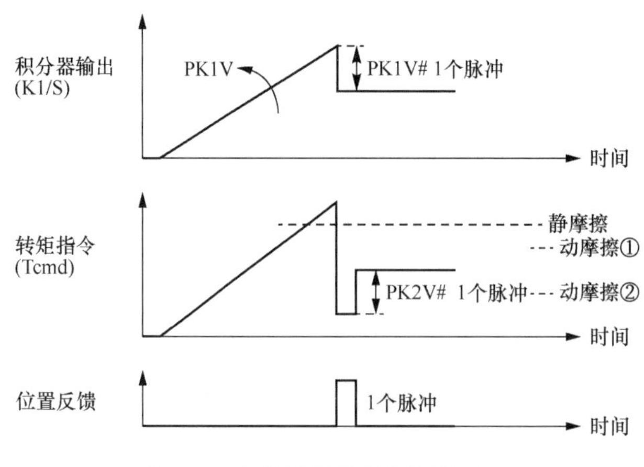

图 6-53　单脉冲进给动作原理（二）

注：①在积分增益 PK1V 稳定的范围内尽可能取大值。
②从给出 1 个脉冲进给的指令到机床移动的响应将提高。
③根据机床的静摩擦和动摩擦值确定是否发生过冲。
④机床的动摩擦①大于电动机的保持转矩时不发生过冲。

② 使用不完全积分 PK3V 调整 1 个脉冲进给移动结束时的电动机保持转矩，如图 6-54 所示。

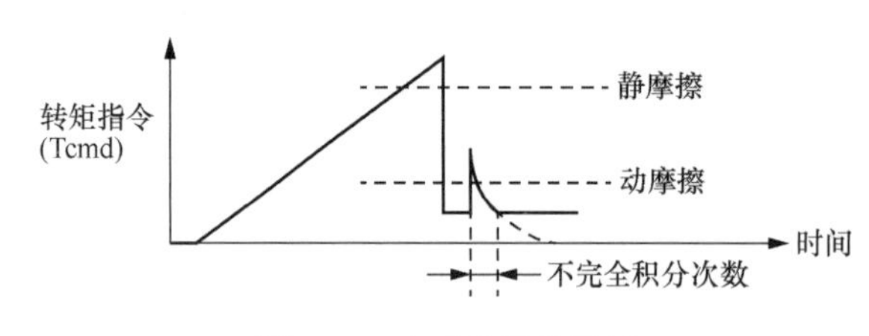

图 6-54　电动机保持转矩

③ 参数：2003＃6＝1，2045＝32300 左右，2077＝50 左右。

注意：如果因为电动机保持转矩大，用上述参数设定还不能克服过冲，可增加 2077 的设定值（以 10 为基数逐渐增加）。如果在停止时不稳定是由于保持转矩太低，可减小 2077（以 10 为倍数）。

10）设定保护停止，如图 6-55 所示。

图 6-55　保护停止设定

一般重力轴的电动机都带有制动器，在按急停或伺服报警时，由于制动器的动作时间长而产生的轴的跌落可通过参数调整来避免。

参数调整：2005＃6＝1；2083，设定延时时间（ms），一般设定为 200 左右，具体设定值根据机械重力的大小确定。如果该轴的放大器是二轴或三轴放大器，每个轴都要设定。时序图如图 6-56 所示。

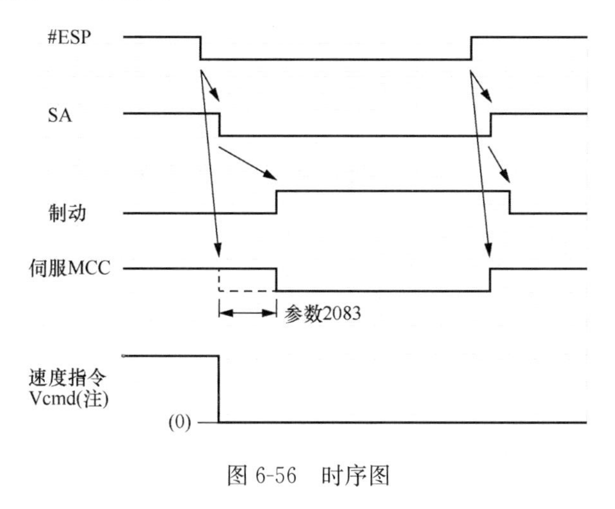

图 6-56　时序图

第 7 章　机械系统的拆装与测量

7.1　数控车床主轴部件的拆装

课题分析

数控车床主轴部件的结构如图 7-1 所示。

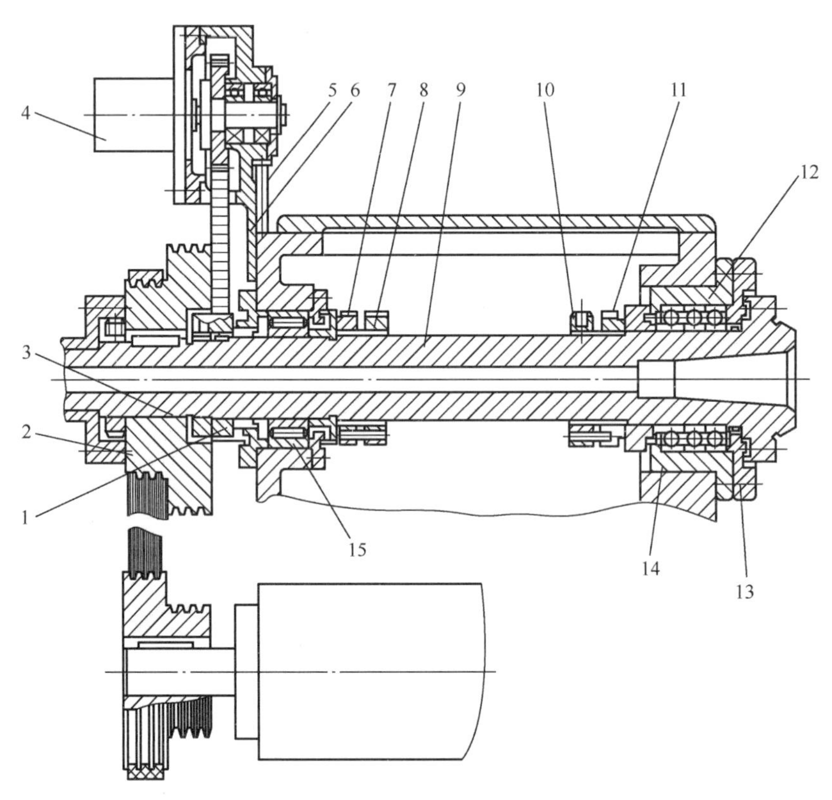

图 7-1　CK7815 型数控车床主轴部件结构

1—同步带轮；2—带轮；3、7、8、10、11—螺母；4—主轴脉冲发生器；5—螺钉；6—支架；9—主轴；12—角接触球轴承；13—前端盖；14—前支承套；15—圆柱滚子轴承

数控车床主轴是一个空心轴，它前端有一莫氏 5 号锥孔，可用于安装长盘或顶针等。主轴的前端用 3 个一组的角接触球轴承来支承，通过螺母 10、11 来调整角接触球轴承的游隙，从而保证主轴的径向跳动误差。后端采用一短圆柱滚子轴承支承，通过调整螺母 7、8 来保证主轴的轴向窜动。

课题目的 ⇨

1. 了解数控车床主轴与进给传动部件的结构。
2. 掌握数控车床主轴部件的拆装与调整方法。
3. 会使用各种仪器仪表，能对主轴进行安装精度的测量，并对测得的数据进行分析、判断，调整主轴安装精度。
4. 在操作过程中注重安全。

课题重点 ⇨

1. 能够阅读、分析主轴装配图，并进行主轴部件的拆装及调整。
2. 能运用仪表仪器对安装部件进行调整。

课题难点 ⇨

1. 完成图 7-1 中数控车床主轴的拆装。
2. 完成主轴的安装精度检测及调整。
3. 对安装的主轴进行空载试验。

7.1.1　主传动系统工作原理

1. 主传动系统的传动方式

机床主传动系统可分为分级变速传动和无级变速传动。分级变速传动是在一定的变速范围内均匀地、离散地分布着有限级数的转速，变速级数一般不超过 20～30 级。这种传动方式主要用于普通机床，一些普通机床经数控化改造后也保留了原分级变速传动方式。无级变速传动可以在一定的变速范围内连续改变转速，以便得到满足加工要求的最佳速度，能在运转中变速，便于自动变速。数控车床的主传动系统通常采用无级变速传动。

与普通机床相比，数控车床的主传动采用交、直流主轴调速电动机，电动机调速范围大，并可无级调速，使主轴箱结构大为简化。为了适应不同的加工需要，数控车床的主传动系统有以下三种传动方式。

（1）由电动机直接驱动

主轴电动机与主轴通过联轴器直接连接，或采用内装式主轴电动机直接驱动，如图 7-2（a）所示。采用直接驱动可大大简化主轴箱结构，能够有效地提高主轴刚度。这种传动的特点是主轴转速的变化、输出转矩与电动机的特性完全一致。但由于主轴的功率和转矩特性直接取决于主轴电动机的性能，这种变速传动的应用受到一定限制。这种变速传动方式多用于小型或高速数控机床。

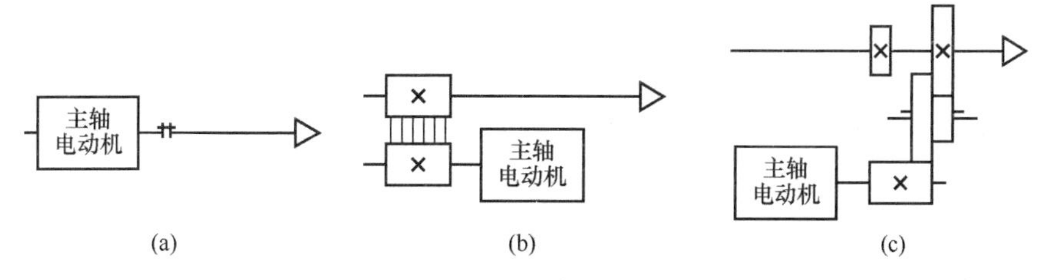

图 7-2　主传动的三种形式

（2）采用定比传动

主轴电动机经定比传动传递给主轴。定比传动可采用带传动或齿轮传动，如图 7-2（b）所示。带传动具有传动噪声小、振动小的优点，一般应用在中、小型数控车床上。采用定比传动扩大了直接驱动的应用范围，即在一定程度上能满足主轴功率与转矩的要求，但其变速范围仍与电动机的调速范围相同。

（3）采用分挡变速传动

采用分挡变速传动主要是为了使主轴电动机的功率特性与机床主轴功率特性匹配。变速机构一般仍用齿轮副来实现，如图 7-2（c）所示。通过电动机的无级变速，配合变速机构，可确保主轴的功率、转矩要求。目前，电动机本身的调速范围已达 1∶100～1∶1000，所以多数机床的变速传动机构不超过 2 级。采用分挡变速传动可适应更多种类的刀具材料和更广泛的工艺要求，并满足各种切削运动的转矩输出，特别是保证低速时的转矩和扩大恒功率的调速范围。目前，大、中型数控车床多采用这种传动方式。

2. 主轴组件

主轴是主轴组件的重要组成部分，它的结构形状和尺寸、制造精度、材料及其热处理对主轴组件的工作性能都有很大影响。

（1）主轴的结构形状

主轴的结构形状主要取决于轴上安装的零件、轴承、传动件及夹具等的类型、数目、位置、安装定位方式等，也考虑其工艺性要求。主轴通常是一个前粗后细的阶梯轴，即轴径尺寸从前轴颈起向后逐渐缩小。这样的结构是为了适应主轴各段承受的不同荷载，以满足刚度要求，同时为其上的多个零件提供足够的安装、定位及止推面，也有利于加工和装配。

数控车床主轴的轴端通常用于安装夹具，要求夹具在轴端定位精度高、定位刚度好、装卸方便，同时使主轴的悬伸长度短。主轴端部结构一般采用短圆锥法兰盘式，如图 7-3 所示。短圆法兰结构有很高的定心精度，主轴的悬伸长度短，大大提高了主轴的刚度。

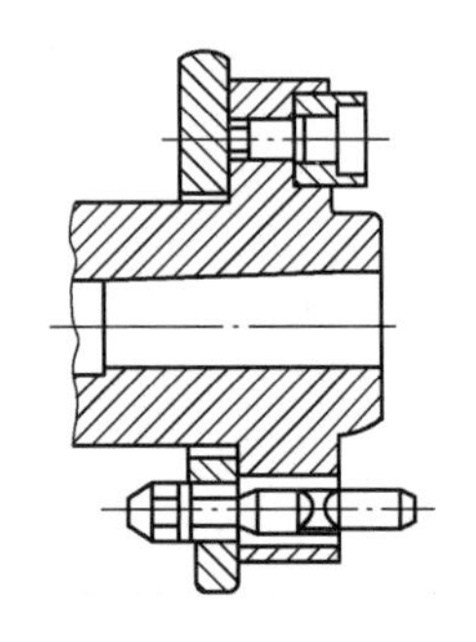

图 7-3　主轴端部结构形式

（2）主轴的材料和热处理

选择主轴材料与热处理方法，主要依据主轴部件的工作条件及结构特点，即应满足主轴对刚度、强度、耐磨性、精度等方面的具体要求。一般机床主轴常用 45 号钢，调质到 200～250HB，主轴端部锥孔、定心轴颈或定心圆锥面等部位局部淬硬到 50～55HRC。若支承采用滚动轴承，则轴颈可不淬硬，但是为了防止敲碰损伤轴颈的配合表面，常对主轴轴颈处进行淬硬。如果机床主轴有更高要求，宜选用合金钢，如对耐磨性要求很高的主轴常选用 38CrMoAlA，并经氮化处理。

（3）主轴主要精度指标

主轴的精度直接影响到主轴部件的旋转精度。主轴的轴承、齿轮等零件相连接处的表面几何形状误差和表面粗糙度关系到接触刚度。

主轴主要精度指标有：前支承轴颈的同轴度约 5μm；轴承轴颈需按轴承内孔“实际尺寸”配磨，且须保证配合过盈 1～5μm；锥孔与轴承轴颈的同轴度为 3～5μm，与锥面的接触面积不小于 80%，且大端接触较好；装 NN3000K 型调心圆柱滚子轴承的 1∶12 锥面，与轴承内圈接触面积不小于 85%。

3. 主轴轴承

主轴轴承是主轴组件的重要组成部分，它的类型、结构、配置、精度、安装、调整和润滑都直接影响了主轴组件的工作性能。

主轴轴承的选用主要依据主轴部件的工作要求，如传递功率的大小、速度范围、工作精度，并考虑制造条件及其他经济技术综合指标。数控车床的主轴轴承可采用滚动轴承和滑动轴承。滚动轴承摩擦阻力小，可以预紧，润滑维护简单，能在一定的转速范围和荷载变动范围内稳定地工作。此外，滚动轴承由专业化工厂生产，选购、维修方便。由于滚动轴承有许多优点，加之制造精度的提高，所以在数控车床上得到广泛的应用。

（1）类型

主轴轴承多采用圆柱滚子轴承、圆锥滚子轴承和角接触球轴承。下面简单介绍常用滚动轴承的结构特点及适用范围。

1）双列向心短圆柱滚子轴承。图 7-4 所示为 NN3000K（旧标准 3182100）型轴承和 NNU4900K（旧标准 4482900）型轴承，内圈有锥度为 1∶12 的锥孔与主轴的锥形轴颈相配。通过轴向移动内圈，改变其在主轴上的位置来调整轴承的间隙。两排直径和长度相等的短圆柱滚子交错排列，滚子数量为 50～60 个，荷载均布。保持架一般用铜或塑料制成，以适应滚子在高速下运转。

两个型号轴承的区别是滚道环槽的位置不同。滚道环槽开在内圈上，工艺性好，但调整间隙时易使内圈滚道畸变。滚道环槽开在外圈上，调整间隙时内圈滚道不会发生畸变，但工艺性复杂，不适用于小规格的轴承。因此，NNU4900K 只有大型，最小内径为 100mm。

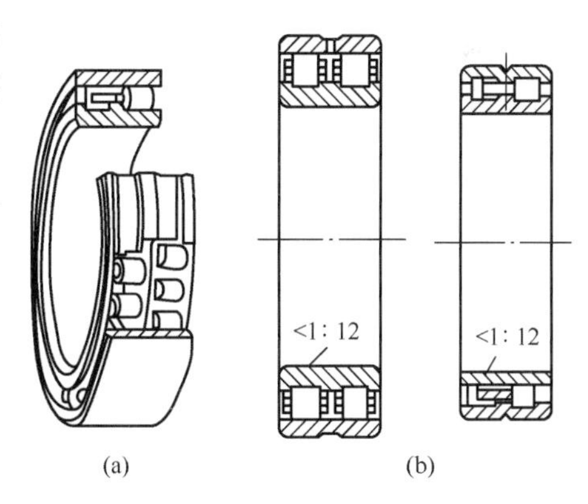

图 7-4　双列圆柱滚子轴承

这种轴承的特点是径向刚度和承载能力较大，旋转精度高，径向结构紧凑，寿命长，在主轴组件中应用广泛，但是它不能承受轴向荷载，需配用推力轴承。

2）双向推力向心球轴承。图 7-5 所示为 234400（旧标准 2268100）系列 60°角接触双向推力向心球轴承，它与 NN3000K 系列轴承配套使用，以承受双向轴向载荷。该轴承由外圈 2、左内圈 1、右内圈 4 及隔套 3 组成。修磨隔套 3 的厚度，便可消除间隙和预紧。外圈 2 的外圆基本尺寸与同孔径的 NN3000K 型轴承相同，但外径为负公差，与箱体孔之间有间隙，所以不承受径向载荷，作为推力轴承使用。外圈 2 开有槽和油孔，润滑油由此进入轴承。

这种轴承的特点是接触角大，钢球直径较小而数量较多，轴承承载能力和精度较高。其极限转速比一般推力球轴承高出1.5倍，与同孔径的NN3000K型轴承相同，适用于高转速、较大轴向力、中等以上荷载的主轴前支承处。

3）双列圆锥滚子轴承。这种轴承由外圈2、内圈1、内圈4及隔套3组成，如图7-6所示。修磨隔套3的厚度可调整间隙或预紧。外圈有轴肩，一端抵住箱体或主轴套筒的端面，另一端用法兰压紧，以实现轴向定位，因此箱体孔可做成通孔，便于加工。

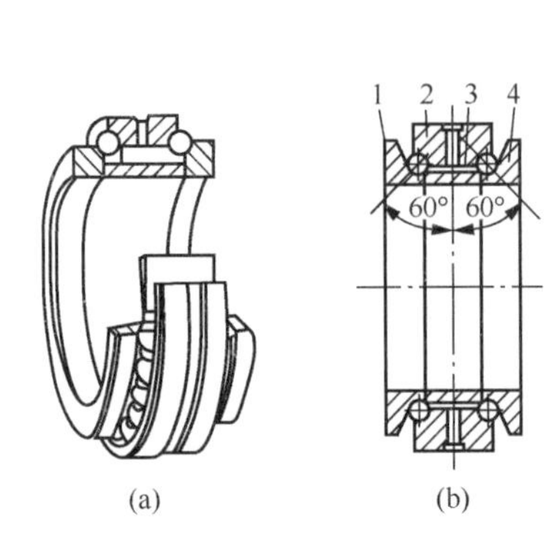

图7-5　双向推力向心球轴承

1—左内圈；2—外圈；3—隔套；4—右内圈

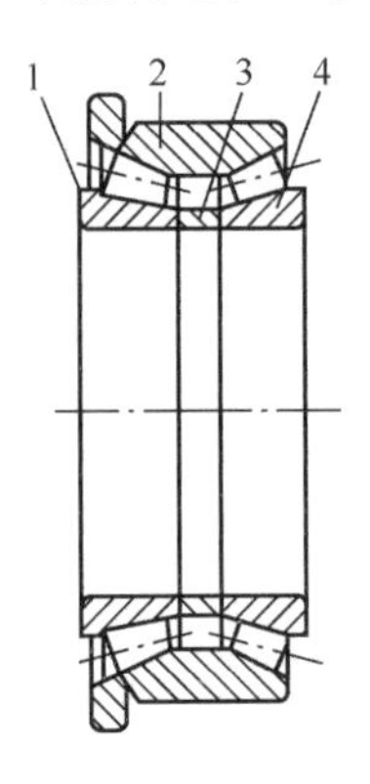

图7-6　双列圆锥滚子轴承

1、4—内圈；2—外圈；3—隔套

这种轴承既可以承受径向荷载，又可以承受双向轴向荷载。由于滚子数量多，承载能力和刚度都较高，轴承制造精度较高，适用于中低速、中等以上荷载的机床主轴的前支承，但设计选用时应考虑给予充分的润滑和冷却条件。

4）角接触球轴承。这种轴承既可以承受径向载荷，又可以承受轴向载荷。常用的接触角有两种：$\alpha=25°$和$\alpha=15°$。其中，$\alpha=25°$的代号为7000AC（旧标准为46100），属于特轻型；或代号为7190AC（旧标准为46900），属超轻型。$\alpha=15°$的代号为7000C（旧代号为36100），属特轻型；或代号为7190C（旧代号为1036900），属超轻型，如图7-7所示。

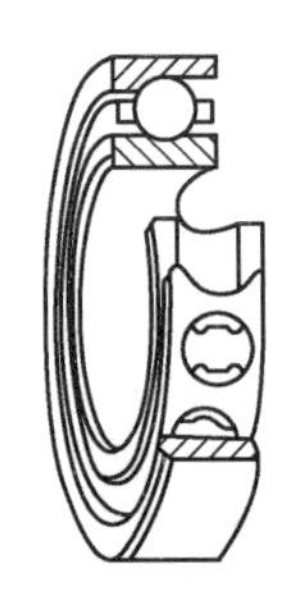

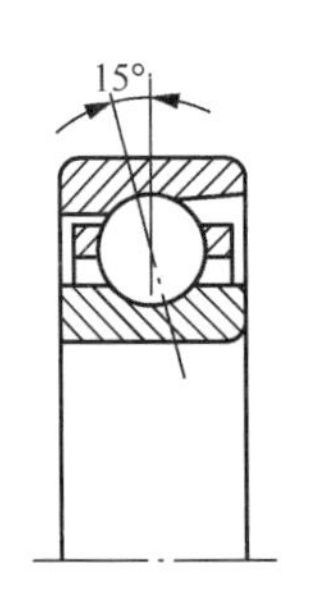

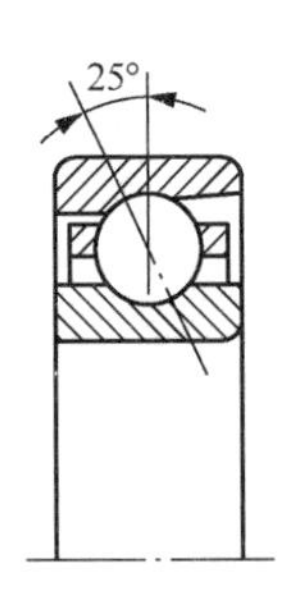

图7-7　角接触球轴承

角接触球轴承多用于高速主轴，随接触角的不同有所区别。$\alpha=25°$的角接触球轴承轴向刚度较高，但径向刚度和允许的转速略低，在数控车床主轴上应用较多；$\alpha=15°$的角接触球轴承转速可更高些，但轴向刚度较低，在数控车床上常用于不承受轴向荷载的主轴的后轴承。

由于角接触球轴承为点接触，刚度较低，为了提高刚度和承载能力，一般采用多联组配的方式。如图7-8（a）～（c）所示为三种基本组配方式，分别为背靠背、面对面和同向组配，代号分别为DB、DF和DT。这三种组配方式两个轴承都能共同承受径向荷载。背靠背和面对面组配都能承受双向轴向荷载，同向组配则只能承受单向轴向荷载。背靠背与面对面组配相比，支承点（接触线与轴线的交点）间的距离 AB 前者比后者大，因而能产生一个较大的抗弯力矩，即支承刚度较大。运转时，轴承外圈的散热条件比内圈好，因此内圈的温度将高于外圈，径向膨胀的结果将使轴承的过盈加大。轴向膨胀对背靠背组配将使过盈减小，可以补偿一部分径向膨胀；而对于面对面组配，将使过盈进一步增加。基于以上分析，主轴承受弯矩，又属高速运转，则主轴轴承必须采用背靠背组配。

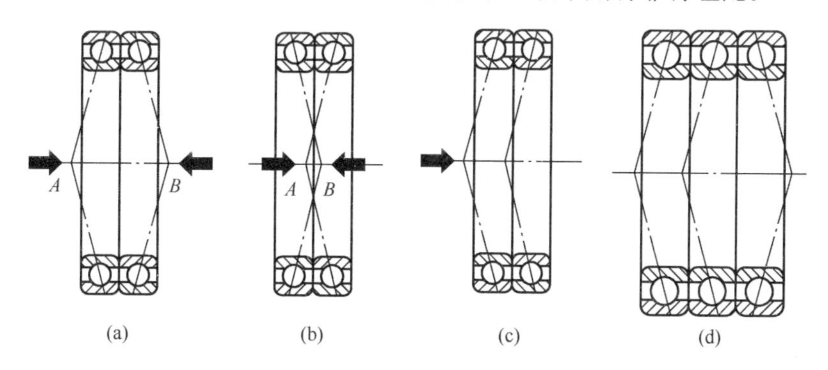

图 7-8 角接触球轴承的组配

在上述三类组配的基础上还可派生出各种三联、四联甚至五联组配。如图 7-8（d）所示是三联组配，相当于一对同向与第三个背靠背组配，代号为 TBT。

（2）精度等级

滚动轴承的精度分为 P_2、P_4、P_5、P_6 和 P_0 级（旧标准为 B、C、D、E、G 级）。其中，P_2 级精度最高，P_0 级为普通精度级。主轴轴承以 P_4 级为主，高精度主轴可用 P_2 级。要求较低的主轴或三支承主轴的辅助轴承可用 P_5 级。P_6 和 P_0 一般不用。

主轴颈通常是与轴承配磨的，因此规定了两种辅助精度级 SP 和 UP。它们的跳动公差分别与 P_4 和 P_2 级相同，但尺寸公差略宽，这样可以在满足使用要求的前提下降低成本。

虽然轴承精度包括的项目甚多，但决定性的只有一两项。轴承的工作精度主要取决于旋转精度，对向心轴承主要是成套轴承内圈的径向跳动 K_{ia} 或成套轴承外圈的径向跳动 K_{ea}，对推力轴承主要是成套轴承内圈端面对滚道的跳动 S_{ia}，而对角接触球轴承则应兼顾 K_{ia}（或 K_{ea}）和 S_{ia}。主轴滚动轴承内、外圈的旋转精度可查相关手册。

如果切削力方向固定，不随主轴旋转而旋转（如车床的主轴），则应根据 K_{ia} 选择；如果切削力方向随主轴旋转而旋转（如加工中心的主轴），则应根据 K_{ea} 选择。

前后轴承之间，前轴承对主轴组件精度的影响比后轴承的大，因此后轴承的精度可比前轴承低一级。

（3）配置

机床主轴有前、后两个支承和前、中、后三个支承两种配置形式，数控车床的主轴多采用两支承形式。两支承主轴的配置形式包括主轴轴承的类型、组合及布置，主要根据对所设计主轴组件在转速、承载能力、刚度以及精度等方面的要求来选择。

从径向承载和刚度方面来看，线接触的圆柱或圆锥滚子轴承要比点接触的球轴承承载力强、刚度高。双排滚道的轴承滚动体数目多于单排滚道的轴承，承载力比后者强。因此，径向荷载大时，一般多选用双列短圆柱滚子轴承或圆锥滚子轴承，较小时可选用向心推力球轴承。通常，前支承所受荷载大于后支承，而且前支承变形对主轴轴端位移影响较大，故一般要求前支承的承载能力和刚度应比后支承大。点接触的球轴承比线接触的圆柱和圆锥滚子轴承的极限转速高，但推力球轴承在转速过高时钢球受离心力作用会甩出去，允许的极限转速较低。圆锥滚子轴承的滚子大端端面与轴承内圈挡边的摩擦为滑动摩擦，允许的极限转速低于同尺寸的圆柱滚子轴承。

数控车床常见的典型配置形式有以下几种：速度型、高刚度型和刚度速度型。

1）速度型。如图 7-9（a）所示，前、后支承均采用双联角接触球轴承。该配置适用于高速、高精度、中等负载的数控车床。图 7-9（b）所示的配置，前支承采用三联或四联角接触球轴承，后支承采用双联角接触球轴承，此类轴承配置方式适用于高速、高精度和较高负载要求的数控车床。

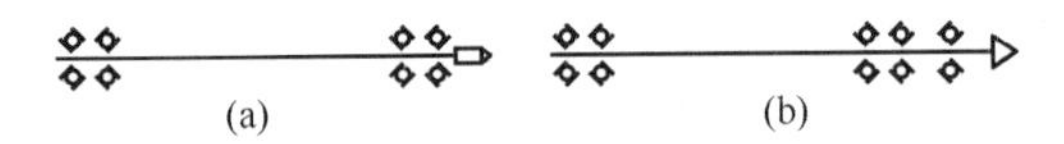

图 7-9　主轴支承的配置—速度型

2）高刚度型。如图 7-10（a）所示，前支承是双列圆柱滚子轴承加双向角接触球轴承，使之能承受较大的径向和轴向负载，后支承也采用了双列圆柱滚子轴承。此类主轴轴承配置使整个主轴组件具有很高的刚性，且温升对刚度、精度和寿命的影响较小，适用于要求中速偏高及有强力切削要求的高刚度、较高精度的数控车床。如图 7-10（b）所示，前支承采用双列圆锥滚子轴承，可承受较高的轴向和径向荷载，后支承采用单列圆锥滚子轴承，但主轴转速和精度的提高受到限制。这种配置适用于中、低速要求和中等精度、重载要求的数控车床。

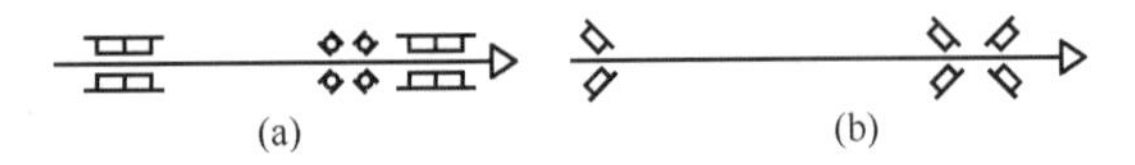

图 7-10　主轴支承的配置—高刚度型

3）速度刚度型。如图 7-11 所示的配置，前支承采用三联角接触球轴承，承受径向和轴向载荷，后支承采用双列短圆柱滚子轴承。较之图 7-10（b）的配置，该配置具有较高的刚度，适用于要求高速、高精度和较大负载的数控车床。

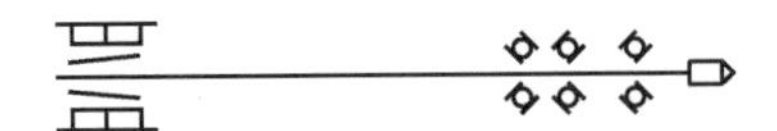

图 7-11　主轴支承的配置—速度刚度型

（4）预紧

预紧是指使轴承滚道与滚动体之间有一定的过盈量。当滚动轴承在有间隙的条件下工作，会造成荷载集中作用在处于受力方向的少数几个滚动体上，使这几个滚动体与滚道之间产生很大的接触应力和接触变形。如略有过盈时，可使承载的滚动体增多，滚动体受力均匀，还可均化误差。所以，适当预紧可提高轴承的刚度和寿命。但是过度预紧会使滚动体和滚道的变形太大，将导致轴承温升的提高，并降低轴承寿命。

1）角接触球轴承的预紧。角接触球轴承一般必须在轴向有预加荷载条件下才能正常工作。轴承厂规定的预荷载分为轻、中、重三种。车床主轴的角接触球轴承常采用中预加荷载。

角接触球轴承的预紧方式主要有两种：恒位置预紧和恒力预紧。

恒位置预紧是将轴承内外圈在轴向固定，以初始预紧量确定其相对位置，运转过程中预紧量不能自动调节。图 7-12（a）所示为角接触球轴承外圈宽边相对（背对背）安装，这时修磨轴承内圈的内侧；图 7-12（b）所示为外圈窄边相对（面对面）安装，这时修磨轴承外圈的窄边。在安装时按图示的相对关系装配，并用螺母或法兰盖将两个轴承轴向压拢，使两个修磨过的端面贴紧，使两个轴承的滚道之间产生预紧。另一种方法是将两个厚度不同的隔套放在两轴承内、外圈之间，同样将两个轴承轴向相对压紧，使滚道之间产生预紧，如图 7-13 所示。两种方法都是使轴承的内、外圈轴间错位实现预紧的，故又称为轴向预紧。恒位置预紧具有较高的刚性，但随着转速的提高以及轴承滚子发热膨胀、内外圈温差增大、滚子受离心力、轴承座的变形等因素影响，轴承预紧力急剧增加。

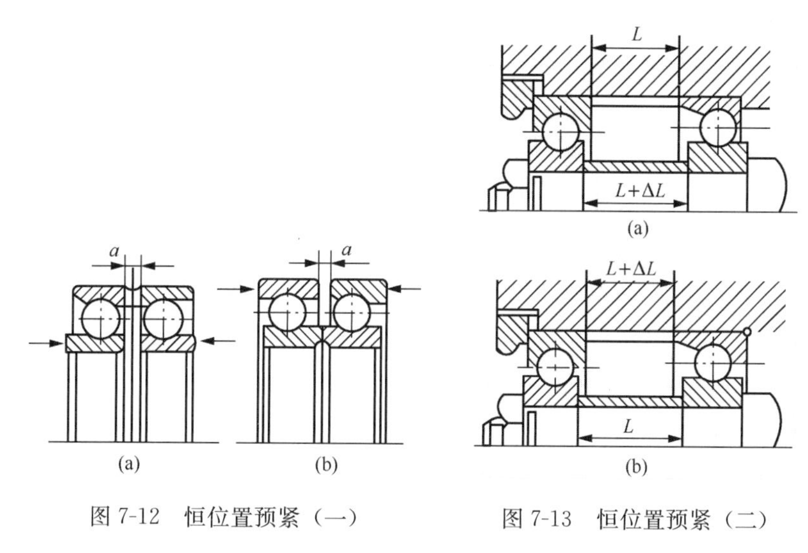

图 7-12　恒位置预紧（一）　　图 7-13　恒位置预紧（二）

恒力预紧是一种利用弹簧或者液压系统对轴承实现预紧的方式。如图 7-14 所示，在高速运转中，弹簧能吸收引起轴承预紧力增加的过盈量，以保持轴承预紧力不变。这对超高速主轴特别有利，但在低速重切削条件下，预紧结构的变形会影响主轴的刚性。

为了克服上述两种预紧方式的缺点，使主轴组件既能适应低速重载加工，又能适应高速运转，出现了可调整预加荷载的装置，如图 7-15 所示。在最高转速时，其预加荷载值由弹簧力确定，当转速较低时，按不同的转速通以不同压力值的油压或气压，作用于活塞上而加大预加荷载，以便达到与转速相适应的最佳预荷载值。

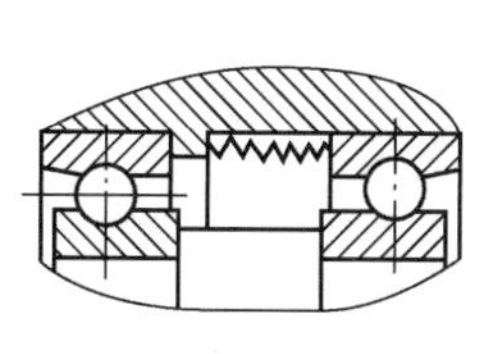

图 7-14　恒力预紧

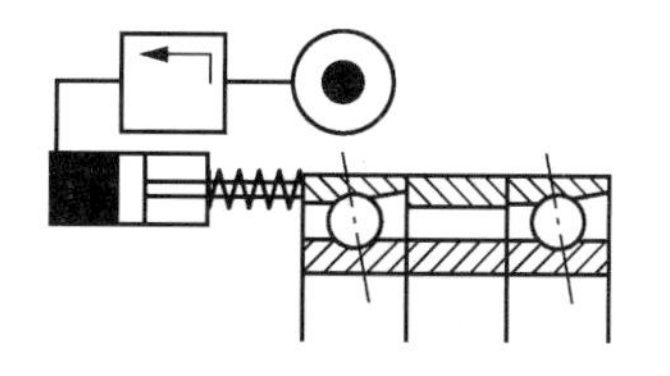

图 7-15　可调整预加荷载的装置

2）双列短圆柱滚子轴承的预紧。这类轴承的预紧是通过轴承内孔锥面与相应主轴部分产生过盈配合，使滚动体产生弹性变形，从而达到提高轴承刚性的目的。图 7-16（a）中的结构简单，但预紧量不易控制，常用于轻载机床主轴部件。图 7-16（b）中用右端螺母限制内圈的轴向位移量，易于控制预紧量。图 7-16（c）中主轴凸缘上均布数个螺钉以调整内圈的轴向位移量，调整方便，但是用几个螺钉调整易使垫圈歪斜。图 7-16（d）中将紧靠轴承右端的垫圈做成两个半环，可以径向取出，修磨其厚度可控制预紧量的大小，调整精度较高。调整螺母一般采用细牙螺纹，便于微量调整，而且在调好后要能锁紧防松。

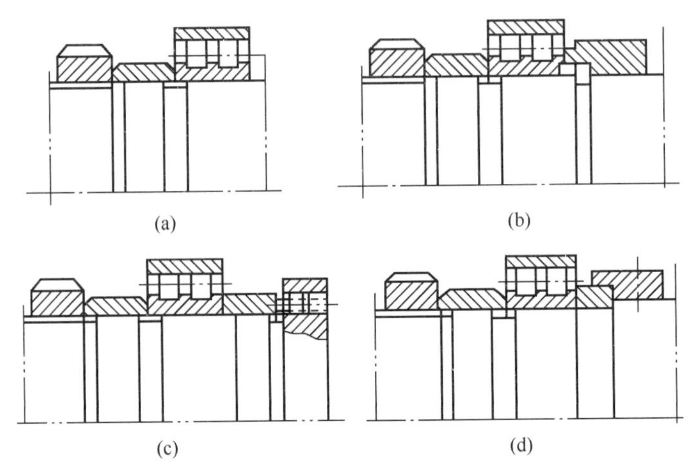

图 7-16　双列短圆柱滚子轴承的预紧

7.1.2　数控车床主轴部件的拆装与调整

以图 7-1 所示数控车床主轴为例进行介绍。

1. 主轴部件的拆卸

主轴部件在维修时需要进行拆卸。拆卸前应做好工作场地清理、清洁工作和拆卸工具及资料的准备工作，然后进行拆卸操作。拆卸操作顺序大致如下：

1）切断总电源及主轴脉冲发生器电器线路。总电源切断后，应拆下保险装置，防止他人误合闸而引起事故。

2）切断液压卡盘（图中未画出）油路，排放掉主轴部件及相关各部分润滑油。油路切断后，应放尽管内余油，避免油溢出污染工作环境。管口应包扎，防止灰尘及杂物侵入。

3）拆下液压卡盘（图中未画出）及主轴后端液压缸等部件，排尽油管中余油并包扎管口。

4）拆下电动机传动带及主轴后端带轮和键。

5）拆下主轴后端螺母 3。

6）松开螺钉 5，拆下支架 6 上的螺钉，拆去主轴脉冲发生器（含支架、同步带）。

7）拆下同步带轮1和后端油封件。

8）拆下主轴后支承处轴向定位盘螺钉。

9）拆下主轴前支承套螺钉。

10）拆下（向前端方向）主轴部件。

11）拆下圆柱滚子轴承15和轴向定位盘及油封。

12）拆下螺母7和螺母8。

13）拆下螺母10和螺母11及前油封。

14）拆下主轴9和前端盖13。主轴拆下后要轻放，不得碰伤各部分螺纹及圆柱表面。

15）拆下角接触球轴承12和前支承套14。

以上各部件、零件拆卸后应清洗及进行防锈处理，并妥善存放保管。

2. 主轴部件的装配及调整

装配前，各零件、部件应严格清洗，需要预先加涂油的部位应加涂油。装配设备、装配工具和装配方法应根据装配要求及配合部位的性质选取。操作者必须注意，不正确或不规范的装配方法将影响装配精度和装配质量，甚至损坏被装配件。

对CK7815数控车床主轴部件的装配过程，可大体依据拆卸顺序逆向操作。主轴部件装配时的调整应注意以下几个部位的操作：

1）前端三个角接触球轴承，应注意前面两个大口向外，朝向主轴前端，后一个大口向里（与前面两个相反方向）。预紧螺母11的预紧量应适当，预紧后一定要注意用螺母10锁紧，防止回松。

2）后端圆柱滚子轴承的径向间隙由螺母3和螺母7调整。调整后通过螺母8锁紧，防止回松。

3）为保证主轴脉冲发生器与主轴转动的同步精度，同步带的张紧力应合理。调整时，先略略松开支架6上的螺钉，然后调整螺钉5，使之张紧同步带。同步带张紧后，再旋紧支架6上的紧固螺钉。

4）液压卡盘装配调整时，应充分清洗卡盘内锥面和主轴前端外短锥面，保证卡盘与主轴短锥面的良好接触。卡盘与主轴连接螺钉旋紧时应对角均匀施力，以保证卡盘的工作定心精度。

5）液压卡盘驱动液压缸（图中未画出）安装时，应调整好卡盘拉杆长度，保证驱动液压缸有足够的、合理的夹紧行程储备量。

7.2　进给传动系统的安装与调试

课题分析

进给轴（Z轴）结构如图7-17所示。

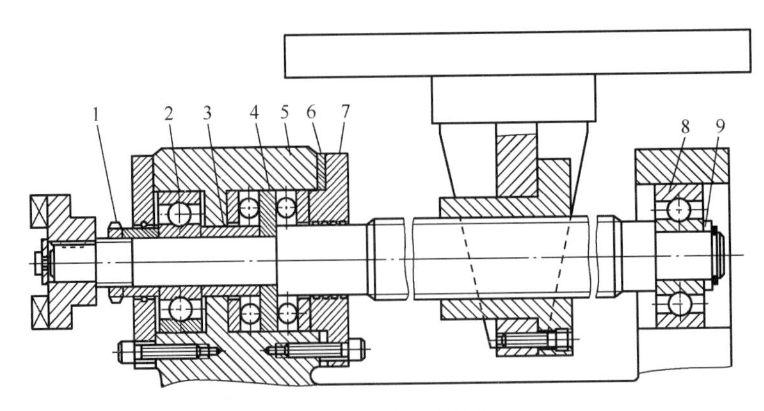

图 7-17　进给轴结构

1—螺母；2、8—深沟球轴承；3—隔圈；4—双向推力球轴承；5—轴承座；6—垫圈；7—端盖；9—挡圈

课题目的

1. 掌握进给轴的工作原理，熟悉装配图。
2. 能分析装配精度对进给轴工作的影响。
3. 掌握进给轴的安装、调试。
4. 掌握各单元装配中的精度检测。

课题重点

1. 能分析装配中各单元检测精度对进给轴工作的影响。
2. 掌握进给轴的安装、调试。

课题难点

1. 安装过程中的精度调整及方法。
2. 掌握各单元安装后的系统调试。
3. 能使用各种仪器仪表对安装精度进行测试，对测试的数据进行分析、判断，调整精度。

7.2.1　进给传动系统的工作原理

1. 进给系统的驱动方式

目前，数控机床的进给驱动方式主要有旋转伺服电动机＋滚珠丝杠副和直线电动机直接驱动两种。直线电动机驱动是近年来为适应机床高速化而出现的一种新型进给驱动方式。下面简要介绍两种进给驱动方式的特点。

（1）旋转伺服电动机＋滚珠丝杠副

自从数控机床出现以来，旋转伺服电动机＋滚珠丝杠副一直是数控机床进给系统最常用的驱动形式。由于滚珠丝杠历史悠久、工艺成熟、应用广泛、成本较低，在中等荷载、进给速度要求不十分高（≤20m/min）、行程范围不太大（＜4m）的数控机床和加工中心上仍被广泛采用。

为了进一步提高滚珠丝杠副的高速性能，常采取如下一些措施，主要有：适当加大滚珠丝杠的转速、导程和螺纹头数；改进结构，提高滚珠运动的流畅性；采用“空心强冷”技术；对于大行程的高速进给系统，可采用丝杠固定、螺母旋转的传动方式；

进一步提高滚珠丝杠的制造质量。采取上述种种措施后，可在一定程度上克服传统滚珠丝杠存在的一些问题。日本和瑞士在滚珠丝杠副高速化方面一直处于国际领先地位，其最大快移速度可达 60m/min，个别情况下甚至可达 90m/min，加速度可达 1.5g。

但是滚珠丝杠副毕竟是一种机械传动元件，其力学性能有一定的极限。在高速下其转动惯量大、扭转刚度低、磨损和发热严重，存在传动误差，弹性变形引起工作台爬行和反向死区引起非线性误差等一系列“先天性”缺陷便逐步暴露出来，影响机床的动态性能，不能很好地满足高速加工的要求。

（2）直线电动机驱动方式

直线电动机驱动与旋转伺服电动机＋滚珠丝杠副最大的区别是：取消了从电动机到工作台之间的一切中间环节，即把机床的进给传动链缩短为零，故称这种传动方式为直接驱动，亦称为零传动，如图 7-18 所示。

与旋转伺服电动机＋滚珠丝杠副方式相比，直线电动机驱动有如下特点：

1）快速响应性。一般来说，机械传动件比电气元件的动态响应时间要大几个数量级。由于系统中取消了响应时间常数较大的如滚珠丝杠等机械传动件，使整个闭环控制系统的动态响应性能大大提高。

2）结构简单，以一个运动部件实现直线运动。直接驱动中，力是无接触传递的，因此无磨损，使用寿命长，维护简单。

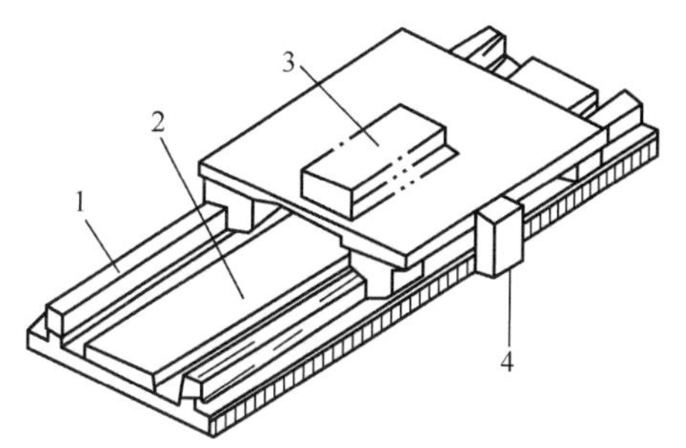

图 7-18　直线电动机驱动系统

1—无间隙滚动导轨系统；2—定子部分；3—动子部分；4—直线位置、运动测量系统

3）传动刚度高，推力平稳。直接驱动弹性环节减少，系统刚性提高，传动效率高。

4）精度和重复定位精度高。这种进给系统一般以光栅尺为定位测量元件，采用闭环反馈控制系统，工作台的定位精度高达 0.1～0.01μm。

5）速度高，加速度大。由于采用直接驱动，没有任何旋转元件，因而不受离心力的作用，最大快移速度可达 90～180m/min，甚至更高。由于系统中取消了一些响应时间常数较大的机械传动件（如丝杠），加上直线电动机起动力大，结构简单，重量轻，因而反应极其灵活快捷，可实现的最大加速度高达 2g～10g。

6）行程不受限制。直线电动机的次级是一段一段连续铺在机床床身上的，次级铺到哪里，初级（工作台）就可运动到哪里，不管有多长，对整个进给系统的刚度没有任何影响，这是滚珠丝杠所不能及的。

直线电动机直接驱动也存在一些缺点和问题，如控制系统复杂，直线电动机处于全闭环控制，当工作负载变化时，影响系统的稳定性；强磁场对周边产生磁干扰，影响滚动导轨副的寿命，也给排屑、装配、维修带来困难；发热大，在机床内部散热条件差，这是制约电动机推力的重要因素；能耗大，造价昂贵，成本高；需要解决隔磁、防护、自锁、缓冲等安全问题。目前这些问题都已得到不同程度的解决。

（3）驱动形式的选择

如上所述，直线电动机驱动的优势是十分明显的，其快速、精确、加速性能都远远超过了旋转伺服电动机＋滚珠丝杠副驱动方式，特别适用于超高速、大行程、高精度的场合，有良好的应用发展前景。资料表明，在高速数控机床上，直线电动机驱动方式较之旋转伺服电动机＋滚珠丝杠副驱动方式，效率提高20％～40％，维修可降低15％～20％，精度提高5倍左右。

2. 进给传动机构

进给系统的传动机构是指将电动机的旋转运动传递给工作台或刀架，以实现进给运动的整个机械传动链，包括齿轮传动副（或同步带传动副）、丝杠螺母副（或蜗杆蜗轮副）及其支承部件等。

传动机构的精度、灵敏度、稳定性直接影响了数控机床的定位精度和轮廓加工精度。从系统控制的角度分析，其中起决定作用的因素主要两个：一是传动机构的刚度和惯量，它直接影响进给系统的稳定性和灵敏度；二是传动部件的精度与传动系统的非线性，它直接影响系统的位置精度和轮廓加工精度，在闭环系统中还影响系统的稳定性。

传动机构的刚度和惯量主要取决于机械结构设计，而传动机构的间隙、摩擦死区则是造成系统非线性的主要原因。因此，数控机床对传动机构的要求可作如下表述：

1）提高传动部件的刚度。一般来说，数控机床直线运动的定位精度和分辨率都要达到微米级，伺服电动机的驱动转矩（特别是起动、制动时的力矩）也很大。如果传动机构的刚度不足，必然会使传动机构产生弹性变形，影响系统的定位精度、动态稳定性和响应的快速性。加大滚珠丝杠的直径，对丝杠螺母副、支承部件进行预紧，对丝杠进行预拉伸等，都是提高传动系统刚度的有效措施。

2）减小传动部件的惯量。在驱动电动机一定时，传动部件的惯量直接决定了进给系统的加速度，它是影响进给系统快速性的主要因素。特别是在高速加工的机床上，对进给系统的加速度要求高，因此在满足系统强度和刚度的前提下，应尽可能减小零部件的重量、直径，以降低惯量，提高快速性。

3）减小传动部件的间隙。在开环、半闭环进给系统中，传动部件的间隙直接影响进给系统的定位精度；在闭环系统中，它是系统的主要非线性环节，影响系统的稳定性，因此必须采取措施消除传动机构的间隙。通常主要对齿轮副、丝杠螺母副、联轴器、蜗轮蜗杆副以及支承部件进行预紧或消隙。但是需要注意的是，采取这些措施后可能会增加摩擦阻力及降低机械部件的使用寿命，因此必须综合考虑各种因素，使间隙减小到允许范围。

4）减小系统的摩擦阻力。进给系统的摩擦阻力一方面会降低传动效率，产生发热，另一方面直接影响系统的快速性。此外，由于摩擦力的存在，动、静摩擦因数的变化将导致传动部件的弹性变形，产生非线性的摩擦死区，影响系统的定位精度和闭环系统的动态稳定性。为此，可采用滚珠丝杠螺母副、静压丝杠螺母副、直线滚动导轨、静压导轨、塑料导轨等高效传动部件，减小系统的摩擦阻力，提高运动精度，避免低速爬行。

3. 滚珠丝杠螺母副

（1）工作原理和特点

滚珠丝杠副又称为滚珠螺旋传动机构，其结构特点是在具有螺旋槽的丝杠螺母间装有滚珠作为中间传动元件，以减少摩擦，如图 7-19 所示。图 7-19 中丝杠和螺母上都磨有圆弧形的螺旋槽，这两个圆弧形的螺旋槽对合起来就形成螺旋线滚道，在滚道内装有滚珠。当丝杠回转时，滚珠相对于螺母上的滚道滚动，因此丝杠与螺母之间基本上为滚动摩擦。

滚珠丝杠螺母副具有以下特点：

1）摩擦损失小，传动效率高。滚珠丝杠螺母副的摩擦因数小，仅为 0.002～0.005；传动效率 η=0.92～0.96，比普通丝杠螺母副高 3～4 倍；功率消耗只相当于普通丝杠传动的 1/4～1/3，发热小，可实现高速运动。

2）运动平稳无爬行。由于摩擦阻力小，动、静摩擦力之差极小，故运动平稳，不易出现爬行现象。

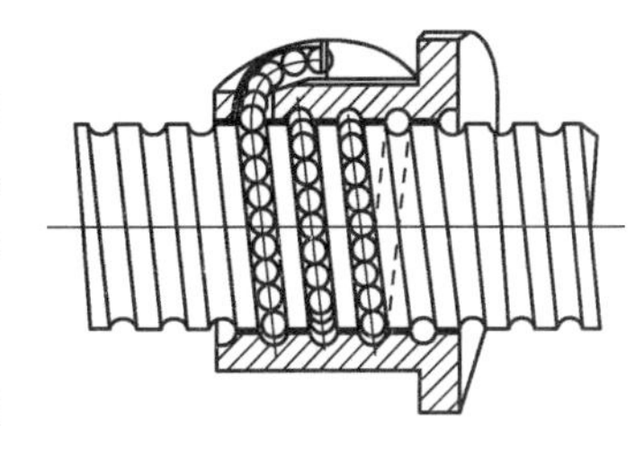

图 7-19　滚珠丝杠螺母副

3）可以预紧，反向时无空程。滚珠丝杠副经预紧后可消除轴间隙，因而无反向死区，同时提高了传动刚度和传动精度。

4）磨损小，精度保持性好，使用寿命长。

5）具有运动的可逆性。由于摩擦因数小，不自锁，因而不仅可以将旋转运动转换成直线运动，也可以将直线运动转换成旋转运动，即丝杠和螺母均可作主动件或从动件。

6）不能自锁，特别是用作垂直安装的滚珠丝杠传动会因部件的自重而自动下降，当向下驱动部件时，由于部件的自重和惯性，当传动切断时，不能立即停止运动，必须增加制动装置。

7）结构复杂，丝杠、螺母等元件的加工精度和表面质量要求高，故制造成本高。

（2）结构形式与轴向间隙的调整方法

滚珠丝杠副的结构形式很多，其主要区别在于螺纹滚道的截面形状、滚珠的循环方式、消除轴向间隙和调整预紧力的方式等几个方面。

1）滚道法向截面的形状。螺纹滚道法向截面的形状主要有单圆弧型面和双圆弧型面两种，如图 7-20（a）、（b）所示。在螺纹滚道法向截面内，滚珠与滚道型面接触点的公法线与螺杆轴线的垂线间的夹角称为接触角，通常取接触角 α=45°。

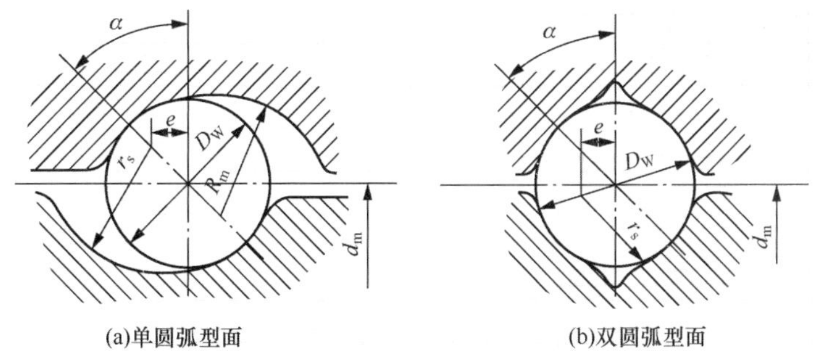

图 7-20　单圆弧滚道型面和双圆弧型面

单圆弧滚道型面成型比较简单，而且易于得到较高的加工精度，但接触角不易控制，它随初始间隙和轴向力大小而变化，因而其传动效率、承载能力和轴向刚度均不稳定。双圆弧滚道能保持一定的接触角，传动效率、承载能力和轴向刚度比较稳定，螺旋槽底部不与滚珠接触，可容纳一定的润滑油和脏物，以减小摩擦和磨损，但砂轮成型较复杂，不易获得较高的加工精度。

单圆弧和双圆弧两种型面中，滚道沟半径 R_m 与滚珠直径 D_W 之比 $R_m/D_W \approx 0.52 \sim 0.56$。单圆弧型要有一定径向间隙，使实际接触角 $\alpha \approx 45°$。双圆弧型的理论接触角 $\alpha = 38° \sim 45°$，实际接触角随径向间隙和荷载而变。

2）滚珠循环方式。按滚珠循环过程中与丝杠表面的接触情况可分为内循环和外循环两种。

所谓外循环，是指滚珠在循环过程结束后通过螺母外表面上的螺旋槽或插管返回丝杠螺母间重新进入循环的工作方式。图 7-21（a）所示为常用的一种外循环形式。在螺母外圆上装有螺旋形的插管，其两端插入滚珠螺母工作始末两端孔中，以引导滚珠通过插管，形成滚珠的多圈循环链，如图 7-21（b）所示。这种形式结构简单、工艺性好、承载能力较强，但径向尺寸较大，目前应用最为广泛，可用于重载传动系统中。

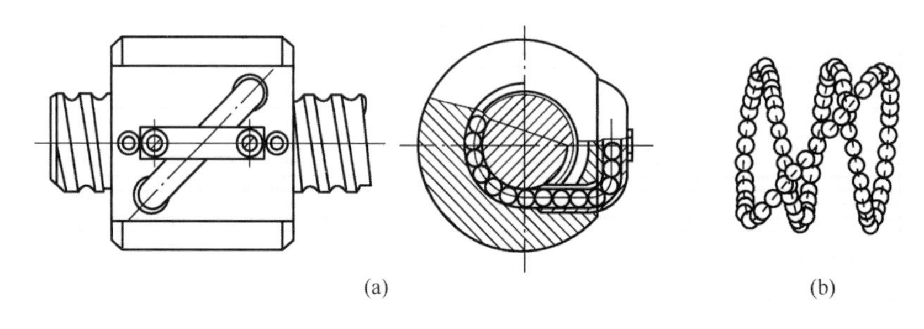

图 7-21　滚珠外循环结构

内循环则是靠螺母上安装的反向器接通相邻滚道，使滚珠形成单圈循环，即每列一圈，如图 7-22 所示。反向器的数目与滚珠圈数相等。一般一个螺母上装 2～4 个反向器，即有 2～4 列滚珠。这种形式结构紧凑，刚性好，滚珠流通性好，摩擦损失小，但制造较困难，承载能力不高，适用于高灵敏、高精度的进给系统，不宜用于重载传动中。

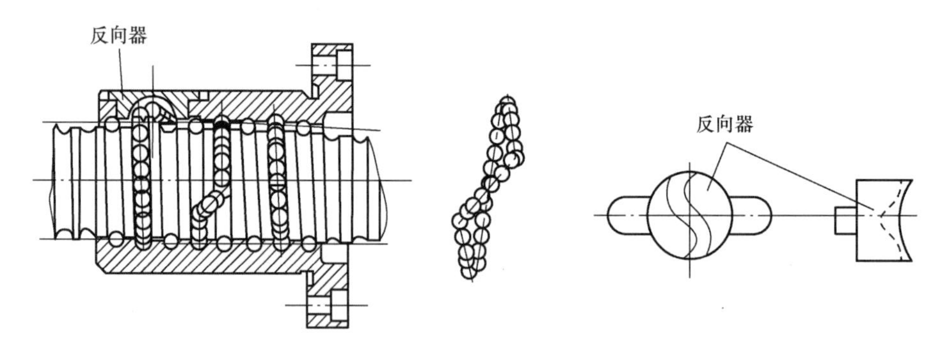

图 7-22　滚珠内循环结构

3）轴向间隙的调整方法。滚珠丝杠副除了对本身单一方向的运动精度有要求外，对其轴向间隙也有严格的要求，以保证反向传动精度。滚珠丝杠副的轴向间隙是负载时在滚珠与滚道型面接触点的弹性变形所引起的螺母位移量和螺母原有间隙的总和。因此，要把轴向间隙完全消除相当困难。通常采用双螺母预紧的方法，把弹性变形量控制在最小限度内。目前制造的外循环单螺母的轴向间隙达 0.05mm，而双螺母经加预紧力调整后基本上能消除轴向间隙。

预紧力太小时，提高刚度的效果不明显；预紧力太大时，则又较大地增加了摩擦和牵引力。适当的预紧力应为最大轴向负载的 1/3。此外，还应特别注意减小丝杠安装部分和驱动部分的间隙，这些间隙用预紧的方法是无法消除的，而它对传动精度有直接影响。

常用的双螺母式预紧有以下三种形式：

① 垫片式预紧。如图 7-23～图 7-25 所示，此种形式结构简单可靠、刚性好，应用最为广泛。在双螺母间加垫片的形式可由专业生产厂根据用户要求事先调整好预紧力，使用时装卸非常方便。

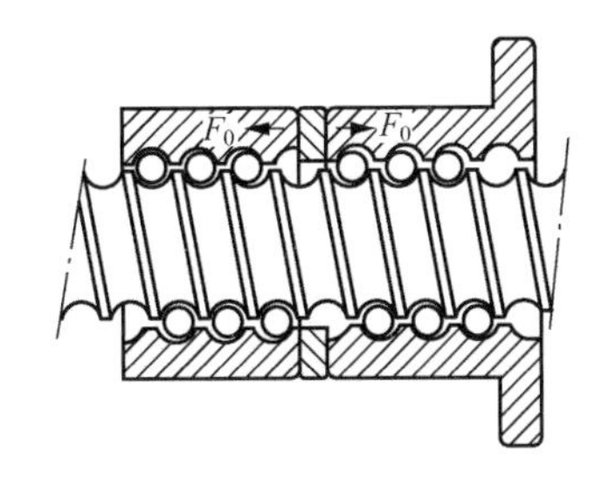

图 7-23　滚珠丝杠螺母副的预紧

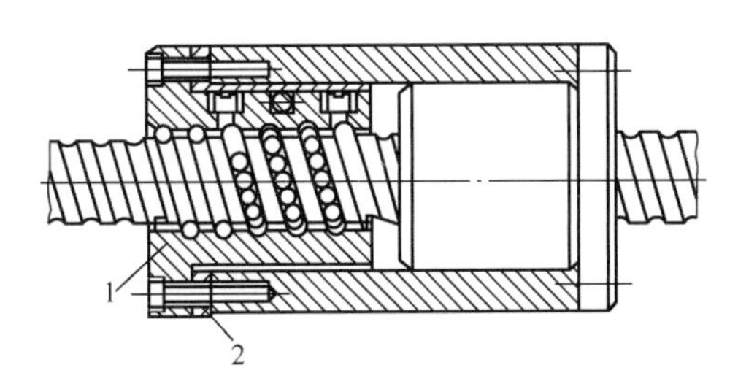

图 7-24　垫片式预紧（一）

1—螺母；2—垫片

② 螺纹式预紧。如图 7-26 所示，利用一个螺母上的外螺纹，通过圆螺母调整两个螺母 1、2 的相对轴向位置实现预紧，调整好后用另一个圆螺母 2 锁紧。这种结构调整方便，且可在使用过程中随时调整，但预紧力的大小不能准确控制。

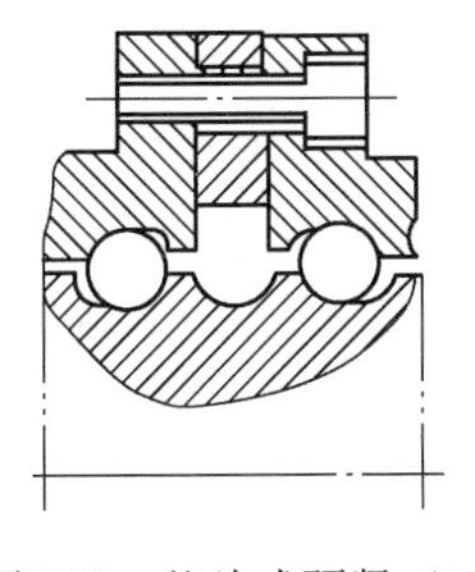

图7-25　垫片式预紧（二）

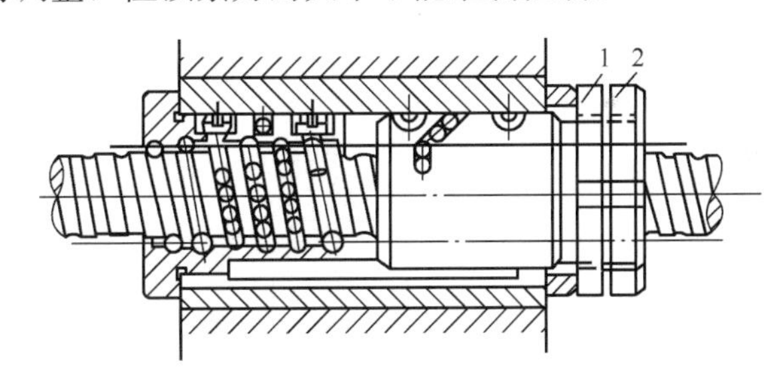

图 7-26　螺纹式预紧

1、2—螺母

③ 齿差式预紧。如图 7-27 所示，在两个螺母的凸缘上分别切出齿数差为 1 的齿轮，两个齿轮分别与两端相应的内齿圈啮合，内齿圈用螺钉紧固在螺母座上。通过转动其中一个螺母使两螺母的相互位置发生变化，以调整间隙和施加预紧力。调整时，先脱开一个内齿圈，转动螺母，然后再合上内齿圈。

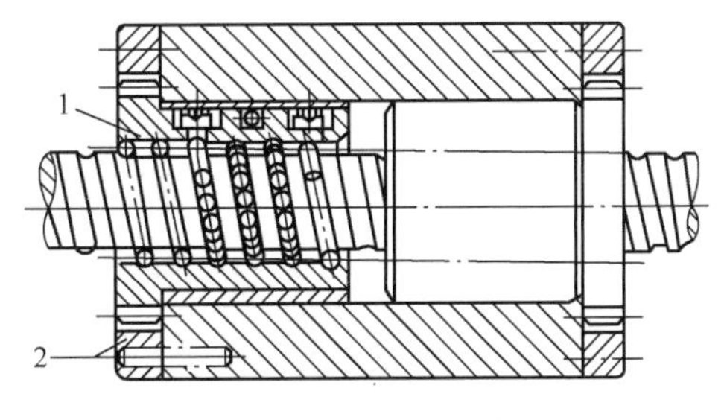

图 7-27　齿差式预紧

1—外齿轮；2—内齿轮

（3）支承、连接与保护

1）滚珠丝杠副的支承。滚珠丝杠主要承受轴向荷载，除丝杠自重外一般无径向外荷载。因此，滚珠丝杠轴承的轴向精度和刚度要求较高。进给系统要求运动灵活，对微小位移（丝杠微小转角）响应要灵敏，故轴承的摩擦力矩应尽量小。滚珠丝杠转速不高，且高速运转时间很短，因而发热不是主要问题。

滚珠丝杠副的支承主要是约束丝杠的轴向窜动，其次才是径向约束。较短的丝杠或垂直安装的丝杠可以采用单支承形式（一端固定、一端自由）；水平安装的丝杠较长时可以一端固定、一端游动；对于精密和高精度机床的滚珠丝杠副，为了提高丝杠的拉压刚度，可以两端固定；为了补偿热膨胀和减少丝杠因自重下垂，两端固定丝杠还可以进行预拉伸。滚珠丝杠副常用的支承形式如表 7-1 所示。

表 7-1　滚珠丝杠的支承结构形式

支承形式	简图	特　　点
一端固定一端自由（双推-自由 F-O）		（1）结构简单 （2）刚度、临界转速、压杆稳定性低 （3）设计时尽量使丝杠受拉伸 （4）适用于较短和竖直的丝杠
一端固定一端游动（双推-简支 F-S）		（1）需保持螺母与两端支承同轴，故结构较复杂，工艺较困难 （2）丝杠的轴向刚度和 F-O 相同 （3）压杆稳定性和临界转速比同长度的 F-O 型高 （4）丝杠有热膨胀的余地 （5）适用于较长的卧式安装丝杠
两端固定（双推-双推 F-F）		（1）只要轴承无间隙，丝杠的轴向刚度为一端固定的 4 倍 （2）丝杠一般不会受压，无压杆稳定问题，固有频率比一端固定时要高 （3）可以预拉伸，预拉伸后可减少丝杠自重的下垂和补偿热膨胀，但需一套预拉伸机构，结构复杂，工艺困难，成本最高 （4）要进行预拉伸的丝杠，其目标行程应略小于公称行程，减少量等于拉伸量 （5）适用于对刚度和位移精度要求高的场合

三种支承形式的结构如图 7-28～图 7-30 所示。在图 7-28 中，丝杠的固定端轴向、径向都需要有约束，采用圆锥滚子轴承 3、5。轴承外圈由支承座 4 的台肩轴向限位，内圈由螺母 1、2 及轴肩轴向限位。两轴承采用背靠背组配方式，可增大轴承间的有效支点距离，可承受双向的轴向荷载和径向荷载，并有较大的承受倾斜力矩的能力。这种结构只能用于短丝杠或竖直安装的丝杠，在水平安装时两个轴承 3、5 之间的距离要尽量大一些。

图 7-29 中，丝杠固定端采用深沟球轴承 2 和双向推力球轴承 4，可分别承受轴向和径向荷载，螺母 1、挡圈 3、轴肩、轴承座 5、台肩、端盖 7 提供轴向限位，垫圈 6 可调节推力球轴承 4 的轴向预紧力。游动端需要径向约束，轴向无约束。采用深沟球轴承 8，其内圈由挡圈 9 限位，外圈不限位，以保证丝杠在受热变形后可在游动端自由伸缩。

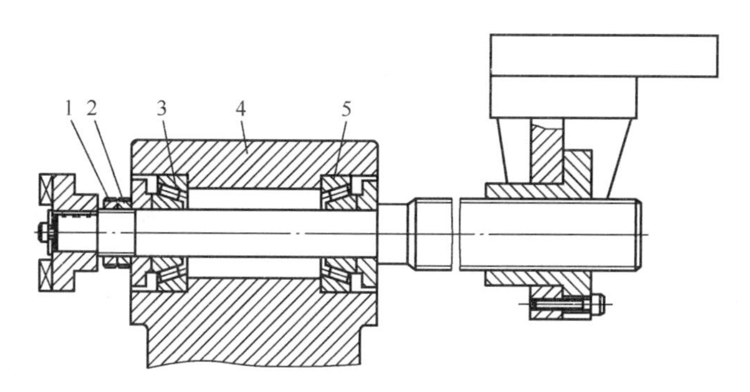

图 7-28　一端固定一端自由式支承

1、2—螺母；3、5—轴承；4—支承座

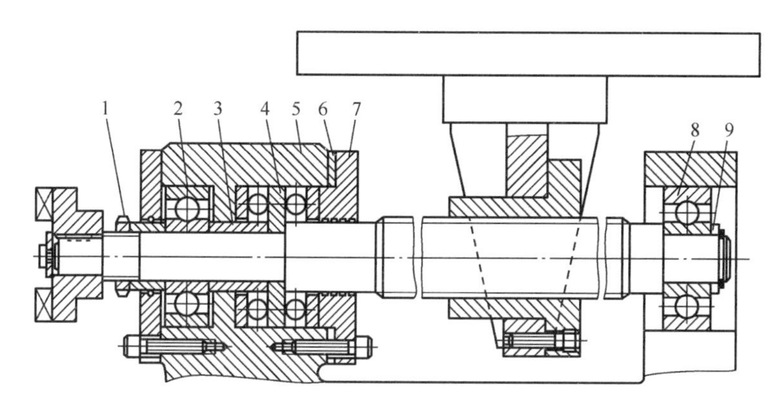

图 7-29　一端固定一端游动式支承

1—螺母；2、8—深沟球轴承；3—挡圈；4—双向推力球轴承；5—轴承座；6—垫圈；7—端盖；9—挡圈

对于两端固定方式的支承，为减少丝杠因自重的下垂和补偿热膨胀，应进行预拉伸。在图 7-30 中，丝杠两端各采用一个推力角接触球轴承，外圈限位，内圈分别用螺母进行限位和预紧，调节轴承的间隙，并根据预计温升产生的热膨胀量对丝杠进行预拉伸。只要实际温升不超过预计的温升，这种支承方式就不会产生轴向间隙。

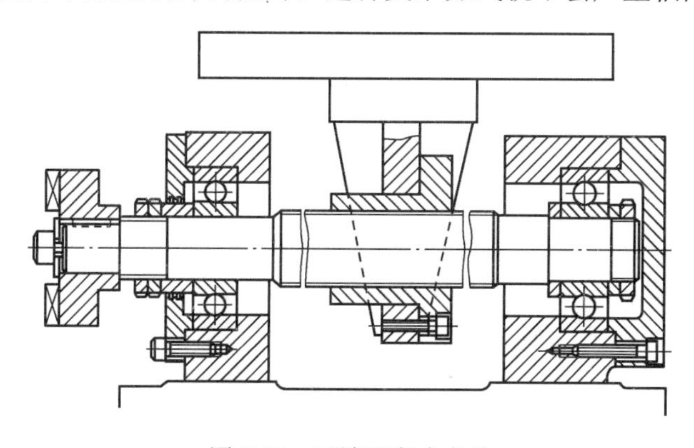

图 7-30　两端固定式支承

2）连接形式。滚珠丝杠螺母副与驱动电动机的连接可分为三种形式：与电动机轴直接连接、通过齿轮连接、通过同步齿形带连接。无论采用何种连接形式，都应消除连接间隙，减小连接件间的同轴度误差，以提高传动精度和传动刚度。下面介绍滚珠丝杠螺母副连接常用的联轴器。

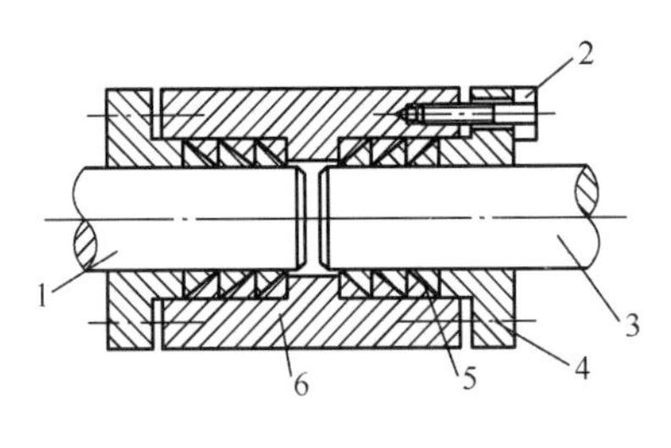

图 7-31　弹性环连接

1—主动轴；2—螺钉；3—从动轴；4—压盖；5—弹性环；6—轴套

① 无键弹性环联轴器。其结构如图 7-31 所示。主动轴 1 和从动轴 3 分别插入轴套 6的两端。轴套和主、从动轴之间装有成对（一对或数对）布置的弹性环 5，弹性环的内外锥面互相贴合，通过压盖 4 轴向压紧，使内、外锥形环互相楔紧，使内环内径变小、箍紧轴，外环外径变大、撑紧轴套，消除间隙并将主、从动轴与轴套连成一体，依靠摩擦传递转矩。弹性环连接的优点是定心好，承载能力高，没有应力集中源，装拆方便，又有密封和保护作用，因而在进给系统中得到广泛应用。

② 套筒式联轴器。其结构如图 7-32 所示。它通过套筒将主、从动轴直接刚性连接，结构简单，尺寸小，转动惯量小，但要求主、从动轴之间同轴度高。图 7-32（c）中使用十字滑块 9，接头槽口通过配研消除间隙。这种结构可以消除主、从轴间同轴度误差的影响，在精密传动中应用较多。负载较小的传动可采用图 7-32（a）、（b）所示的结构。

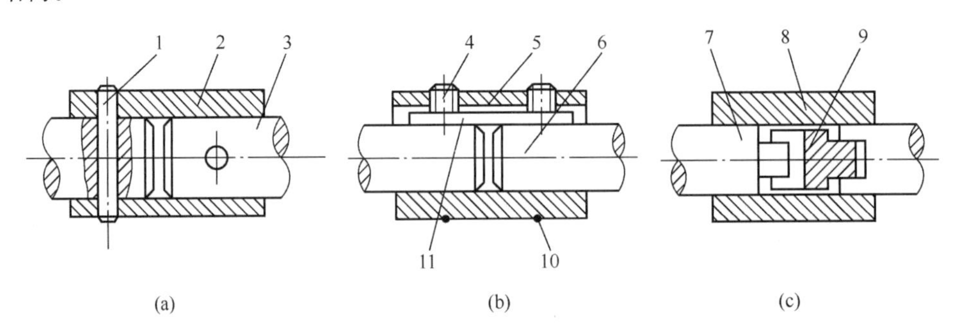

图 7-32　套筒式联轴器

1—销；2、5、8—套筒；3、6—传动轴；4—螺钉；7—主动轴；9—十字滑块；10—防松螺钉；11—键

（4）润滑与防护

润滑可以提高滚珠丝杠螺母副的耐磨性和传动效率。润滑剂分为润滑脂和润滑油。润滑脂用锂基润滑脂，加在螺纹滚道和安装螺母的壳体空间内。润滑油为一般机油或 90# ～180# 透平油或 140# 主轴油，可通过螺母上的油孔将其注入螺纹滚道。

滚珠丝杠副在使用时常采用一些密封装置进行防护。为防止杂质和水进入丝杠，对预计会带入杂质处按图 7-33 所示使用波纹管（右侧）或伸缩罩（左侧），以完全盖住丝杠轴。对于螺母，应在其两端进行密封，如图 7-34 所示。密封防护材料必须具有防腐蚀和耐油性能。

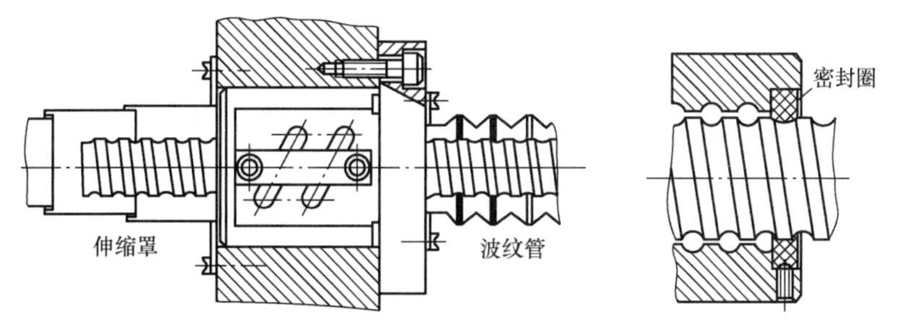

图 7-33　丝杠密封　　　图 7-34　螺母端部密封

7.2.2　进给传动系统的安装与调试

进给轴部件装配及调整要求：装配前，对轴承及相关零部件进行清洗，并对滚珠丝杠副两端轴承安装部位进行去毛刺，清洁；正确使用工具量具；清洗后的零部件、标准件应正确摆放，工具、量具摆放整齐。

1）组合轴承、深沟球轴承用柴油清洗后加入润滑脂（容量的 2/3）。

2）对滚珠丝杠两端轴承安装部位去毛刺，清洁，并涂上润滑油。

3）对零部件安装面去毛刺，清洁；清点标准件，并归类放置。

Z 轴部件安装（图 7-35）时的调整应注意以下几个部位的操作：

1）安装调整轴承孔（件 102），调整轴承孔上母线（a），检测轴承孔侧母线（b）与床身导轨的平行度，允许误差均为≤0.025mm/200mm。

① 将轴承座（件 102）床身导轨安装面去除毛刺并擦拭干净，然后安装在床身上，用螺钉紧固。

② 将检套、检棒擦拭干净并涂上润滑油，然后将检套装入轴承座（件 102），再将检棒装入检套。检棒在轴承座上两端伸出的长度应一致，用螺母锁紧。

③ 将床身导轨后端擦拭干净，将桥尺放置在导轨上。

④ 将表架固定在桥尺上，使两块表分别触及检棒上母线（a）、侧母线（b）。

⑤ 移动桥尺，检测上母线（a）和侧母线（b），检测、调整轴承座（件 102）的位置。紧固螺钉，检测数据。检测时，应取检棒 0°与 180 °位置数据的平均值。

紧固螺钉后重复检测，获得正确的检测数据。数据应符合技术要求，并记录。

2）检测并调整轴承座（件 102），使轴承座轴承孔中心与电机支撑座（件 101）轴承孔中心同轴，并保证电动机支撑座（件 101）轴承孔的中心线与床身导轨平行。调整上母线（a）的同轴度，检测侧母线（b）的同轴度，允差均为≤0.025mm。

① 将电动机支撑座（件 101）轴承孔擦拭干净，涂上润滑油；清洁检套、检棒，涂上润滑油；将检套、检棒装入电动机支撑座（件 101），检棒在电动机支撑座上两端伸出的长度应一致。

② 清洁床身前端导轨，将杠杆百分表、表架及桥尺一起移至床身导轨前端，读取读数。以电动机支撑座（件 101）为基准，调整和检测轴承座（件 102）的位置，使其在上母线（a）、侧母线（b）两个方向上同轴，并平行于床身导轨，误差应≤0.025mm/200mm。紧固螺钉，检测数据。检测时，应取检棒 0°与 180°位置数据的平均值。

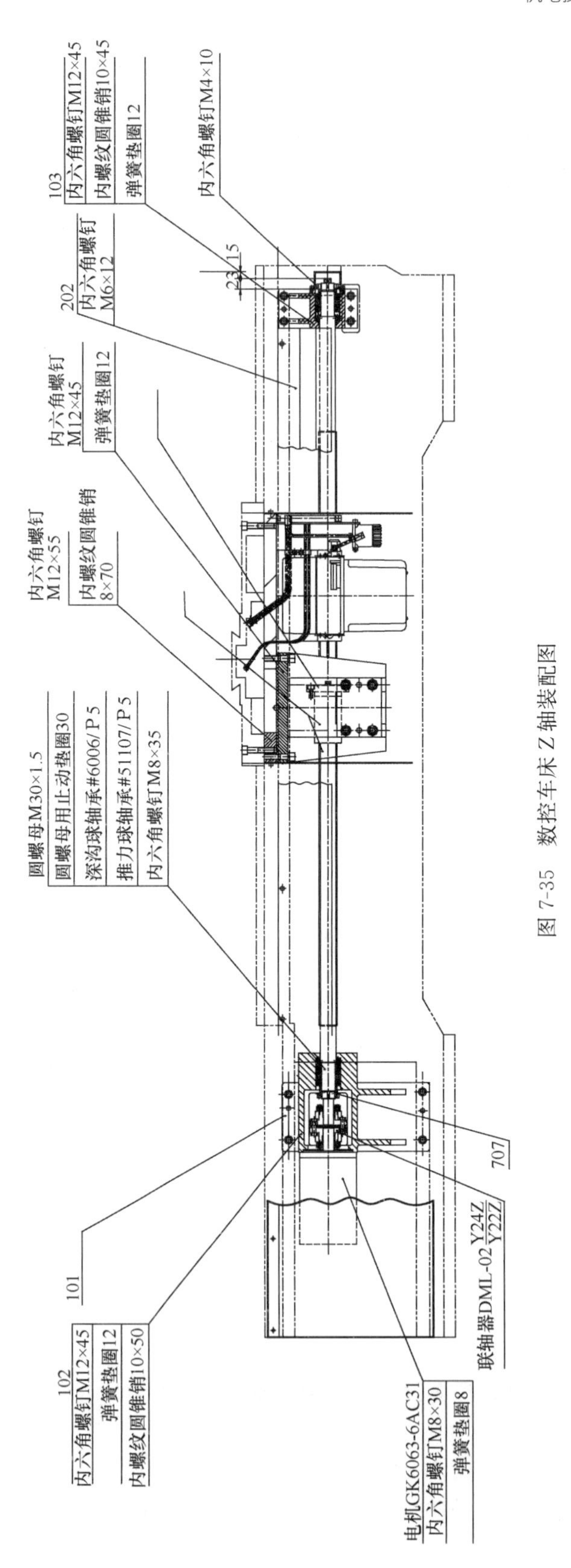

图 7-35　数控车床 Z 轴装配图

③ 紧固螺钉后再检测一次，获得正确的检测数据，并做记录。

④ 取出检棒，擦拭干净，涂上润滑油，垂直吊挂在专用工装架上；取出检套，擦拭干净，涂上润滑油，放在规定的位置。

3）调整丝杠螺母座（件105）安装孔中心线与床身导轨的平行度，调整滚珠丝杠螺母安装孔侧母线（b）、检测滚珠丝杠螺母安装孔上母线（a）与床身导轨的平行度，允差均为≤0.025mm/200mm。

① 将丝杠螺母座（件105）用内六角螺栓固定。

② 将丝杠螺母座（件105）上的滚珠丝杠螺母安装孔擦拭干净，涂上润滑油；清洁检套、检棒，涂上润换油；将检套、检棒装入滚珠丝杠螺母安装孔，检棒在电动机支撑座上两端伸出的长度应一致。

③ 将床身导轨擦拭干净，将桥尺移至导轨前端，使两块表分别触及上母线（a）和侧母线（b）。

④ 移动桥尺，检测上母线（a）和侧母线（b），检测调整丝杠螺母座（件105）的位置，紧固螺钉，取检棒0°～180°位置数据的平均值，误差应≤0.025mm/200mm。紧固螺钉后重复检测，获得正确的检测数据。数据应符合技术要求，并记录。

4）检测并调整丝杠螺母座（件105）上的滚珠丝杠螺母安装孔中心与电动机支撑座（件101）轴承孔中心的同轴度，调整侧母线（b）的同轴度，检测上母线（a）的同轴度，允差均为≤0.025mm。

① 将床身导轨前端擦拭干净。

② 平稳移动桥尺，以电动机支撑座（件101）为基准调整和检测丝杠螺母座（件105）的位置，使其在上母线（a）、侧母线（b）两个方向上同轴并平行于床身导轨，误差应≤0.025mm/200mm。

③ 紧固螺钉后重复检测，获得正确的检测数据。数据应符合技术要求，并记录。

④ 上述任务完成后，将测量用表、表架拆除，放置在规定位置，取出检棒，擦拭干净，涂上润滑油，垂直吊挂在专用工装架上；取出检套，擦拭干净，涂上润滑油，放在规定的位置。

5）按部件装配示意图要求正确安装滚珠丝杠副（件201）及其相关零件。

① 清洁滚珠丝杠副（件201）及溜板箱螺母孔，并涂上润滑油。

② 先预紧溜板箱连接螺栓，装入定位销，后对角紧固螺栓。

③ 装入滚珠丝杠副（件201）。注意润滑油管接头位置是否正确。用内六角螺栓连接，但不预紧。

④ 依次装入法兰、组合轴承、调整垫片，用圆螺母锁紧。

⑤ 移动溜板箱，将滚珠丝杠整体压入电动机支撑座（件101）的轴承孔内，用内六角螺钉对角紧固法兰。

⑥ 清洁轴承座床身安装面，用内六角螺栓预紧轴承座（件102），装入定位销，对角紧固螺栓。

⑦ 依次装入深沟球轴承、轴承挡圈（件707）、止动垫圈，用圆螺母锁紧，扳下止动垫圈的凸台，凸台应嵌入圆螺母的槽内。

⑧ 将溜板箱移动至主轴箱另一端，对角紧固丝杠螺母座螺栓。

⑨ 正确安装件 103，装入防尘螺钉。

6）按部件装配示意图的技术要求使安装完毕的滚珠丝杠副运行精度检测，分别检测滚珠丝杠副在轴承座（件 102）、电动机支撑座（件 101）两端的径向跳动，允差为 $A \leqslant 0.015$mm，$B \leqslant 0.015$mm。

检测滚珠丝杠副的轴向窜动[在电动机支撑座(件 101)一端]，允差为 $C \leqslant 0.007$mm。

① 将两个表架固定在机床床身上，一个在电动机支撑座（件 101）端，另一个在轴承座（件 102）端，使表头触及 A、B 两个位置，旋转滚珠丝杠进行检测，允许适当的调整后达到技术要求，即 $A \leqslant 0.015$mm，$B \leqslant 0.015$mm。获得正确的数据，并做记录。

② 将表架固定在机床床身上，检测滚珠丝杠副的轴向窜动，允许适当的调整后达到技术要求，即 $C \leqslant 0.007$mm。获得正确的数据，并做记录。

7）连接滚珠丝杠副的润滑油管，将润滑油管安装在滚珠丝杠副油管接头上，并紧固管接头。

8）按部件装配示意图要求正确安装伺服电动机与同步带轮，并保证装配关系。将同步带轮安装在滚珠丝杠副的轴上，并保证装配的关系。同步带轮的左端面距电动机支撑座（件 101）左端面 20mm，再将电动机装入，调整同步带的松紧程度，然后紧固螺钉。

9）按部件装配示意图要求安装 Z 坐标轴滚珠丝杠副防护板及其他零件。

① 安装滚珠丝杠副防护板。

② 安装溜板箱防护板。

③ 安装防护门。

7.3 数控车床几何精度与床身导轨精度的测量和调整

课题分析

如图 7-36 所示为 CAK3665sj 数控车床结构。

课题目的

1. 了解数控车床几何精度的测量方法和要求。
2. 掌握数控车床几何精度超差的调整工艺。

课题重点

1. 能够阅读、分析数控车床的精度要求。
2. 能对数控机床进行精度检测。

课题难点

1. 合理使用仪器仪表对数控车床进行几何精度的检测。
2. 对检测的数据进行分析判断，掌握精度超差调整的方法。

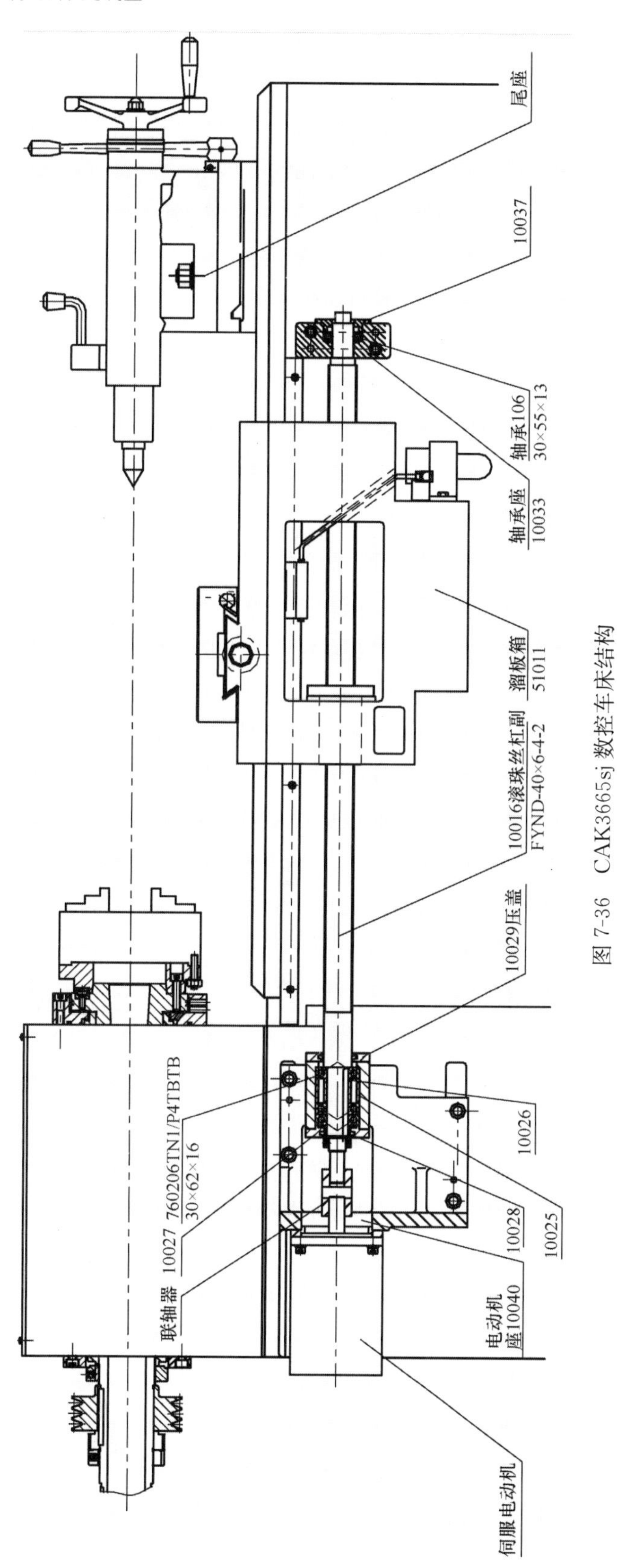

图 7-36　CAK3665sj 数控车床结构

7.3.1　简述

数控机床比普通机床精度要求高，而且项目多。数控机床是按照预定程序完成各种运动、动作来切削加工零件的，在加工过程中很难再进行人为的调整。另外，数控机床虽然效率高，但还必须满足其高稳定性的要求，这对数控机床提出了更高的精度标准，同时引出了一些新的精度项目。例如，数控机床具有几个直线轴联动插补的功能，几个轴协调工作要求有较好的随动精度，这在普通机床精度中是没有的。

机床的精度是衡量机床性能的一项重要指标，精度通常是以检验项目测出的误差来表示的。误差越小，则精度越高。机床本身的精度是一个重要的因素，在很大程度上决定了机床所能达到的加工精度。机床及工艺系统的变形、加工过程中产生的振动、机床的磨损及刀具磨损等也是影响机床加工精度的因素。按机床的工作状态不同，精度可分为静态精度与动态精度。

1. 静态精度

数控机床的静态精度是指机床在不切削情况下，即静止状态或预热状态时测量的精度项目，通常有几何精度与定位精度。不同类型的数控机床对这些精度的要求不同。

(1) 几何精度

数控机床的几何精度是指数控机床某些基础零件工作面的几何精度，是机床在不运动（如主轴不转或工作台不移动）或运动速度较低时的精度。它规定了决定加工精度的各主要零、部件间以及这些零、部件运动轨迹之间的相对位置允差，是保证加工精度最基本的条件，反映了机床关键零、部件经组装后几何形状的综合误差。几何精度一般包括以下几个方面：

1) 基准面精度，主要是指工作台表面的平面度、导轨的直线度等。

2) 主轴回转精度，主要是指主轴的径向跳动、轴向窜动等。

3) 直线运动精度，主要是指运动部件的平行度、垂直度、同轴度等。

(2) 定位精度

定位精度是指数控机床主要移动部件在数控装置控制下所能达到的运动精度，其实际到达位置与目标位置之间的误差称为定位误差。数控机床的定位精度有着特殊的意义，它是数控机床的重要精度指标。在数控机床中，各坐标轴的运动部件是根据数控程序执行的，程序给出目标位置，而实际到达的位置可能会有误差，因此定位精度对数控机床来说非常重要。

为避免工件、刀具、夹具系统的影响，通常定位精度是在不切削条件下进行测量的，属于静态精度的一种。定位精度测量的是机床各坐标轴运动部件在数控系统控制下所能达到的精度，它包含数控机床测量系统、控制系统、进给系统和结构系统等产生的误差。不同类型的数控机床造成定位误差的因素也不同，如对于开环数控机床，进给系统的误差直接影响定位精度，而对于闭环数控机床，进给系统误差的影响就较小。

数控机床的定位精度有以下四项：

1）直线定位精度。数控机床运动部件沿着直线运动时的定位精度。

2）回转定位精度。数控机床运动部件作回转运动时的定位精度，也称分度精度，如加工中心的转台、数控铣床的分度头等的定位精度。分度精度又有连续分度精度和特定分度精度（90°，60°，45°等）。

3）重复定位精度。直线或回转运动多次回复同一位置的精度。

4）失动量。失动量也称反向偏差，表现在数控机床运动部件运动方向反向时，工作台有一段不运动的现象，是该轴进给传动链上的驱动元件反向“死区”，是由传动副间隙、弹性变形以及摩擦力等因素造成的。对于这种“死区”，在数控机床中必须严格控制。

2. 动态精度

数控机床的几何精度、定位精度通常是在不切削情况下检测的，而在实际运动与切削过程中，还有一系列因素会影响机床的加工精度，如机床的动态刚性、抗振性和热稳定性等，因此机床加工中必须考虑其动态精度。动态精度是指机床在实际运动和加工过程中的精度，主要表现为速度、加速度以及加工出工件的工作精度。

（1）跟随误差

在连续轮廓控制系统的数控机床中，跟随精度是指指令位置与机床运动轨迹之间的相近程度。跟随误差引起加工精度下降。跟随误差主要取决于速度误差和加减速误差的大小。

1）速度误差的分析。数控机床工作台若要维持一定的速度，必须连续送入指令脉冲。指令要求的位置受伺服系统克服惯性、摩擦力与运动部件受力状态下产生的弹性变形等影响，运动滞后于指令一段距离，它是一个稳态的瞬间过程，表现出指令速度与工作台运动速度两者之间的滞后程度，故称为速度误差。速度误差在点位控制的系统中不影响加工精度，但是在连续轮廓控制的系统中将产生加工误差，在双坐标运动合成直线或圆弧进给时也会产生误差。

2）加减速误差分析。机床工作台起动和停止时有一个加、减速过程，而当进给速度变化时也有一个加、减速的过渡过程。进给运动在起停及速度变化时有加减过程，整个初速到末速的时间是过渡过程时间。在过渡过程中，工作台的移动将滞后于指令脉冲，因此造成过渡过程中的加减速误差，即产生了动态误差。

为消除加减速误差的影响，可在系统中设置加、减速线路，避免进给速度发生突变，采取多级加、减速的办法。在自动加减速的随动系统中，通过控制插补器的插补速度控制工作台的进给速度，输入进给指令脉冲后将自动产生加减速控制的输出脉冲，再由输出脉冲控制工作台的加减速运动。

（2）工作精度

通过切削加工出的工件精度来检验机床的加工精度，称为机床的工作精度。机床工作精度的检验实质上是对上述机床精度在切削加工条件下的一项综合考核，是各种因素对加工精度的综合反映。除了机床本身的误差之外，工作精度还受到以下五个方面精度的影响：

1）工件精度，表现为前一工序留下的误差，还有因工件的结构工艺性及刚性不足等原因而产生的误差。

2）夹具精度，主要取决于夹具的定位精度及夹具结构的合理性与刚性等因素。

3）刀具精度，指刀具本身的尺寸精度、几何形状精度及其磨损等。

4）量具精度，取决于量具等级和测量技术。

5）编程精度，主要是计算中的误差，如曲线逼近的误差等。

综上所述，数控机床的加工精度组成如图 7-37 所示。

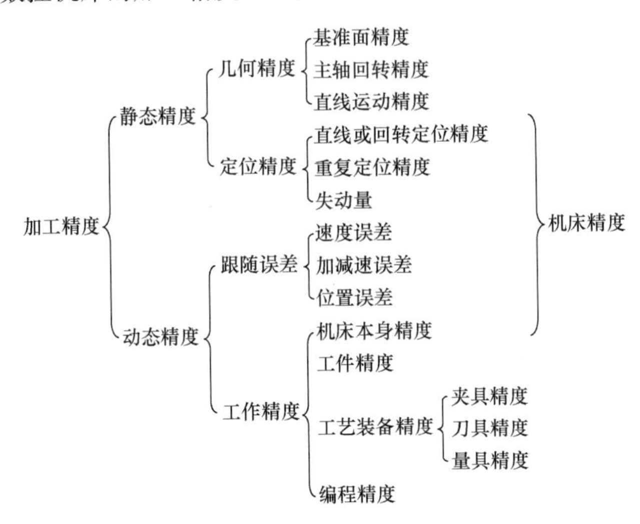

图 7-37　数控机床加工精度的组成

7.3.2　数控机床的几何精度及其检验

一台数控机床的检测验收是一项工作量大而复杂、试验和检测技术要求高的工作，要用各种检测仪器和手段对机床综合性能及单项性能进行检测，最后得出对该数控机床的综合评价。这项工作为数控机床今后稳定可靠地运行打下良好的基础，可以将某些隐患消除在检测和验收阶段中，因此在做这项工作时必须认真、仔细，并将符合要求的技术数据整理归档，作为今后设备维护、故障诊断及维修中恢复技术指标的依据。

加工精度是整个工艺系统误差的综合反映，只有掌握了各项机床精度的作用和各个环节的误差形成机理，才有利于更好地使用机床，有助于分析产生缺陷的真正原因。

为了控制数控机床的制造质量，保证工件达到所需的加工精度和表面粗糙度，国家对各类通用机床都制订了精度标准，标准中规定了检验项目、检验方法和允许误差。

1. 卧式数控车床的几何精度标准

卧式数控车床的精度标准为 GB/T 16462—2007。卧式数控车床（床身最大工件回转直径 $D\leqslant 800$mm，最大加工长度 DC 为 500mm$<DC\leqslant$1000mm）的几何精度检验标准中，车床主平面是通过刀尖与主轴轴线所确定的平面，该平面对工件直径尺寸产生主要影响；车床次平面是通过刀尖与主平面相垂直的平面，该平面对工件直径产生次

要影响。

2. 卧式数控车床的几何精度检验

下面根据 JB 4369—1986 对卧式数控车床几项主要几何精度的检验进行介绍。

1）导轨精度（无床身或 DC<500mm 的机床，此项检验用 G10 代替）：见图 7-38。

① 纵向：导轨在垂直平面内的直线度。

② 横向：导轨的平行度。

检验方法：

① 将水平仪纵向放置在桥板（或溜板）上，等距离移动桥板（或溜板），每次移动距离小于或等于 500mm。在导轨的两端和中间至少三个位置上进行检验。误差以水平仪读数的最大代数差值计。

② 将水平仪横向放置在桥板（或溜板）上，等距离移动桥板或溜板进行检验。误差以水平仪读数的最大代数差值计。

允差（mm）：斜导轨，0.03/1000；水平导轨，0.04/1000（只许凸）。

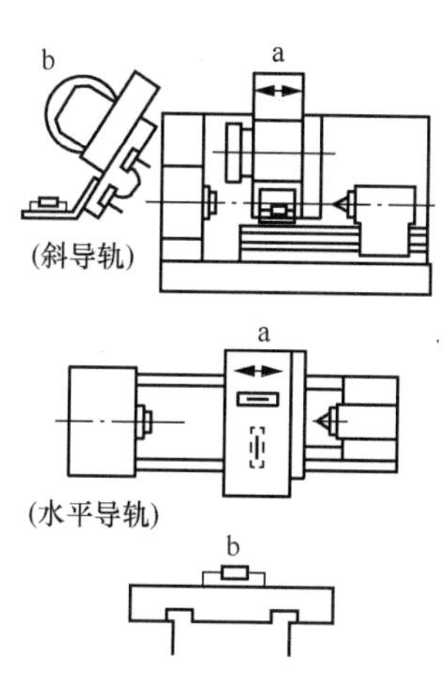

图 7-38　导轨精度的测量

2）溜板移动在主平面内的直线度（只适用于有尾座的机床）：见图 7-39。

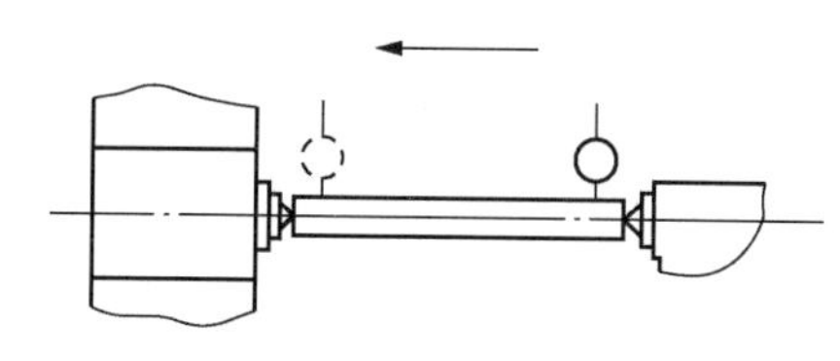

图 7-39　溜板移动在主平面内的直线度

检验方法：将检验棒支承在两顶尖间，指示器固定在溜板上，使其测头触及检验棒表面，等距离移动溜板进行检验。每次移动距离小于或等于 250mm。将指示器的读数依次排列，画出误差曲线。

将检验棒转 180，调头，重复上述检验。

误差以曲线相对两端点连线的最大坐标值计。

允差（mm）：$DC \leqslant 500$，0.015；$500 < DC \leqslant 1000$，0.02；最大允差，0.03。

3）溜板移动对主轴和尾座顶尖轴线的平行度：见图 7-40。

① 在主平面内。

② 在次平面内。

平导轨只检验次平面（只适用于主轴有锥孔和有尾座的机床）。

检验方法：将指示器固定在溜板上，使其测头触及支承在两顶尖间的检验棒表面，移动溜板，在检验棒的两端进行检验。

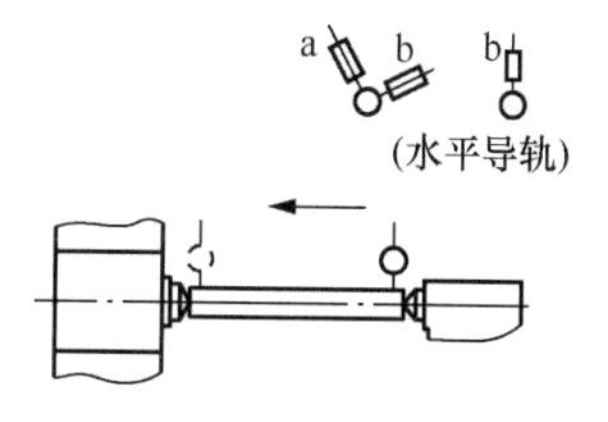

图 7-40　溜板移动对主轴和尾座顶尖轴线的平行度

将检验棒旋转 180°，再同样检验一次。

a，b 误差分别计算。误差以指示器在检验棒两端的读数差值计（$DC \leqslant 1000$mm 时，检验棒长度等于 DC）。

允差（mm）：a，$DC \leqslant 500$，0.015；$500 < DC \leqslant 1000$，0.02。b，0.04（只许尾座高）。

4）主轴端部的跳动：见图 7-41。

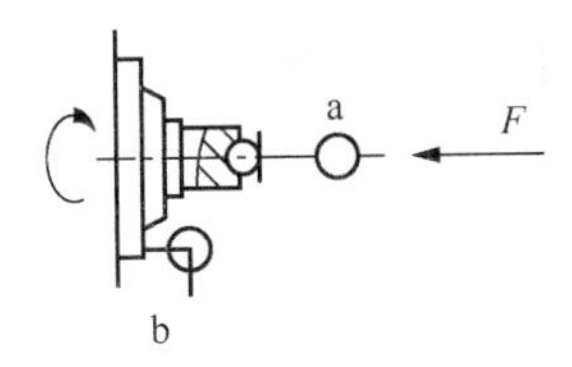

图 7-41　主轴端部的跳动

① 主轴的轴向窜动。

② 主轴轴肩的跳动。

检验方法：固定指示器，使其测头触及固定在主轴端部的检验棒中心孔内的钢球；主轴轴肩靠近边缘处。沿主轴轴线施加力 F，旋转主轴进行检验。

a，b 误差分别计算。误差以指示器读数的最大差值计。

允差（mm）：a，0.01；b，0.015。

5）主轴定心轴颈的径向跳动：见图 7-42。

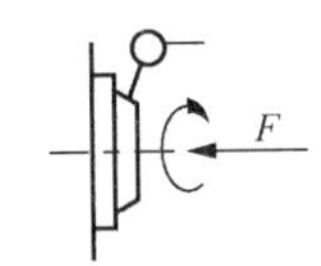

图 7-42　主轴定心轴颈的径向跳动

检验方法：固定指示器，使其测头垂直触及主轴定心轴颈，沿主轴轴线施加力 F，旋转主轴进行检验。

误差以指示器读数的最大差值计。

允差（mm）：0.01。

6）主轴定位孔的径向跳动（只适用于主轴有定位孔的机床）：见图 7-43。

图 7-43　主轴定位孔的径向跳动

检验方法：固定指示器，使其测头触及主轴定位孔表面，旋转主轴进行检验。

误差以指示器读数的最大差值计。

允差（mm）：0.01。

7）主轴锥孔轴线的径向跳动（只适用于主轴有锥孔的机床）：见图 7-44。

① 靠近主轴端面。

② 距 a 点 L 处。

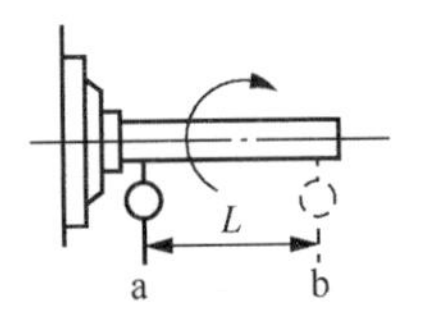

图 7-44　主轴锥孔轴线的径向跳动

检验方法：将检验棒插入主轴锥孔内，固定指示器，使其测头触及检验棒表面，旋转主轴进行检验。

拔出检验棒，相对主轴旋转 90°，重新插入主轴锥孔内，依次重复检验四次。

a，b 误差分别计算。误差以四次测量结果的平均值计。

允差（mm）：a，0.01；b，0.02（L=300）。

8）主轴顶尖的跳动（只适用于主轴有锥孔的机床）：见图 7-45。

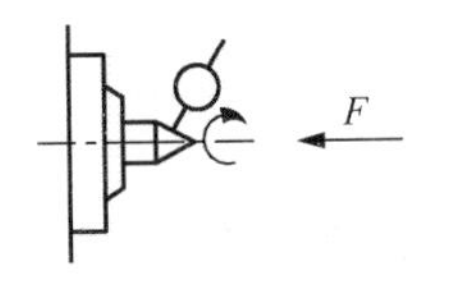

图 7-45　主轴顶尖的跳动

检验方法：固定指示器，使其测头垂直触及顶尖锥面。沿主轴轴线施加力 F，旋转主轴进行检验。

误差以指示器读数的最大差值计。

允差（mm）：0.013。

9）溜板横向移动对主轴轴线的垂直度（同一溜板上装有两个转塔时只检验用于端面车削的转塔）：见图 7-46。

检验方法：调整装在主轴上的平盘和平尺，使其与回转轴线垂直。指示器装在横溜板上，使其测头触及平盘（或平尺）。移动横溜板，在全工作行程上进行检验。

将主轴旋转 180°，再同样检验一次。

误差以指示器两次测量结果的代数和之半计。

允差（mm）：0.01/100，$\alpha \geqslant 90°$。

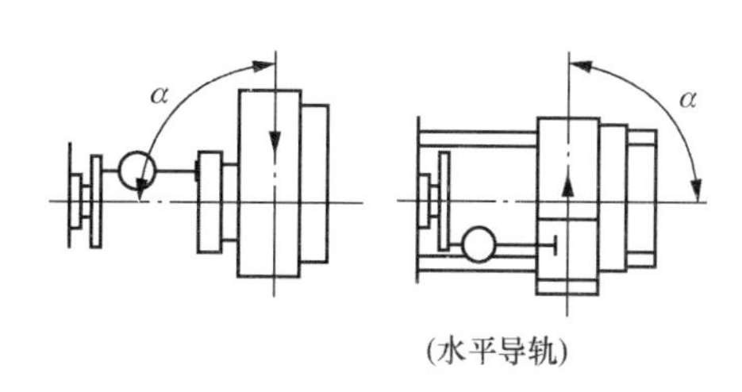

图 7-46　溜板横向移动对主轴轴线的垂直度

10）溜板移动对主轴轴线的平行度：见图 7-47。

① 在主平面内。

② 在次平面内。

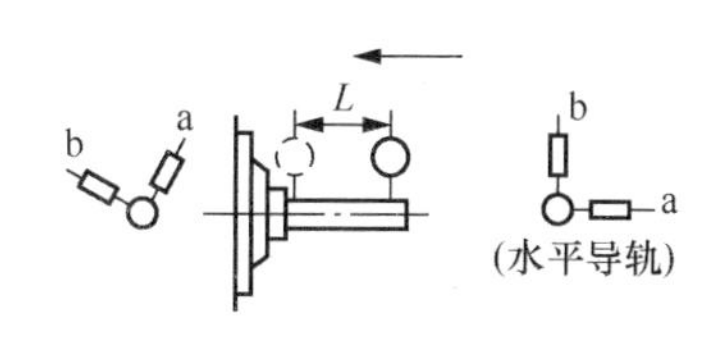

图 7-47　溜板移动对主轴轴线的平行度

检验方法：将指示器固定在溜板上，使其测头分别触及固定在主轴上的检验棒表面，移动溜板进行检验。

将主轴旋转 180°，再同样检验一次。

a，b 误差分别计算。误差以指示器两次测量结果的代数和之半计。

允差（mm）：a，0.015/300（向刀具偏）；b，0.02/300。

11）尾座套筒轴线对溜板移动的平行度：见图 7-48。

① 在主平面内。

② 在次平面内。

检验方法：尾座套筒伸出至最大工作长度并锁紧。指示器固定在溜板上，使其测头触及套筒表面，移动溜板，在最大工作长度上进行检验。

a，b 误差分别计算。误差以指示器读数的最大差值计。

尾座位于其导轨长度之半处。

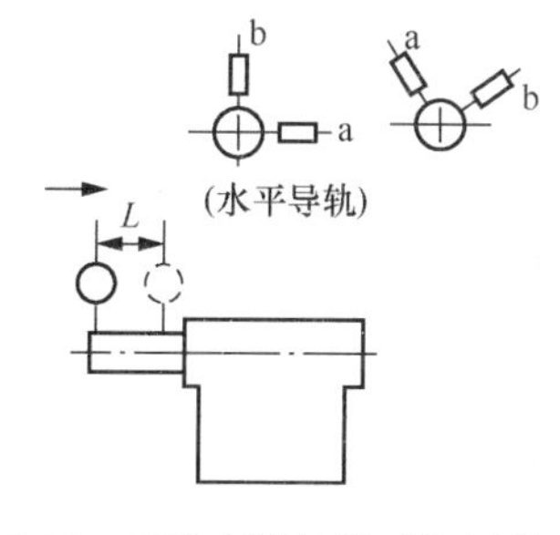

图 7-48　尾座套筒轴线对溜板移动的平行度

允差（mm）：

斜导轨：a，0.01/150；b，0.02/150。

水平导轨：a，0.015/150（向刀具偏）；b，0.02/150（向上偏）。

12）尾座套筒锥孔轴线对溜板移动的平行度（只适用于有尾座主轴的机床）：见图 7-49。

① 在主平面内。

② 在次平面内。

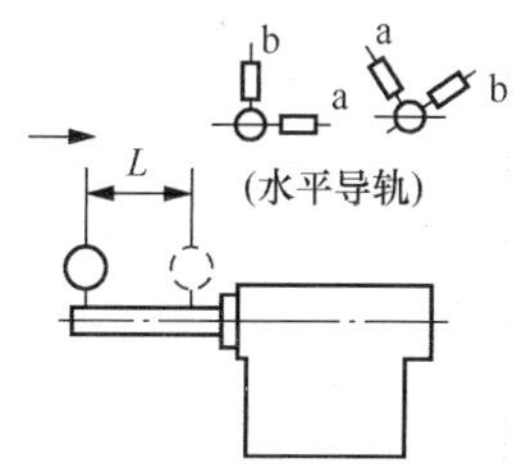

图 7-49　尾座套筒锥孔轴线对溜板移动的平行度

检验方法：将指示器固定在溜板上，使其测头触及插入套筒锥孔的检验棒表面，移动溜板进行检验。

拔出检验棒，旋转 180°，重新插入锥孔中，再检验一次。

a，b 误差分别计算。误差以指示器两次测量结果的代数和之半计。

尾座位于其导轨长度之半处。

允差（mm）：

斜导轨：a，b，0.02/300。

水平导轨：a，0.03/300（向刀具偏）；b，0.03/300（向上偏）。

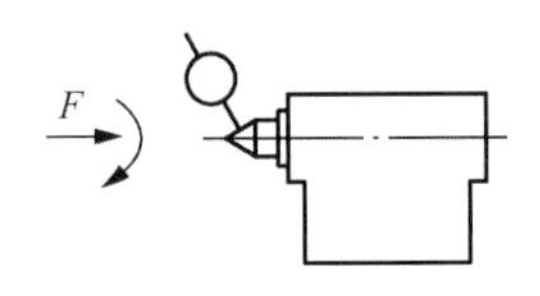

图 7-50　尾座顶尖的跳动

13）尾座顶尖的跳动（只适用于有尾座主轴的机床）：见图 7-50。

检验方法：固定指示器，使其测头垂直触及顶尖锥面。沿轴线施加力 F，旋转顶尖进行检验。

误差以指示器读数的最大差值计。

尾座位于其导轨长度之半处。

允差（mm）：0.015。

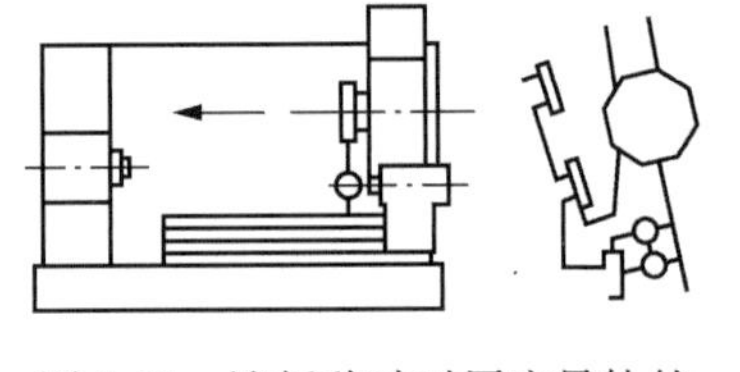
图 7-51　溜板移动对尾座导轨的平行度

14）溜板移动对尾座导轨的平行度（只适用于尾座与溜板不能移动的机床）：见图 7-51。

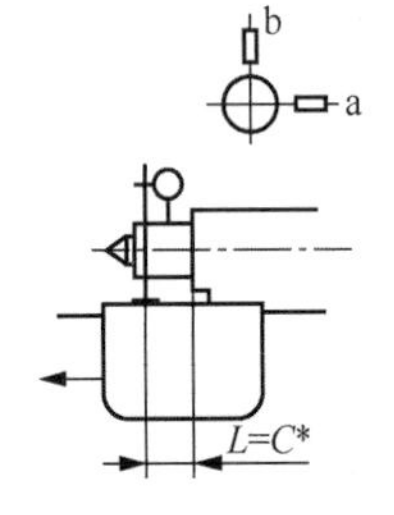

图 7-52　尾座移动对溜板移动的平行度

检验方法：将指示器固定在溜板上，使其测头触及尾座导轨面，移动溜板进行检验。

误差以指示器读数的最大差值计。

检验时，尾座位于床身后端。

允差（mm）：0.03。

15）尾座移动对溜板移动的平行度（只适用于尾座与溜板可一起移动的机床）：见图 7-52。

① 在主平面内。

② 在次平面内。

检验方法：将指示器固定在溜板上，使其测头分别触及近尾座端的套筒表面，同时锁紧套筒，使尾座与溜板一起移动，在溜板全行程上进行检验。

a，b 误差分别计算。误差以指示器读数的最大差值计。

允差（mm）：a，b，0.03。

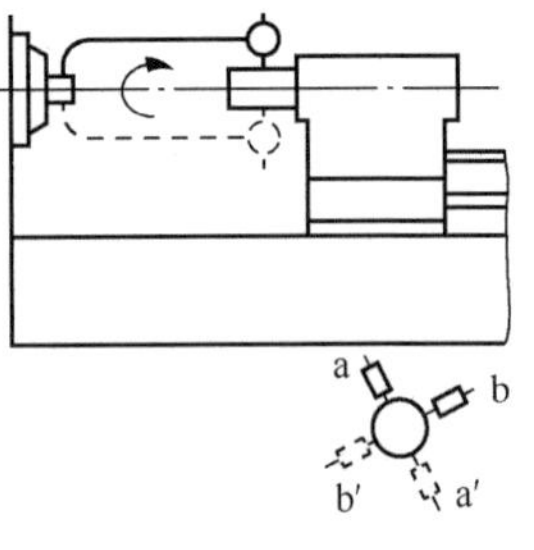

图 7-53　尾座套筒轴线与主轴轴线的重合度

16）尾座套筒轴线与主轴轴线的重合度（只适用于主轴无锥孔的机床）：见图 7-53。

① 在主平面内。

② 在次平面内。

检验方法：将尾座靠近主轴端，在正常工作状态下锁紧。指示器固定在主轴上，使其测头触及套筒 1/2 最大工作长度处，旋转主轴，进行检验。

a，b 误差分别计算。误差以指示器读数差值之半计。

允差（mm）：a，0.02；b，0.04（向上偏）。

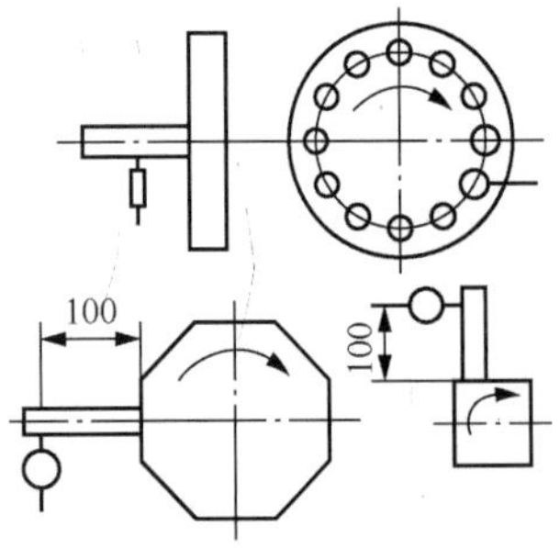

图 7-54　转塔转位的重复定位精度

17）转塔转位的重复定位精度：见图 7-54。

检验方法：检验棒装在转塔的工具孔中或附具孔中。固定指示器，使其测头沿转塔回转切线方向触及检验棒表面，记下指示器读数，将转塔由测试位置移出，转位 360°，再移至测试位置，记录读数。至少检验 7 次。

误差以指示器读数的最大差值计。

每个工位均需检验。

允差（mm）：0.01。

7.3.3　数控机床的定位精度及其检验

数控机床的定位精度即测量机床各坐标轴在数控系统控制下所能达到的位置精度。根据实测的定位精度数值可以判断出这台机床加工零件所能达到的精度。下面重点介绍直线定位精度，回转定位精度的原理与直线定位精度类似。

1. 定位精度的检验项目

直线运动定位精度的检验项目有四个，即直线运动定位精度、直线运动重复定位精度、直线运动参考点返回精度及直线运动的反向偏差（也称失动量），这些检验一般在机床空载条件下进行。

（1）直线运动的定位精度

对所测的每个坐标轴在全行程内选取按每米最少 5 个或全长不少于 5 个均匀分布的目标位置。机床运动部件从一个固定基准点正向和反向快速进给向目标位置定位，在每个位置上测出实际移动距离和理论移动距离之差，就是该坐标轴运动的定位精度。为了减少测量误差，在每个目标位置上进行不少于正、反向各 5 次以上的循环定位测量，然后按各个目标位置及测量次数计算。

（2）直线运动重复定位精度

重复定位精度是反映机床运动稳定性的一个基本指标。机床运动精度的稳定性决定着加工零件质量的稳定性和误差的一致性。重复定位精度就是测出重复到达的实际位置与目标位置之差。其测量的目标位置、方向与测量次数同定位精度。重复定位精度反映了进给驱动机构的综合误差，它无法通过数控系统参数补偿方法修正。如果重复定位精度超差，只能调整传动系统。

（3）直线运动的参考点返回精度

对于使用相对位置检测装置的数控机床来说，每个坐标轴都要有精确的定位起点，此点即为坐标轴的参考点。为此，要求每次重新开机或加工过程中到达的参考点位置保持一致，达到一定的重复定位精度。为提高参考点的返回精度，数控机床采取了一系列措施，如降速、参考点偏移补偿等。对于参考点返回精度的检验，可以视作该坐标轴上一个特殊点的重复定位精度，测量方法与数据计算完全同重复定位精度，只是参考点的位置精度比其他的点要高，检测次数提高到 7 次以上。

（4）直线运动的反向偏差

坐标轴直线运动的反向偏差又称失动量。在工作台进给运动过程中，当运动到某个位置后向相反的方向移动，尽管已经发出反方向运动的信号，但是运动部件却没有立刻移动，产生滞后现象，这个现象也称为“失动”，这一误差称为反向偏差或失动量。它是该轴进给传动链上的驱动元件反向“死区”以及各机械传动副的反向间隙和弹性变形等误差的综合反映。

反向偏差越大，定位精度与重复定位精度就越低。一般情况下，失动量是由于进给传动链刚性不足、滚珠丝杠预紧力不够、导轨副过紧或松动等原因造成的。要根本解决这个问题，只有修理和调整有关零部件。数控系统都有失动量补偿的功能（一般称反向间隙补偿），最大能补偿 0.20～0.30mm 的失动量，但这种补偿要在全行程区域内失动量均匀的情况下才能取得较好的效果。

2. 直线定位精度的检测工具

以上四项直线定位精度的检验工具均相同，有金属纹线尺、测量显微镜及双频激光干涉仪等。标准长度的测量以双频激光干涉仪为准。

（1）金属纹线尺和测量显微镜

金属线纹尺是制造非常精密的长尺，刻有标准长度刻线，其示意图如图 7-55（a）所示。使用时固定在工作台面上，先移动台面，使测量显微镜的基准线对准长尺的基准线，然后让工作台面根据程序运动一段距离，再用显微镜观察长尺上的刻度，得到实际移动的距离。根据实际移动距离与程序指定的移动距离之差来计算定位精度。这种方法工具比较简单，容易操作，但是误差较大，其检验精度与检验技巧有关。

（2）双频激光干涉仪

按国家标准和国际标准化组织的规定（ISO 标准），对数控机床定位精度的检测应以激光测量为准。用激光测量线位移采用的是干涉原理，当干涉仪的某一个反射镜产生位移后，两光程差发生变化，出现干涉条纹的移动。然后用光电元件接收干涉条纹移动信号，并经电路处理，最后用数字显示装置显示出位移量。

使用双频激光干涉仪来测量机床的各项定位精度，基本原理如图 7-55（b）所示，即把一个反射器固定在工作台面上，激光发生器安装在机床外，工作台根据程序移动，激光干涉仪测量移动的实际距离。用激光干涉仪测量时其测量精度相比金属纹线尺和测量显微镜可成倍提高。

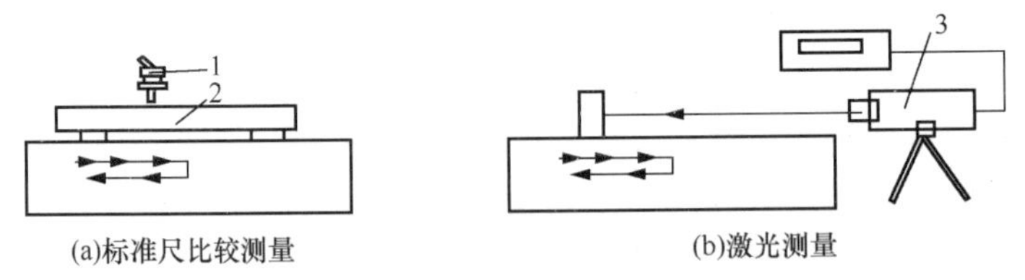

图 7-55　定位精度检测示意图

1—测量显微镜；2—金属线纹尺；3—双频激光干涉仪

（3）激光多普勒测量仪

以上两种工具只能检查单轴移动的定位精度，不能反映出机床在整个三维加工范围内的位置精度。目前最新的位置精度检测方法是检测其三维空间内的定位精度。例如，美国 OPTODYNE 公司的 LDDM 测量系统，应用多普勒原理与专用软件配合使用，不但可以测量直线度、垂直度、平面度、角度等几何精度，还可以测量圆度和三维空间内的定位误差。通过RS-232接口与计算机通信，由特定软件按检测标准的要求迅速处理检测数据，自动计算出误差结果，绘出误差曲线，可大大提高检测精度与效率。有的甚至还能与数控系统通信，对所测的误差进行自动补偿，使机床达到最佳加工精度。

3. 直线定位精度的简便测试方法

按照国家标准规定，检验定位精度需要使用激光测量仪或者读数显微镜和金属纹线尺。在不具备这些工具的情况下，数控机床的用户用量块和百分表也可以完成简单的定位精度检验。

(1) 定位精度

使用符合检测精度要求的相应规格的量块、百分表（千分表）及磁性表座等，具体步骤如下：

1）取用三块量块，按如图7-56所示平放在工作台面上，量块2、量块3与量块1相互垂直，L为量块1的长度，W为量块2的宽度。

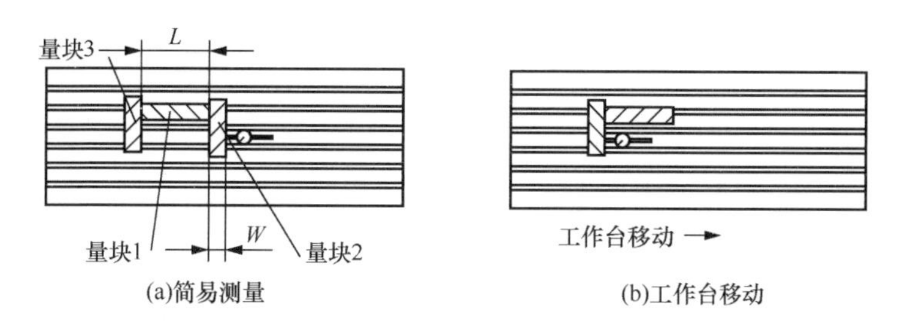

图7-56　定位精度的简易测量

2）表座固定在主轴上。

3）移动工作台面，使测杆接触到量块2，然后百分表对“0”。

4）轻轻抽出量块2，不能移动其他量块。

5）用程序使工作台向量块3方向移动，移动距离为$L+W$。

6）工作台停止移动，百分表测杆接触量块3指示的数值即为误差值。重复操作7次，取7次误差值的平均数，这个数值就是该位置的定位精度。

7）移动量块的位置，从相反方向检验，就可以得到整个行程范围内各点的定位精度。

(2) 反向偏差

在测量位置放一量块，机床被测试轴沿正（负）方向移动几毫米，把百分表放在固定的位置，使测杆接触量块表面，并且压入几格，如图7-57所示。记录显示器上显示的坐标位置，然后用机床上的步进按钮或者手动脉冲发生器使机床向负（正）方向移动，每次移动0.001mm或0.01mm，在移动的同时仔细观察百分表。从开始位置反方向移动到百分表指针开始变化（即工作台开始移动），这时显示器上坐标位置的变化量就是反向偏差。

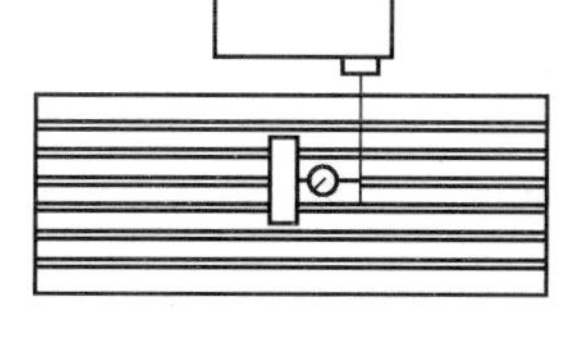

图7-57　机床反向偏差检测

一般在工作台的两端和中央再各取 1 个测量点，重复检测。

7.3.4 数控机床的工作精度

数控机床的工作精度也称切削精度，是机床的一种动态精度。工作精度的检验是在切削加工条件下对机床几何精度和定位精度的一项综合考核。工作精度的检验可以分为单项工作精度的检验和加工一个标准的综合性试件工作精度的检验两类。

对于卧式数控车床而言，其单项工作精度涉及外圆车削、端面车削和螺纹车削。综合试件车削涉及轴类、盘类两种零件。

（1）数控车床单项工作精度

卧式数控车床（床身上最大工件回转直径 $D \leqslant 800$mm 规格）的单项工作精度检验标准见 GB/T 16462—2007。

（2）数控车床综合试件

① 轴类试件。适用于有尾座的机床，工件材料为 45 号钢，工作精度检验标准略。

② 盘类试件。适用于无尾座的机床，工件材料为 45 号钢，工作精度检验标准略。

7.3.5 数控车床几何精度的检测

1）根据数控车床几何精度检验项目对数控车床几何精度进行检测。

① 按具体操作步骤对数控车床几何精度进行检测。

② 能合理分析几何精度超差的修复工艺方法。

③ 对数控车床几何精度超差项目进行修整、修复，并达到技术要求。

2）严格遵守安全文明生产规程要求。

第 8 章　工业控制网络

8.1　并联链接功能网络控制应用

课题分析

两台 FX2N 系列 PLC 并联链接功能网络的硬件结构如图 8-1 所示。

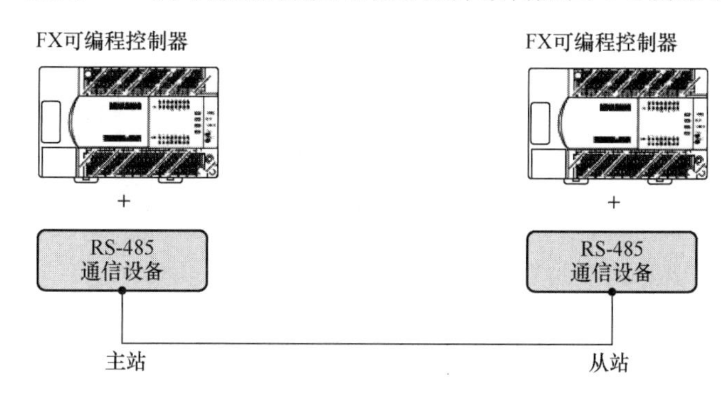

图 8-1　系统硬件结构

控制功能为：

1）主站点输入 X000～X007 的 ON/OFF 状态输出到从站点的 Y000～Y007。

2）若主站点的计算结果（D0+D2）是 100 或更小，从站点的 Y010 接通。

3）从站点的 M0～M7 的 ON/OFF 状态输出到主站点的 Y000～Y007。

4）用从站点的 D10 值设定主站点中的定时器 T0。

课题目的

1. 能对并联链接功能网络进行连接与接线。
2. 能进行并联链接功能网络设置。
3. 能对并联链接功能网络进行程序设计与调试。

课题重点

1. 能进行并联链接功能网络设置。
2. 能对并联链接功能网络进行程序设计与调试。

课题难点

1. 能进行并联链接功能网络设置。
2. 能对并联链接功能网络进行程序设计与调试。

8.1.1　并联链接功能网络设置

三菱 FX2N 系列 PLC 支持并联链接功能网络，建立在 RS-485 传输标准上，网络中允许两台 PLC 作并联链接通信。使用这种网络，通过 100 个辅助继电器和 10 个数据寄存器存放完成信息交换。设定并联链接功能网络的硬件配置。当采用 FX2N-485-BD 通信板连接时，通信距离≤50m。FX2N-485-BD 通信板如图 8-2 所示。也可采用 FX2NC-485ADP 通信适配器配合连接特殊适配器用的板卡进行通信，此时通信距离≤500m，如图 8-3 所示。

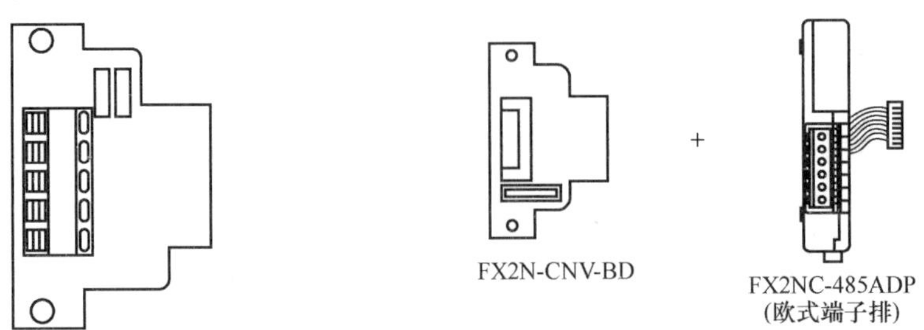

图 8-2　FX2N-485-BD 通信板　　图 8-3　FX2NC-485ADP 通信适配器配合连接特殊适配器用的板卡

设定并联链接功能网络的硬件配置接线方式，如图 8-4 所示。

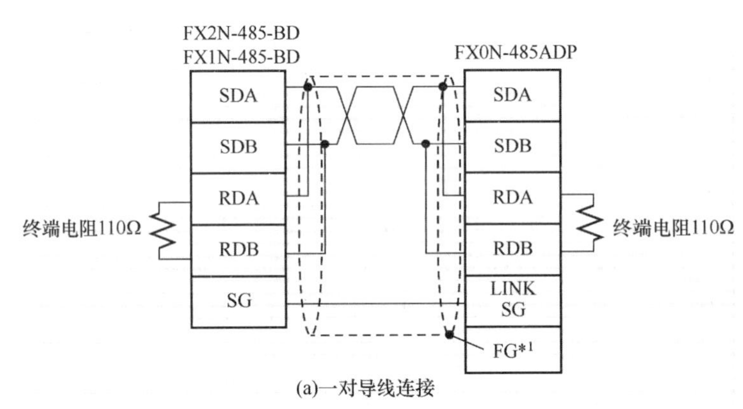

(a)一对导线连接

*1：连接端子FG到可编程控制器主体的每一个端子，用100Ω或更小的电阻接地。

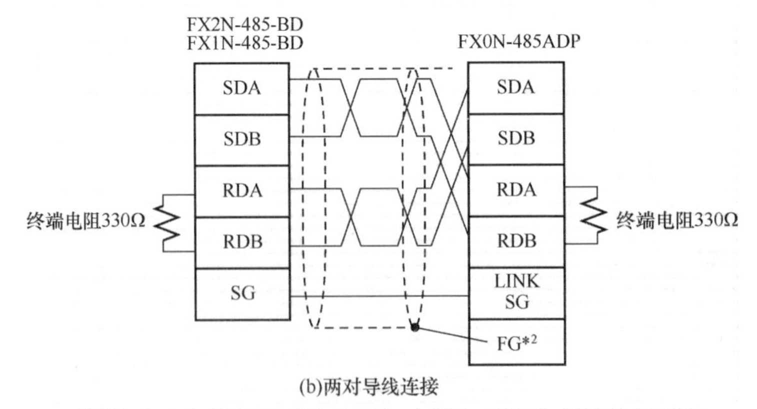

(b)两对导线连接

*2：连接端子FG到可编程控制器主体的每一个端子，用100Ω或更小的电阻接地。

图 8-4　1∶1 网络的硬件配置

FX2N 系列 PLC 并联链接功能通信网络的组建主要是对各站点 PLC 用编程方式设置网络参数实现的。FX2N 系列 PLC 规定了与并联链接功能通信网络相关的标志位（特殊辅助继电器）和存储网络参数与网络状态的特殊数据寄存器，如表 8-1 所示。

表 8-1　特殊辅助继电器

设备	操作功能
M8070	驱动 M8070 设置为并联链接的主站
M8071	驱动 M8071 设置为并联链接的从站
M8072	当 PLC 处在并联链接操作中时为 ON
M8073	当 M8070/M8071 在并联链接操作中被错误设置时为 ON
M8162	高速并联链接模式
D8070	并联链接错误判定时间（默认：500ms）

FX2N 系列 PLC 并联链接的网络工作模式有两种，采用是否驱动特殊辅助继电器 M8162 来区分。特殊辅助继电器 M8162 关闭时为普通模式，此时一台 PLC 为主站，一台 PLC 为从站，如图 8-5 所示。其通信连接的数据范围如表 8-2 所示。

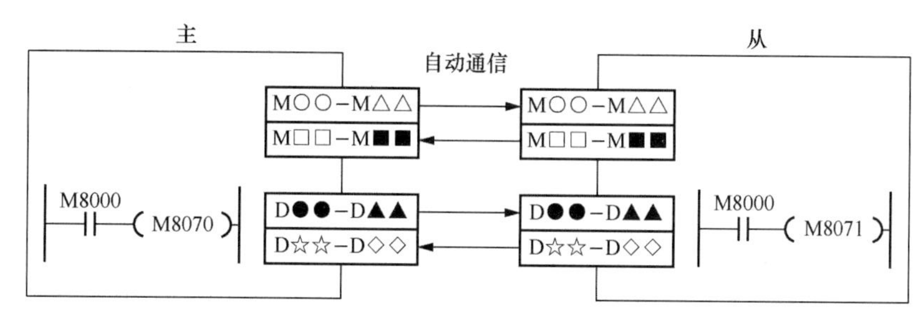

图 8-5　普通模式的并联链接

表 8-2　普通工作模式通信数据范围

机型		FX2N、FX2NC、FX1N、FX、FX2C	FX1S、FX0N
通信元件	主一从	M800～M899（100 点） D490～D499（10 点）	M400～M449（50 点） D230～D239（10 点）
	从一主	M900～M999（100 点） D590～D599（10 点）	M450～M499（50 点） D240～D249（10 点）
通信时间		70（ms）＋主扫描时间（ms）＋从扫描时间（ms）	

特殊辅助继电器 M8162 接通时为高速模式，此时一台 PLC 为主站，一台 PLC 为从站，如图 8-6 所示。其通信连接的数据范围如表 8-3 所示。

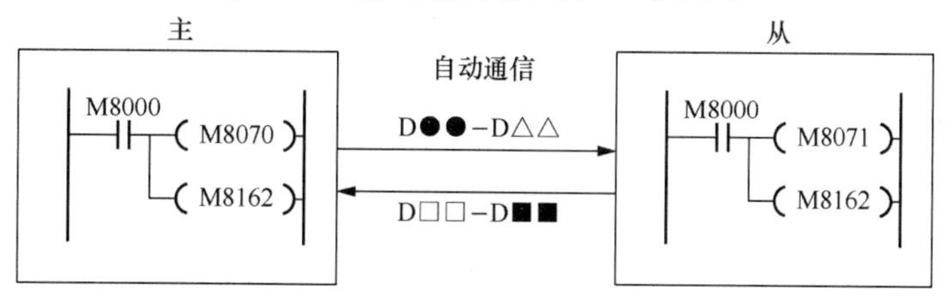

图 8-6　高速模式的并联链接

表 8-3　高速工作模式通信数据范围

机型		FX2N、FX2NC、FX1N、FX、FX2C	FX1S、FX0N
通信元件	主一从	D490、D491（2 点）	D230、D231（2 点）
	从一主	D500、D501（2 点）	D240、D241（2 点）
通信时间		20（ms）＋主扫描时间（ms）＋从扫描时间（ms）	

8.1.2　并联链接功能网络控制应用程序编制

根据以上控制功能要求编写主站控制梯形图，如图 8-7 所示，从站控制梯形图如图 8-8 所示。

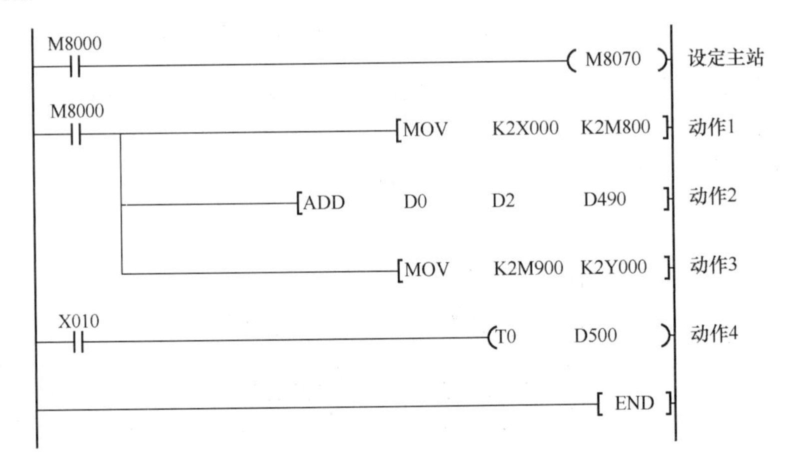

图 8-7　主站控制梯形图

```
M8000 ──────────────────────( M8071 )      设定从站
M8000 ──────────────────────[MOV K2M800 K2Y000]   动作1
      ├─────────────────────[CMP D490 K100 M10]   } 动作2
      └─ M10 ───────────────( Y010 )              }
M8000 ──────────────────────[MOV K2M0 K2M900]     动作3
X010  ──────────────────────[MOV D10 D500]        动作4
────────────────────────────[ END ]
```

图 8-8　从站控制梯形图

8.2　N：N 联网控制应用编程

课题分析

三台 FX2N 系列 PLC 联成 N：N 网络的硬件结构，如图 8-9 所示。要求刷新设置：32 位寄存器和 4 字寄存器（模式 1），重试次数为 3 次，看门狗定时为 50ms。

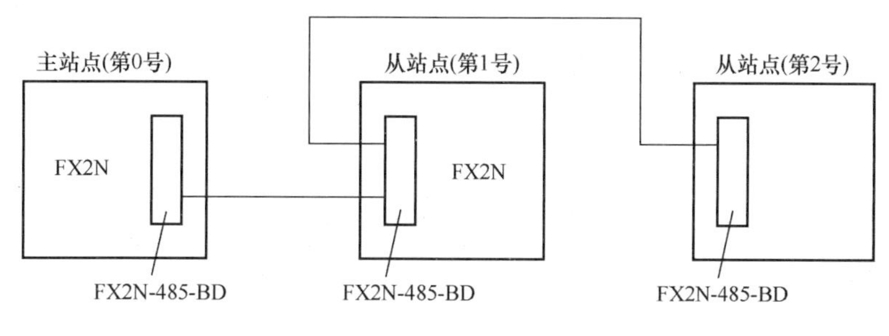

图 8-9　系统硬件结构

控制功能为：

1）主站中输入点 X000～X003（M1000～M1003）可以输出到从站 1 和从站 2 中的 Y010 和 Y013。

2）从站 1 中输入点 X000～X003（M1064～M1067）可以输出到主站和从站 2 中的 Y014～Y017。

3）从站 2 中输入点 X000～X003（M1128～M1131）可以输出到主站和从站中的 Y020～Y023。

4）主站中的数据寄存器 D1 指定为从站 1 中的计数器 C1 的设置值。计数器 C1 接通时（M1070）控制主站中的输出点 Y005 的通断。

5）主站中的数据寄存器 D2 指定为从站 2 中的计数器 C2 的设置值。计数器 C2 接通时的状态（M1140）控制主站中输出点 Y006 的通断。

6）将从站 1 中的数据寄存器 D0 存储的数值与从站 2 中的数据寄存器 D20 存储的数值在主站中相加，然后把结果存储在数据寄存器 D3 中。

7）将主站中的数据寄存器 D10 存储的数值与从站 2 中的数据寄存器 D20 中存储的数值在从站 1 中相加，然后把结果存储在数据寄存器 D11 中。

8）将主站中的数据寄存器 D0 存储的数值与从站 1 中的数据寄存器 D10 中存储的数值在从站 2 中相加，然后把结果存储在数据寄存器 D21 中。

课题目的

1. 能对 N：N 网络进行连接与接线。
2. 能进行 N：N 网络设置。
3. 能对 N：N 网络进行程序设计与调试。

课题重点 ➡

1. 能进行 N：N 网络设置。
2. 能对 N：N 网络进行程序设计与调试。

课题难点 ➡

1. 能进行 N：N 网络设置。
2. 能对 N：N 网络进行程序设计与调试。

8.2.1 FX2N 系列 PLC 的 N：N 网络设置

FX2N 系列 PLC 的 N：N 网络支持以一台 PLC 作为主站，进行网络控制，最多可连接 7 个从站。通过 RS-485 通信板进行连接。N：N 网络的辅助继电器均为只读属性，其分配地址与功能如表 8-4 所示。N：N 网络的寄存器功能分配地址与功能如表 8-5 所示。

表 8-4　N：N 网络的辅助继电器

辅助继电器	名称	内容	操作数
M8038	N：N 网络参数设定	用于设定网络参数	主站、从站
M8183	主站数据通信顺序错误	当主站通信错误时置 1	从站
M8184～M8190	从站数据通信顺序错误	当从站通信错误时置 1	主站、从站
M8191	数据通信	当通信进行时置 1	主站、从站

表 8-5　N：N 网络的寄存器

辅助寄存器	名称	内容	属性	操作数
D8173	站号设置状态	保存站号设置状态	只读	主站、从站
D8174	从站设置状态	保存从站设置状态	只读	主站、从站
D8175	刷新设置状态	保存刷新设置状态	只读	主站、从站
D8176	站号设置	设置站号	只写	主站、从站
D8177	从站号设置	设置从站号	只写	主站
D8178	刷新设置	设置刷新次数	只写	主站
D8179	重试次数	设置重试次数	读写	主站
D8180	看门狗定时	设置看门狗时间	读写	主站
D8201	当前链接扫描时间	保存当前链接扫描时间	只读	主站、从站
D8202	最大链接扫描时间	保存最大链接扫描时间	只读	主站、从站
D8203	主站数据传送顺序错误计数	主站数据传送顺序错误计数	只读	从站
D8204～D8210	从站数据传送顺序错误计数	从站数据传送顺序错误计数	只读	主站、从站
D8211	主站传送错误代号	主站传送错误代号	只读	从站
D8212～D8218	从站传送错误代号	从站传送错误代号	只读	主站、从站

通信错误不涵盖在 CPU 错误状态、编程错误状态或停止状态内。从站号与寄存器序号保持一致，如从站 1 对应 M8184，从站 2 对应 M8187，…，从站 7 对应 M8190。

当控制器得电时或程序由编程状态转到运行状态时，网络设置才会生效。在特殊寄存器 D8176 中可以设置为 0 表示主站，设置 1～7 表示从站号，即从站 1～7。在特殊寄存器 D8177 中可以设置为 1～7 表示从站号，即从站 1～7。在特殊寄存器 D8178 中可以设置为 0～2，其功能如表 8-6～表 8-9 所示。

表 8-6　刷新设置 D8178

通信寄存器	刷新设置		
	模式 0	模式 1	模式 2
位寄存器（M）	0 点	32 点	64 点
字寄存器（D）	4 点	4 点	8 点

表 8-7　模式 0 时的位寄存器与字寄存器分配

站号	寄存器序号	
	位寄存器（M）	字寄存器（D）
	0 点	4 点
NO. 0	—	D0～D3
NO. 1	—	D10～D13
NO. 2	—	D20～D23
NO. 3	—	D30～D33
NO. 4	—	D40～D43
NO. 5	—	D50～D53
NO. 6	—	D60～D63
NO. 7	—	D70～D73

表 8-8　模式 1 时的位寄存器与字寄存器分配

站号	寄存器序号	
	位寄存器（M）	字寄存器（D）
	32 点	4 点
NO. 0	M1000～M1031	D0～D3
NO. 1	M1064～M1095	D10～D13
NO. 2	M1128～M1159	D20～D23
NO. 3	M1192～M1223	D30～D33
NO. 4	M1256～M1287	D40～D43
NO. 5	M1320～M1351	D50～D53
NO. 6	M1384～M1415	D60～D63
NO. 7	M1448～M1479	D70～D73

表 8-9　模式 2 时的位寄存器与字寄存器分配

站号	寄存器序号	
	位寄存器（M）	字寄存器（D）
	62 点	8 点
NO. 0	M1000～M1063	D0～D7
NO. 1	M1064～M1127	D10～D17
NO. 2	M1128～M1191	D20～D27
NO. 3	M1192～M1255	D30～D37
NO. 4	M1256～M1319	D40～D47
NO. 5	M1320～M1383	D50～D57
NO. 6	M1384～M1447	D60～D67
NO. 7	M1448～M1511	D70～D77

在特殊数据寄存器 D8178 中可以改变设置值（0～10）。对于从站，可以不要求设置。如果主站与从站通信次数达到设定值（或超过设定值），就会出现通信错误。

在特殊数据寄存器 D8179 中可以改变设置值（5～255）。设定值乘以 10（ms）就是实际看门狗定时的时间。看门狗时间是主站与从站之间的通信驻留时间。

通过编程进行设置，如图 8-10 所示。

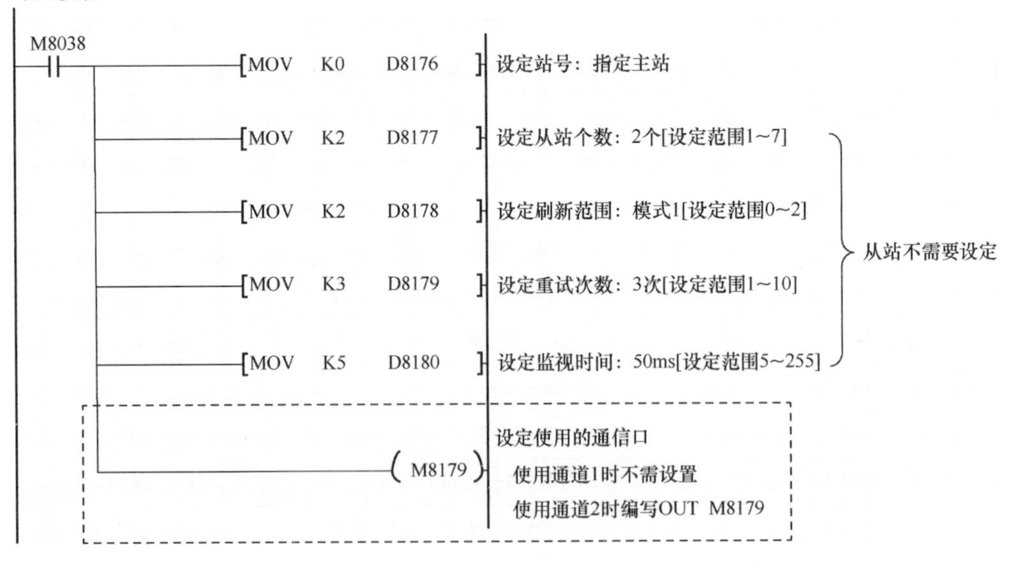

图 8-10　编程设置

应确保用于 N：N 网络参数设置的程序从第 0 步开始。如果处于其他位置，程序将不被执行，在这个位置上系统会自动运行。

8.2.2　N：N 联网控制应用编程

根据以上控制功能要求，对于主站、从站 1 和从站 2 的设置，控制梯形图如图 8-11 所示。对于每个站来说，它不能检查自身的错误，因此必须编写错误检验程序，如图 8-12 所示。

图 8-11　控制梯形图

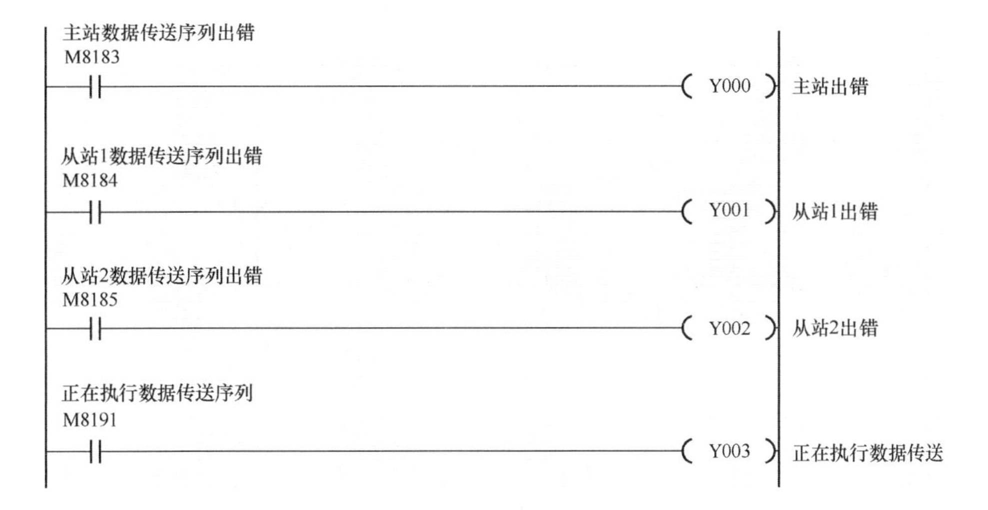

图 8-12　错误编程检验

为实现控制要求，编写主站程序如图 8-13 所示，从站 1 程序如图 8-14 所示，从站 2 程序如图 8-15 所示。

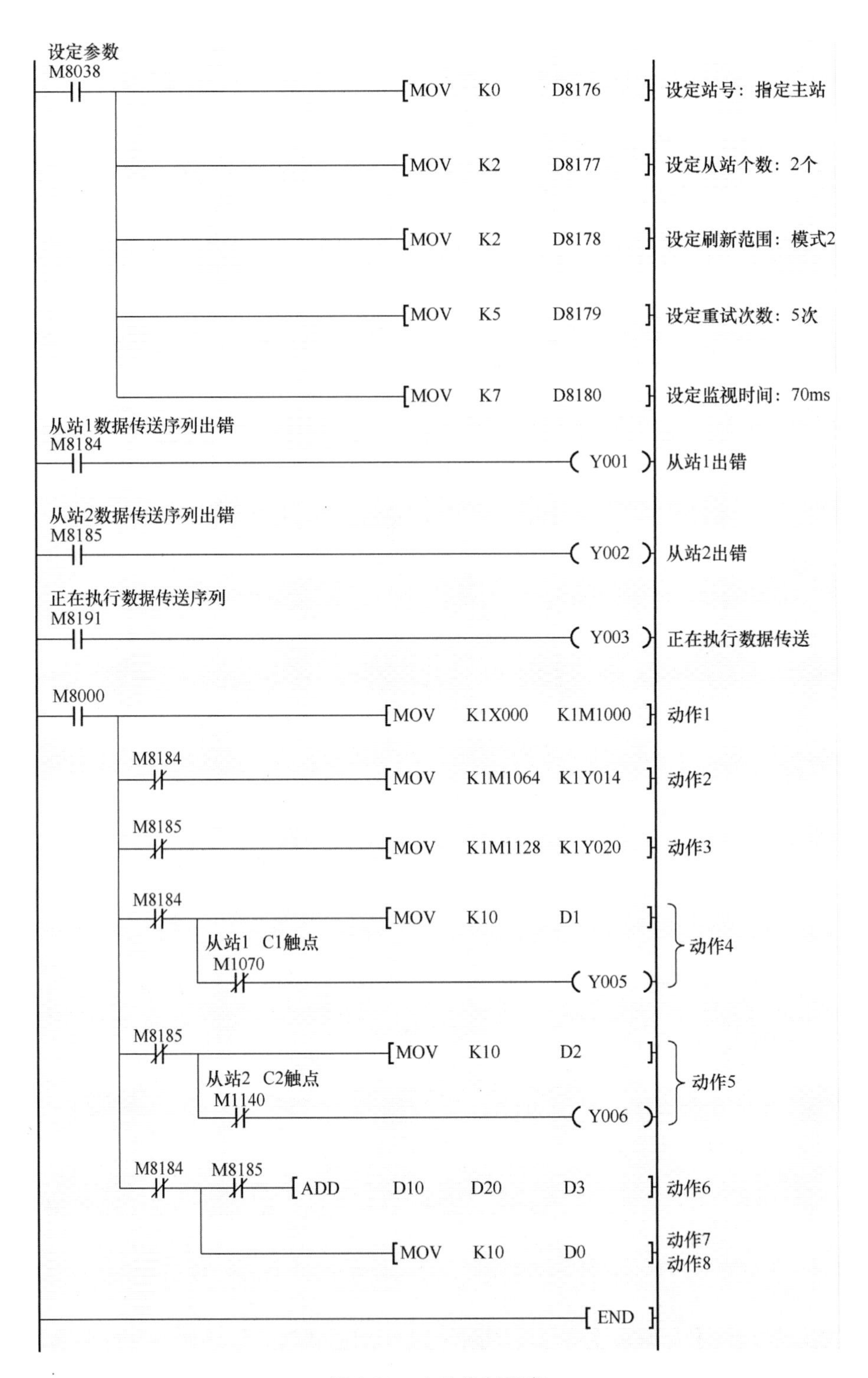
设定参数
M8038
MOV K0 D8176
设定站号：指定主站
MOV K2 D8177
设定从站个数：2个
MOV K2 D8178
设定刷新范围：模式2
MOV K5 D8179
设定重试次数：5次
MOV K7 D8180
设定监视时间：70ms
从站1数据传送序列出错
M8184
Y001
从站1出错
从站2数据传送序列出错
M8185
Y002
从站2出错
正在执行数据传送序列
M8191
Y003
正在执行数据传送
M8000
MOV K1X000 K1M1000
动作1
M8184
MOV K1M1064 K1Y014
动作2
M8185
MOV K1M1128 K1Y020
动作3
M8184
MOV K10 D1
从站1 C1触点
M1070
Y005
动作4
M8185
MOV K10 D2
从站2 C2触点
M1140
Y006
动作5
M8184
M8185
ADD D10 D20 D3
动作6
MOV K10 D0
动作7
动作8
END

图 8-13 主站控制程序

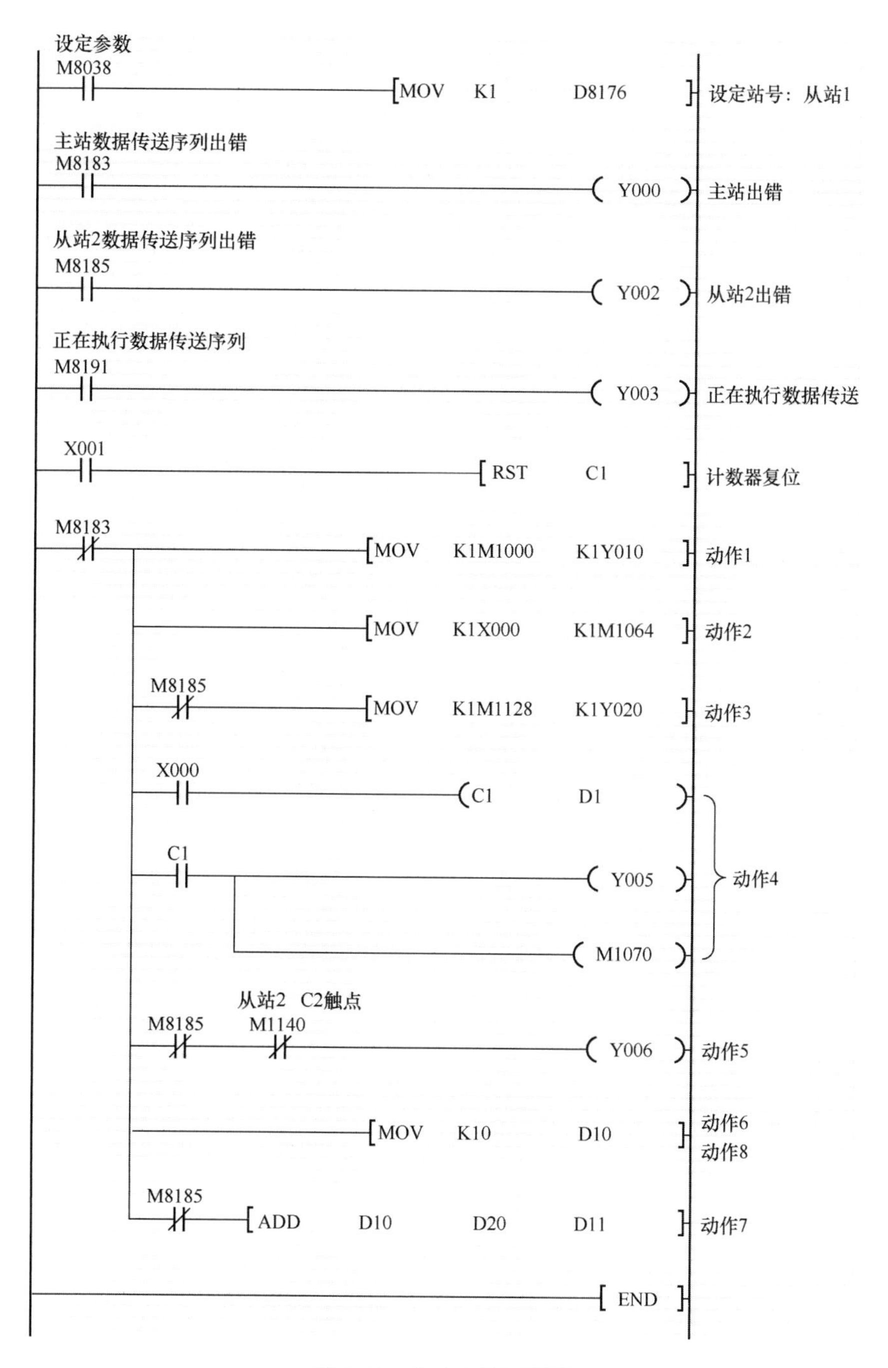

图 8-14　从站 1 控制程序

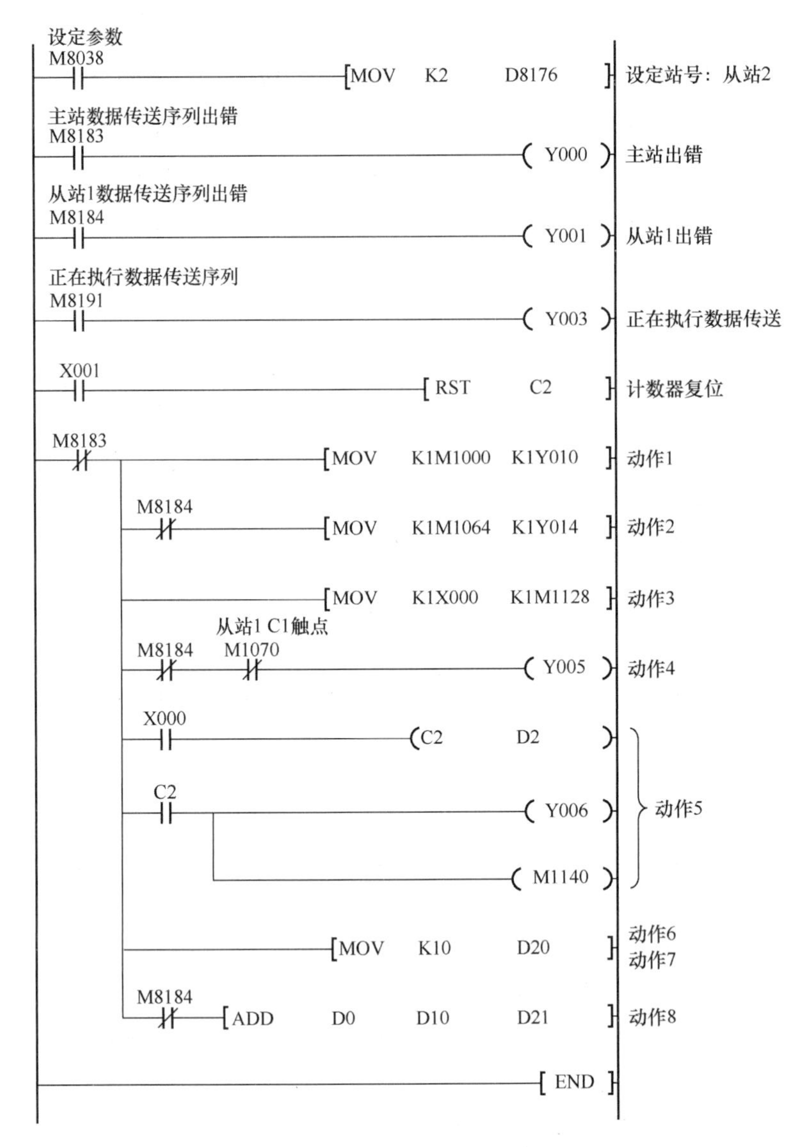

图 8-15 从站 2 控制程序

8.3 三菱 PLC 与变频器网络通信

课题分析

一台 FX2N 系列 PLC 与一台变频器连接的系统构成如图 8-16 所示。

控制功能为：执行变频器的停止（X000）、正转（X001）、反转（X002），同时可通过更改 D10 的内容变更速度。

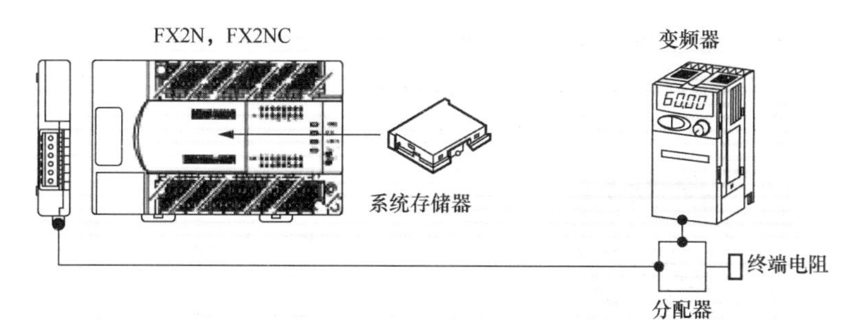

图 8-16　一台 FX2N 系列 PLC 与一台变频器连接的系统

课题目的 ⇨

1. 能对 FX2N 系列 PLC 与变频器连接与接线。
2. 能对 FX2N 系列 PLC 与变频器进行程序设计与调试。

课题重点 ⇨

1. 能熟练使用 FX2N 关于变频器通信的相关指令。
2. 能对 FX2N 系列 PLC 与变频器进行程序设计与调试。

课题难点 ⇨

能对 FX2N 系列 PLC 与变频器进行程序设计与调试。

8.3.1　PLC 与变频器通信的硬件连接

三菱 FX2N 系列 PLC 可与三菱 FREQROL-F700，A700，E700，D700，V500，F500，A500，E500，S500（带通信功能）系列变频器进行连接。使用通信功能时以 RS-485 通信方式连接 FX2N 系列 PLC 与变频器，最多可以对 8 台变频器进行运行监控、各种指令以及参数的读出/写入。

如图 8-17 所示，当采用 485ADP 通信适配器，构成系统总长距离最大可达 500m，包涵 485BD 的情况下系统总长距离最大可达 50m。

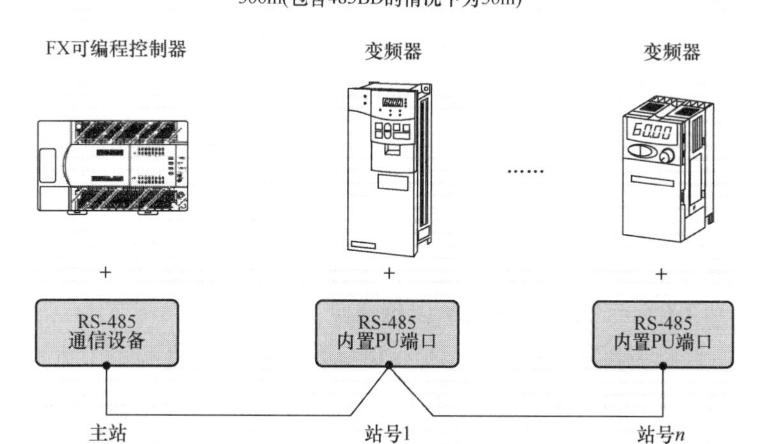

图 8-17　PLC 与变频器通信系统

针对具有 PU 接口的 S500，E500，A500，F500，V500，D700，E700 系列变频器，由于不能在变频器一侧连接终端电阻，所以可采用分配器与 PLC 进行连接。如图 8-18 所示为 1 台 PLC 对 1 台 PU 接口变频器的连接情况。

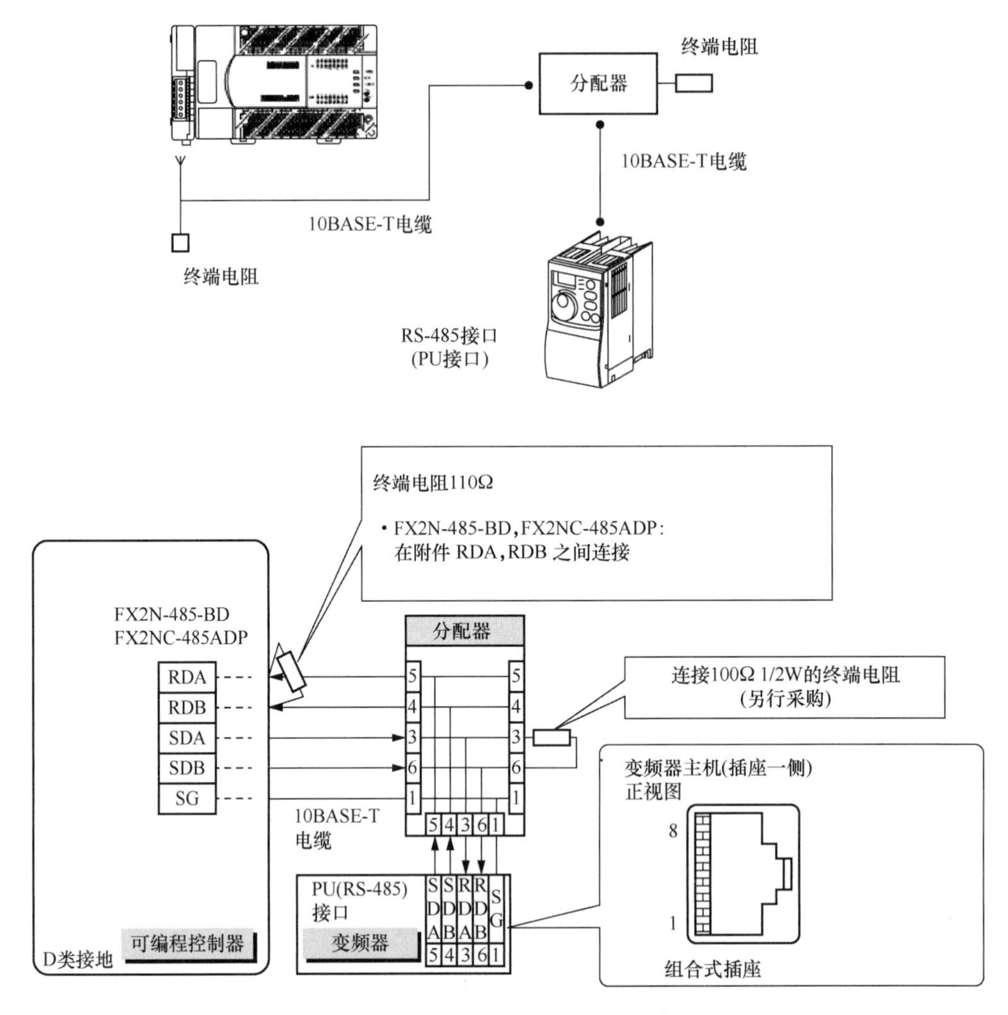

图 8-18　1 台 PLC 对 1 台 PU 接口变频器的连接情况

针对 A500，F500，V500 系列变频器，当 FR-A5NR 通信时，在接线端子上可连接终端电阻，不必使用分配器进行连接。图 8-19 所示为 1 台 PLC 对 1 台 FR-A5NR 通信变频器的连接情况。

当采用具有内置 RS-485 端子的 F700，A700 系列变频器时，变频器内部有终端电阻，只需将 F700，A700 系列的终端电阻开关设置在 100Ω 即可。图 8-20 所示为 1 台 PLC 对 1 台内置 RS-485 端子变频器的连接情况。

针对 E700 系列变频器，采用 FR-E7TR 通信时，在接线端子上可连接终端电阻，不必使用分配器进行连接。图 8-21 所示为 1 台 PLC 对 1 台 FR-E7TR 通信变频器的连接情况。

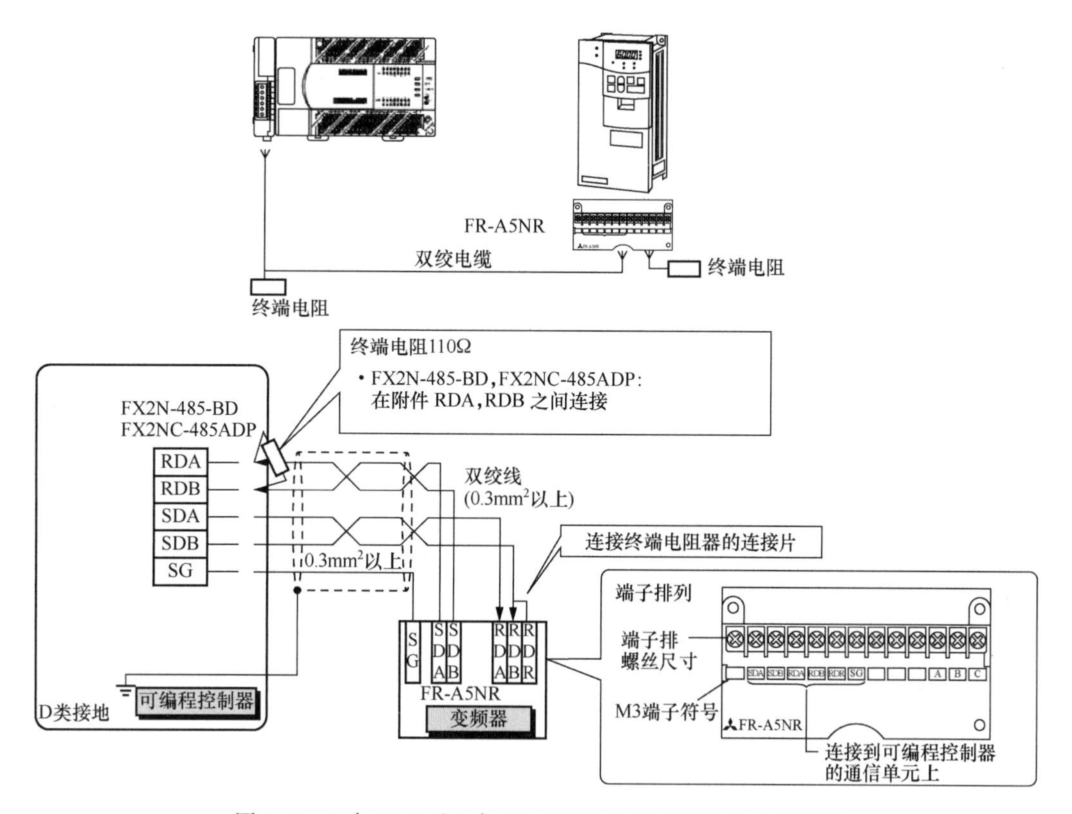

图 8-19　1 台 PLC 对 1 台 FR-A5NR 通信变频器的连接情况

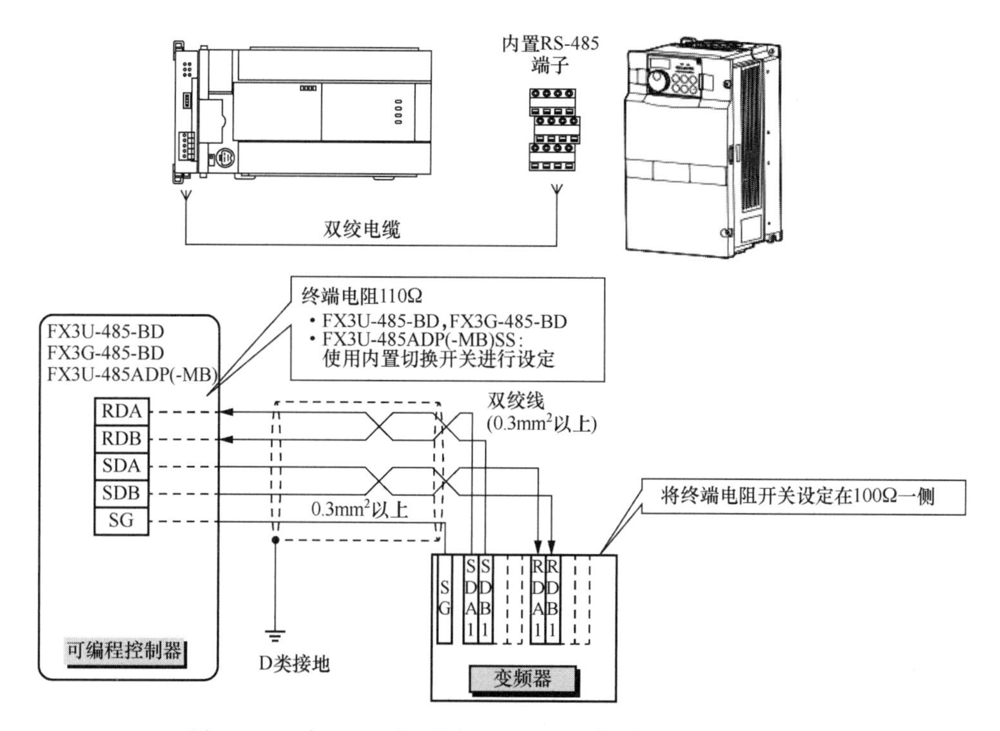

图 8-20　1 台 PLC 对 1 台内置 RS-485 端子变频器的连接情况

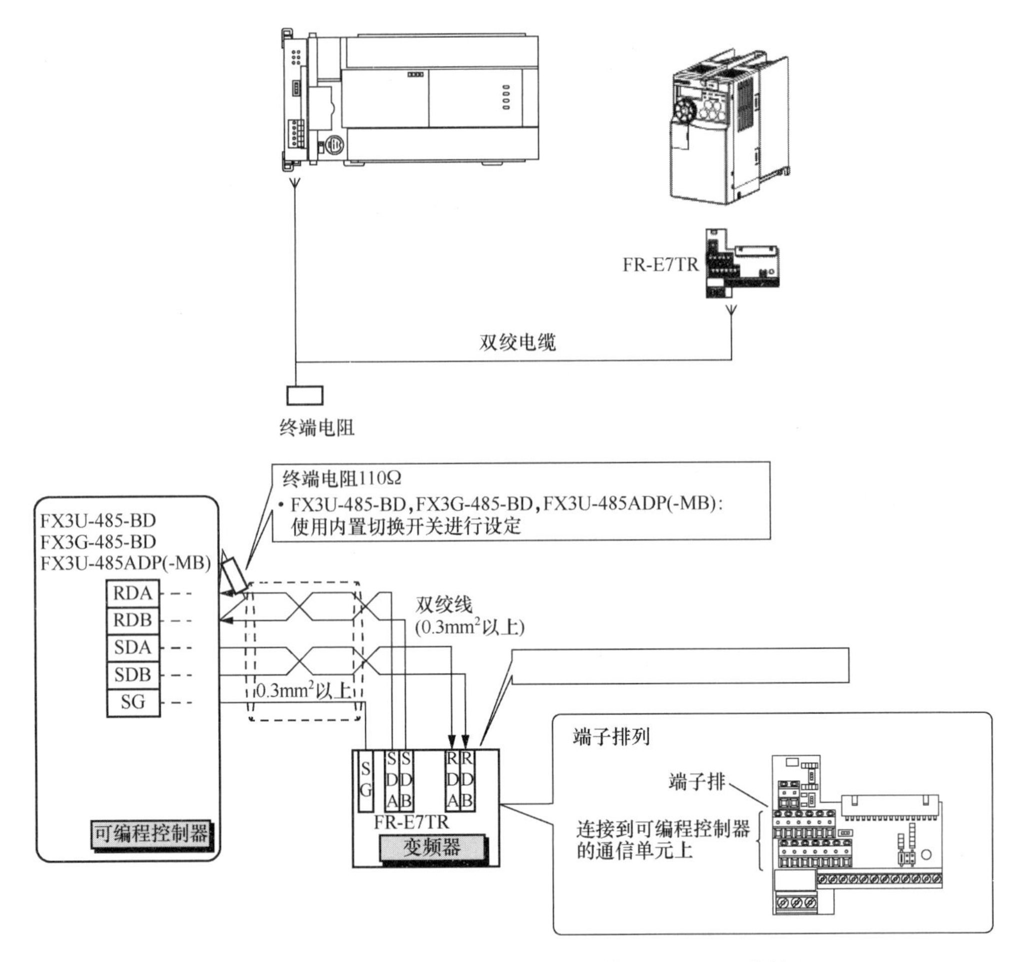

图 8-21　1 台 PLC 对 1 台 FR-E7TR 通信变频器的连接情况

V500，F500，A500 系列连接 PU 端口时，参数设定内容分两类：一类为必须设置的内容，如表 8-10 所示；一类为试运行时及运行时需要调整数值的参数，如表 8-11 所示。

表 8-10　必须设置的参数内容

参数编号	参数项目	设定值	设定内容
Pr117	变频器站号	00～31	最多可以连接 8 台
Pr118	波特率	48	4800bps
		96	9600bps
		192	19200bps（标准）
Pr119	数据长度/停止位	10	数据长度：7 位/停止位：1 位
Pr120	奇偶校验	2	2：偶校验
Pr123	等待时间设定	9999	在通信数据中设定
Pr124	有无 CR，LF 指令	1	CR，有；LF，无
Pr79	运行模式	0	上电时外部运行模式
Pr122	通信检查时间间隔	9999	通信检查中止

表 8-11　试运行及运行时需要调整数值的参数

参数编号	参数项目	设定值	设定内容
Pr121	通信重试次数	9999	调整发生错误时重试次数，运行时请设定为 1～10 的数值

8.3.2　变频器通信指令

FX2N，FX2NC 可编程控制器与变频器之间采用 EXTR（FNC. 180）指令进行通信。在 EXTR 指令中，根据数据通信的方向及参数的写入/读出方向分为 EXTR K10～EXTR K13 共 4 种描述方法。

1. 变频器通信指令变频器的运行监视指令（可编程控制器←变频器）

EXTR K10 是在可编程控制器中读出变频器的运行状态的指令。其指令形式如图 8-22 所示。

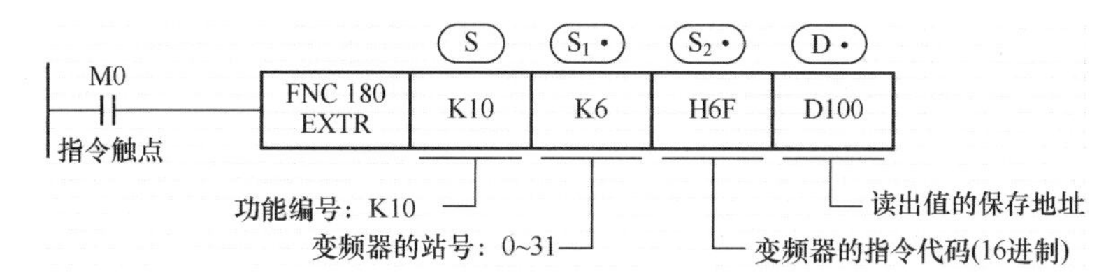

图 8-22　EXTR K10 变频器的运行监视指令

在(S2•)中指定的变频器的指令代码及其功能如表 8-12 所示。

表 8-12　(S2•)中指定的变频器的指令代码及其功能

(S2•) 变频器指令代码（16 进制数）	读出内容	(S2•) 变频器指令代码（16 进制数）	读出内容
H7B	运行模式	H76	异常内容
H6F	输出频率［旋转数］	H77	异常内容
H70	输出电流	H7A	变频器状态监控
H71	输出电压	H6E	读出设定频率（E2PROM）
H72	特殊监控	H6D	读出设定频率（RAM）
H73	特殊监控的选择编号	H7F	链接参数的扩展设定
H74	异常内容	H6C	第 2 参数的切换
H75	异常内容		

2. 变频器的运行控制指令（可编程控制器→变频器）

EXTR K11 是通过可编程控制器将变频器运行所需的控制值写入变频器的指令。

其指令形式如图 8-23 所示。

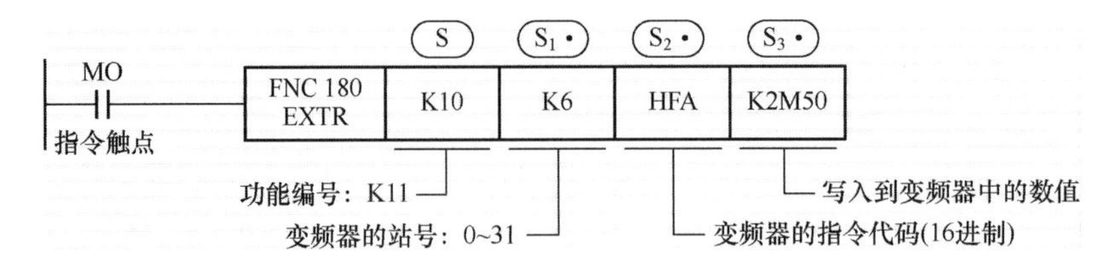

图 8-23　EXTR K11 变频器的运行控制指令

在(S2•)中指定的变频器的指令代码及其功能如表 8-13 所示。

表 8-13　(S2•)中指定的变频器的指令代码及其功能

(S2•) 变频器指令代码（16 进制数）	读出内容	(S2•) 变频器指令代码（16 进制数）	读出内容
HFB	运行模式	HFD	变频器复位
HF3	特殊监控的选择编号	HF4	异常内容的成批清除
HFA	运行指令	HFC	参数的全部清除
HEE	写入设定频率（EEPROM）	HFC	用户清除
HED	写入设定频率（RAM）		

3. 变频器的参数读出（可编程控制器←变频器）

EXTR K12 是在可编程控制器中读出变频器参数的指令。其指令形式如图 8-24 所示。

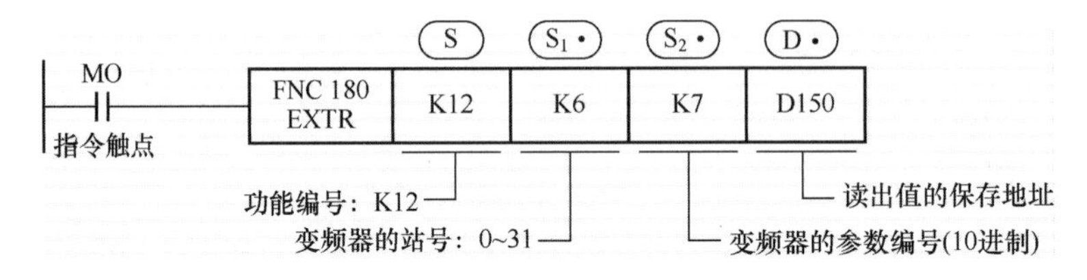

图 8-24　EXTR K12 变频器的参数读出

4. 变频器的参数写入（可编程控制器→变频器）

EXTR K13 是从可编程控制器向变频器写入参数值的指令。其指令形式如图 8-25 所示。

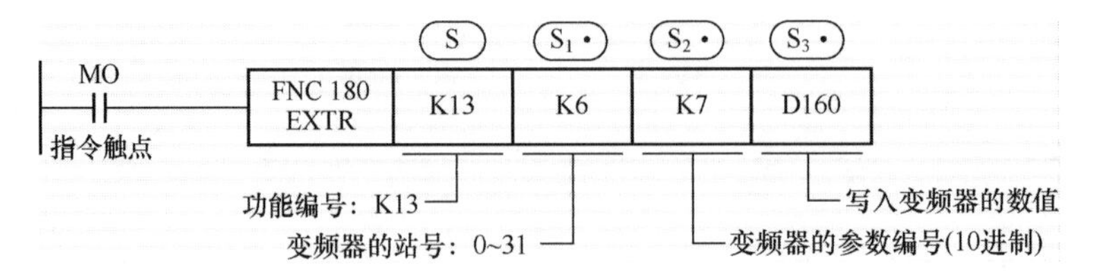

图 8-25　EXTR K13 变频器的参数写入

8.3.3　程序设计与调试

1）在可编程控制器运行时向变频器写入参数值，其程序设计如图 8-26 所示。

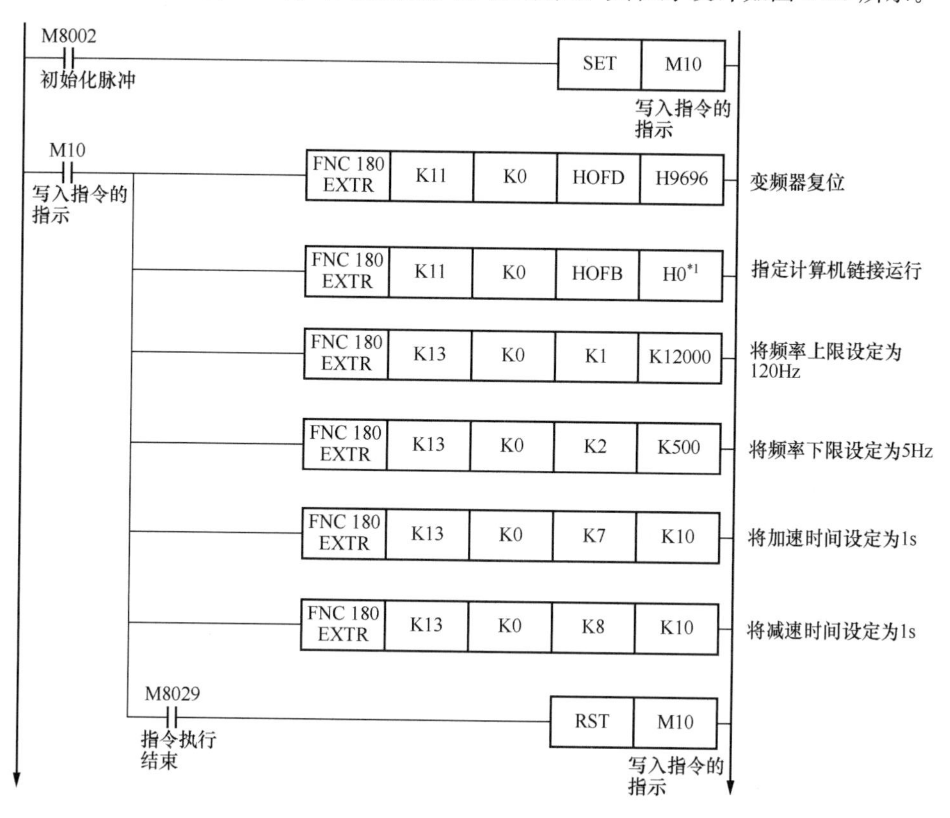

图 8-26　在 PLC 运行时向变频器写入参数值的程序

2）通过顺控程序更改速度，其对应的程序如图 8-27 所示。

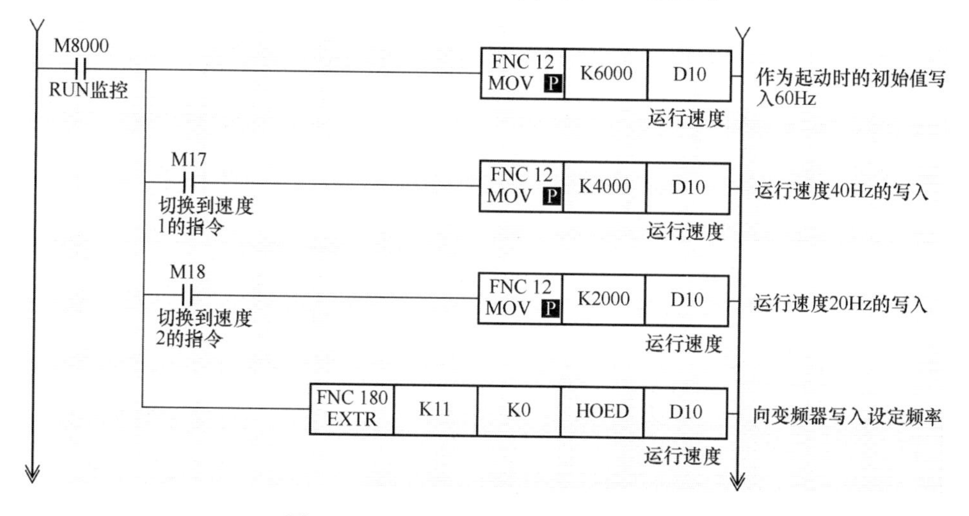

图 8-27　通过顺控程序更改速度的程序

3）变频器的运行控制，其对应的程序如图 8-28 所示。

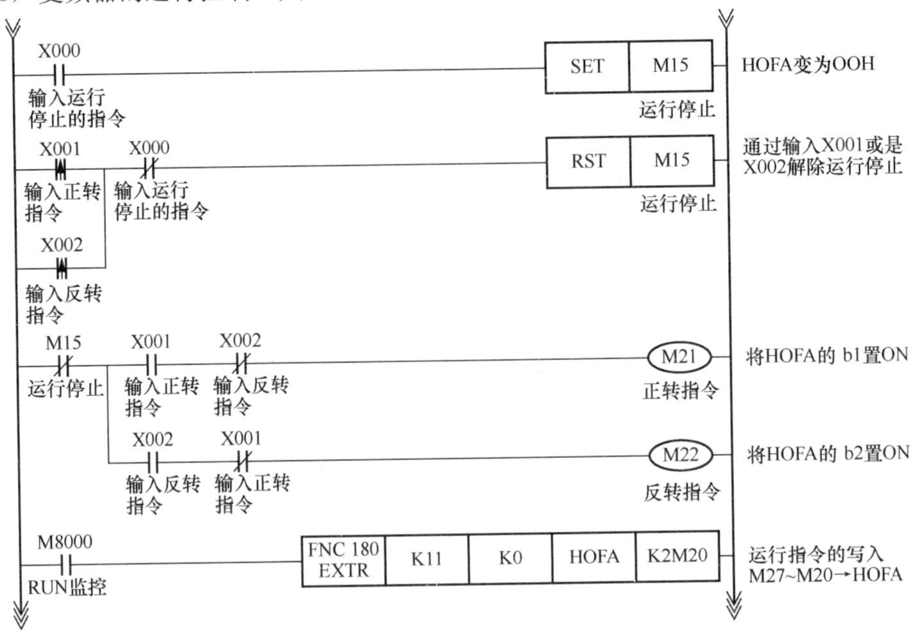

图 8-28　变频器的运行控制程序

4）变频器的运行监视，其对应的程序如图 8-29 所示。

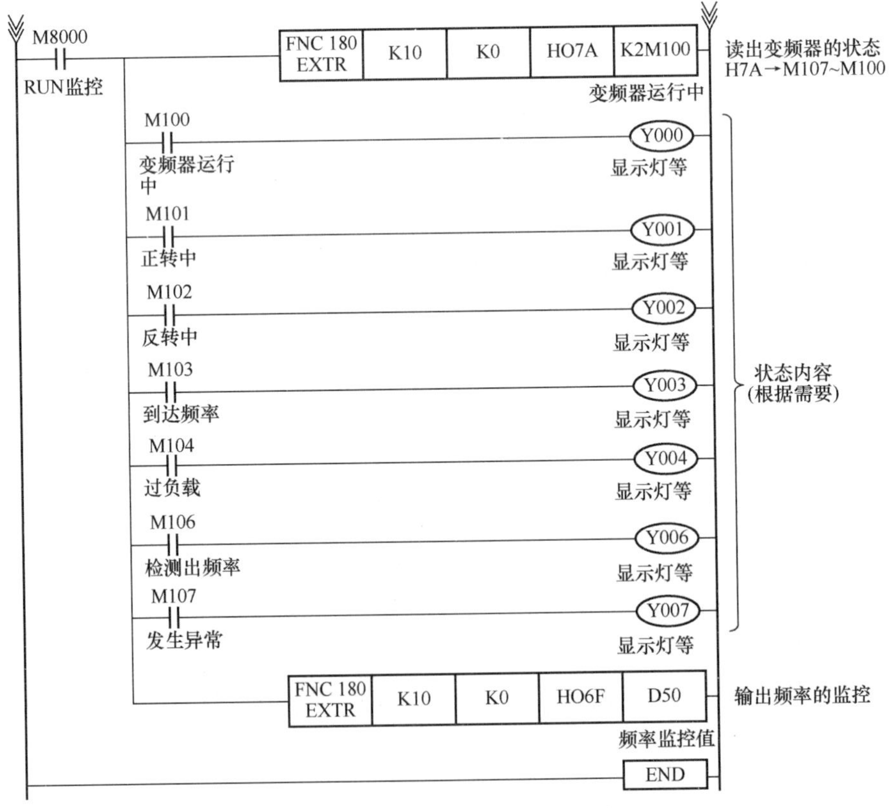

图 8-29　变频器的运行监视程序

主 要 参 考 文 献

[1] 张群生．液压与气动传动［M］．北京：机械工业出版社，2015.

[2] 周荣晶，王才峰．液压与气压传动技术［M］．苏州：苏州大学出版社，2017.

[3] 叶晖，管小清．工业机器人实操与应用技巧［M］．北京：机械工业出版社，2010.

[4] 蒋刚．工业机器人［M］．成都：西南交通大学出版社，2010.

[5] 张静之，刘建华．PLC 编程技术与应用［M］北京：电子工业出版社，2015.

[6] 刘建华，张静之．交直流调速系统［M］．北京：中国铁道出版社，2012.

[7] 张静之，刘建华．电气自动控制综合应用［M］．上海：上海科学技术出版社，2007.

[8] 刘建华，张静之．电气控制与 PLC［M］．北京：机械工业出版社，2014.

[9] 张静之，刘建华．FX3U 系列 PLC 编程技术与应用［M］．北京：机械工业出版社，2018.

[10] 蔡杏山．图解 PLC、变频器与触摸屏技术完全自学手册［M］．北京：化学工业出版社，2015.

[11] 余仲裕．数控机床维修［M］．北京：机械工业出版社，2001.

[12] 余英良．机床数控改造设计与实例［M］．北京：机械工业出版社，1998.

[13] 陈婵娟．数控车床设计［M］．北京：化学工业出版社，2006.